Bartneck/Klaas/Schönherr
Prozesse optimieren mit RFID und Auto-ID

# Prozesse optimieren mit RFID und Auto-ID

Grundlagen, Problemlösungen und Anwendungsbeispiele

Herausgeber:
Norbert Bartneck, Volker Klaas, Holger Schönherr

Redaktion:
Markus Weinländer

Publicis Corporate Publishing

Bibliografische Information Der Deutschen Nationalbibliothek
Die Deutsche Nationalbibliothek verzeichnet diese Publikation in
der Deutschen Nationalbibliografie; detaillierte bibliografische Daten
sind im Internet über http://dnb.d-nb.de abrufbar.

Herausgeber und Verlag haben alle Texte in diesem Buch mit großer
Sorgfalt erarbeitet. Dennoch können Fehler nicht ausgeschlossen werden. Eine Haftung des Verlags oder des Autors, gleich aus welchem
Rechtsgrund, ist ausgeschlossen. Die in diesem Buch wiedergegebenen
Bezeichnungen können Warenzeichen sein, deren Benutzung durch
Dritte für deren Zwecke die Rechte der Inhaber verletzen kann.

www.publicis.de/books

Lektorat: Dorit Gunia, Publicis Corporate Publishing

**ISBN 978-3-89578-319-7**

Herausgeber: Siemens Aktiengesellschaft, Berlin und München
Verlag: Publicis Corporate Publishing, Erlangen
© 2008 by Publicis KommunikationsAgentur GmbH, GWA, Erlangen

Das Werk einschließlich aller seiner Teile ist urheberrechtlich geschützt.
Jede Verwendung außerhalb der engen Grenzen des Urheberrechtsgesetzes
ist ohne Zustimmung des Verlags unzulässig und strafbar. Das gilt
insbesondere für Vervielfältigungen, Übersetzungen, Mikroverfilmungen,
Bearbeitungen sonstiger Art sowie für die Einspeicherung und Verarbeitung
in elektronischen Systemen. Dies gilt auch für die Entnahme von einzelnen
Abbildungen und bei auszugsweiser Verwendung von Texten.

Printed in Germany

# Vorwort

*Herbert Wegmann*
Dipl.-Ing. Herbert Wegmann ist Leiter des Geschäftszweiges Factory Sensors bei der Siemens AG, Sektor Industry. Er ist zudem mit der Leitung der konzernweiten RFID-Initiative der Siemens AG betraut.

RFID – die Abkürzung von Radio Frequency Identification – ist ein wahres Zauberwort. Die kontaktlose Identifikation von Objekten aller Art mit elektronisch beschreibbaren Datenträgern im absoluten Low-Cost-Bereich bei Reichweiten von mehreren Metern bietet die Möglichkeit für viele neue Anwendungen: Die Ideen reichen von der dezentralen Steuerung von Logistikzentren („Internet der Dinge") bis zum intelligenten Kühlschrank, der automatisch Waren nachbestellen kann.

Tatsächlich ist aber die drahtlose Funk-Identifikation als solche keine Innovation und wird seit langem in industriellen Anwendungen eingesetzt. Siemens, als führender Hersteller von RFID-Systemen, hat bereits vor 25 Jahren das erste industrielle RFID-System auf den Markt gebracht. Moby M – so der Name dieses ersten Produkts – erreichte einen Leseabstand zwischen Transponder und Antenne von maximal 40 mm, aber die Datenträger verfügten bereits über eine Speicherkapazität von 64 Bytes. Inzwischen wird RFID in vielen Bereichen erfolgreich angewandt. Doch so dynamisch sich die Entwicklung von RFID darstellt – es ist nicht die einzige Möglichkeit zur Identifikation von Objekten aller Art. Optische Codes wie der Barcode – bekannt von jedem Konsumgut im Supermarkt – gelten zwar als überholt. Aber die spezifischen Vorteile der optischen Verfahren, die zum Beispiel beim 2D-Matrix-Code zum Tragen kommen, machen RFID-Systemen in manchen Anwendungen zu Recht Konkurrenz.

Technologie ist faszinierend und der Schlüssel für den wirtschaftlichen Fortschritt – doch Technologie ohne Anwendungsfokus verfolgt nur einen Selbstzweck. Deshalb betrachten wir in diesem Buch beides: die technischen Grundlagen ebenso wie erfolgreiche Anwendungen. Dabei geht es darum, wie bestehende Prozesse durch den Einsatz von RFID und optischen Codes optimiert werden können, um Kosten zu senken und die Qualität zu erhöhen. In verschiedenen Kapiteln wird gezeigt, wie automatische Identifikations-Systeme technisch zuverlässig und ökonomisch sinnvoll eingesetzt werden – von der Fabrikhalle bis ins Krankenhaus.

Es macht mich stolz, dass die Autoren, die diese außerordentliche inhaltliche Breite zusammengestellt haben, allesamt aus unserem Haus stammen oder zumindest einige Jahre für Siemens gearbeitet haben. Mit ihren Beiträgen unterstreichen sie nachdrücklich die Technologie- und Lösungskompetenz von Siemens für RFID und Auto-ID. Mein Dank gilt deshalb allen Autoren und dem Herausgeber-Team Norbert Bartneck, Volker Klaas und Holger Schönherr. Ein herzlicher Dank auch Markus Weinländer und Kerstin Springer für das Projekt-Management und die umfassende redaktionelle Bearbeitung.

# Inhaltsverzeichnis

1 **Einleitung** .................................................. 14
1.1 Geschichtliche Entwicklung ............................. 16
1.2 In vielen Anwendungen bewährt ......................... 19
1.3 Innovation als Treiber .................................... 21

**Teil 1: Technische Grundlagen** ........................... 25

2 **RFID-Technologie** .......................................... 26
2.1 Was ist ein RFID-System? ................................ 26
2.2 Die Komponenten eines RFID-Systems ................... 27
2.2.1 Lesegerät .............................................. 27
2.2.2 Antenne ............................................... 30
2.2.3 Transponder .......................................... 31
2.3 Klassifizierung von RFID-Systemen ..................... 32
2.3.1 Passive Systeme ...................................... 32
2.3.2 Semi-aktive Systeme ................................. 36
2.3.3 Aktive Systeme ....................................... 37
2.4 Frequenzbänder und deren Eigenschaften .............. 38

3 **Optische Codes** ............................................ 41
3.1 Erfolg und Grenzen der Strichcodes .................... 41
3.2 Standards rund um den 2D-Code ......................... 42
3.2.1 Technologiestandards ................................ 42
3.2.2 Applikationsstandards ............................... 43
3.3 Merkmale des Data-Matrix-Code ......................... 44
3.3.1 Aufbau eines Data-Matrix-Code ..................... 44
3.3.2 Codierbare Daten mit Data-Matrix ECC200 ......... 46
3.3.3 Fehlerkorrektur und Sicherheitsaspekte ............ 47
3.4 Aufbringen und Markierungsmethoden .................. 48
3.4.1 Einsatz von Etiketten ................................ 48
3.4.2 Verfahren zur Direktmarkierung ..................... 48
3.4.3 Verifikation der Codequalität ....................... 51
3.5 Lesesysteme und ihre Eigenschaften .................... 52
3.5.1 Komponenten eines Data-Matrix-Lesesystems ...... 52
3.5.2 Stationäre Lesesysteme .............................. 52
3.5.3 Mobile Lesesysteme .................................. 54

3.5.4 Spezielle Lesesysteme .................................. 55
3.5.5 Physikalische und datentechnische Integration ........... 57
3.6 Gute Leseergebnisse erreichen ............................ 59
3.6.1 Optimierung der optischen Bedingungen ................ 59
3.6.2 Minimierung der Einflüsse von Material und
Umgebungsbedingungen ............................... 61
3.6.3 Erfüllen der technologischen Anforderungen ............ 62
3.7 Ausblick und neue Entwicklungen ......................... 62

## 4 Systemarchitektur ........................................ 64
4.1 Überblick ............................................... 64
4.1.1 Software in RFID-und Auto-ID-Systemen ................ 64
4.1.2 Systemmerkmale ...................................... 65
4.1.3 Prozesse, Applikationen und Randbedingungen .......... 66
4.2 Systemebenen ........................................... 67
4.2.1 Komponenten ........................................ 67
4.2.2 Topologien .......................................... 68
4.2.3 Applikationsschichten ............................... 68
4.2.4 Edgeware ........................................... 70
4.3 Integration ............................................. 71
4.3.1 Systemschnittstellen ................................ 71
4.3.2 Kommunikationsschichten ............................. 72
4.3.3 Technologien ........................................ 73
4.4 Datenfluss und Datenmanagement ........................... 74
4.4.1 RFID- und Auto-ID-Daten ............................. 74
4.4.2 Objektidentifikation ................................ 75
4.4.3 Verteilte, mobile Datenbanken ....................... 75
4.4.4 Hybride Ansätze .................................... 76
4.5 System-Management ....................................... 76
4.5.1 Device-Management ................................... 76
4.5.2 Edge-Server-Management .............................. 77
4.5.3 Sicherheit .......................................... 77
4.5.4 Verfügbarkeit ....................................... 78
4.5.5 Erweiterbarkeit und Adaptierbarkeit .................. 78
4.5.6 Abrechnungsfunktionen ............................... 79
4.6 Das EPCglobal Network ................................... 79
4.6.1 Überblick ........................................... 79
4.6.2 EPCIS und ALE ...................................... 80
4.7 Zusammenfassung ......................................... 81

## 5 Kriterien zur Systemauswahl ............................. 83
5.1 Automatische Identifikation mit Data-Matrix-Code ......... 84
5.2 „Open-Loop"-Anwendungen mit RFID ........................ 86

5.3 „Closed-Loop"-Anwendungen mit RFID ..................... 87
5.4 Fazit: Beide Technologien ergänzen sich ................... 89

**6 Standardisierung und Normung** ......................... 91
6.1 Warum ist Standardisierung wichtig? ...................... 91
6.2 Die Grundlagen für die Standardisierung bei RFID ........... 92
6.3 Der zentrale RFID-Standard ISO 18000 ..................... 94
6.4 Weitere nützliche Normen und Richtlinien ................. 95
6.5 Normung optischer Codes ................................ 97
6.6 Standardisierung durch EPCglobal und GS1 ................ 99
6.7 Fazit und Ausblick ....................................... 100

## Teil 2: RFID und Auto-ID praktisch einsetzen .......... 103

**7 Prozessgestaltung und Wirtschaftlichkeit** ................. 104
7.1 Die Furcht vor der Fehlinvestition ........................ 104
7.2 Am Anfang stehen Visionen und Ziele ..................... 105
7.3 Wie funktioniert das Unternehmen? ....................... 106
7.4 Der Business Case für RFID ............................... 108
  7.4.1 Begriff der Wirtschaftlichkeitsberechnung .............. 108
  7.4.2 Vorgehensweise bei RFID-Projekten ................... 109
7.5 Der RFID Business Case in der Praxis ...................... 111
7.6 Technik kann begeistern – aber sie muss „passen" .......... 114

**8 Einführung von RFID in der Praxis** ....................... 115
8.1 Machbarkeitstest/Feldtest ............................... 116
  8.1.1 Ziele eines Machbarkeitstests/Feldtests ................ 116
  8.1.2 Durchführung der Tests .............................. 117
  8.1.3 Ergebnisse des Machbarkeits- bzw. Feldtests ........... 119
8.2 Lösungsdesign und Pilotbetrieb .......................... 119
  8.2.1 Ziele des Pilotbetriebs ............................... 121
  8.2.2 Ergebnisse des Pilotbetriebs .......................... 121
8.3 Roll-out ................................................ 122

## Teil 3: Applikationen heute – von der Fabrikhalle bis ins Krankenhaus .......................... 125

**9 Fertigungssteuerung** ................................... 126
9.1 Das Dilemma des modernen Wettbewerbs ................. 126
9.2 Produktion von individualisierten Serienprodukten ......... 129
9.3 Autonome Produktionssysteme mit Auto-ID ............... 130

| | | |
|---|---|---|
| 9.4 | Dezentralisierung der Fertigungsdaten durch RFID | 133 |
| 9.5 | Technische Anforderungen | 134 |
| 9.6 | Rechnet sich RFID in der Fertigung? | 136 |
| **10** | **Produktionslogistik** | **139** |
| 10.1 | Logistik und Unternehmenserfolg | 139 |
| 10.2 | Abläufe in der Produktionslogistik | 140 |
| 10.3 | RFID in der Produktionslogistik | 141 |
| 10.4 | Anwendungsbeispiele | 144 |
| 10.4.1 | Automatische Auftragszusammenführung erhöht die Effizienz | 144 |
| 10.4.2 | RFID optimiert die Kommissionierung für die Montagebereitstellung | 144 |
| 10.4.3 | Transparente Prozesse bei Mehrweg-Transportgebinden | 145 |
| 10.4.4 | Nachschub gesichert | 145 |
| 10.4.5 | Der passende Sitz zum richtigen Auto | 146 |
| 10.5 | Zusammenfassung und Ausblick | 147 |
| **11** | **Container- und Asset-Management** | **149** |
| 11.1 | Anforderungen an das Container-Management | 149 |
| 11.1.1 | Motivation | 150 |
| 11.1.2 | Ziele | 151 |
| 11.1.3 | Standardisierung | 152 |
| 11.1.4 | Technische Spezifikationen | 153 |
| 11.1.5 | Datenstrukturen | 153 |
| 11.1.6 | Weitere Randprozesse | 155 |
| 11.2 | Wirtschaftlichkeit | 155 |
| 11.3 | Container- und Asset-Management in der Praxis | 157 |
| 11.4 | Geschäftsmodelle | 160 |
| 11.4.1 | Vermietung | 160 |
| 11.4.2 | Verkauf- und Rückkaufmodell | 161 |
| 11.5 | Ausblick | 162 |
| **12** | **Tracking and Tracing** | **163** |
| 12.1 | Anwendungsbereiche | 164 |
| 12.1.1 | Diskrete Fertigung | 164 |
| 12.1.2 | Prozessindustrie | 166 |
| 12.1.3 | Tracking and Tracing in der Logistik | 167 |
| 12.2 | Treiber für Tracking and Tracing | 168 |
| 12.2.1 | Betriebliche Vorteile | 168 |
| 12.2.2 | Gesetzliche Regelungen, Standards | 168 |
| 12.2.3 | Verbraucherschutz | 169 |
| 12.2.4 | Transparenz für Endverbraucher | 169 |

| | | |
|---|---|---|
| 12.3 | Vorteile durch Tracking and Tracing | 169 |
| 12.3.1 | Reaktives Qualitätsmanagement | 170 |
| 12.3.2 | Proaktive Qualitätssicherung | 170 |
| 12.4 | Tracking and Tracing in der Praxis | 171 |
| 12.5 | Ausblick | 172 |

**13 Optimierung von Supply Networks** ... 174
13.1 Steigende Variantenvielfalt ... 174
13.2 Wandel der Anforderungen an Geschäftsprozesse ... 175
13.3 Neue Geschäftsprozesse erfordern neue Technologien ... 177
13.4 Vorteile durch übergreifenden RFID-Einsatz ... 178
13.5 Möglichkeiten der Weiterentwicklung ... 181

**14 Fahrzeuglogistik** ... 184
14.1 Spezielle Anforderungen ... 184
14.2 Technische Grundlagen ... 185
14.3 Anwendungsszenarien ... 187
   14.3.1 Einsatz bei Automobilkonzernen ... 187
   14.3.2 Fuhrparkmanagement im öffentlichen Nahverkehr ... 189
   14.3.3 Dock & Yard-Management ... 192

**15 RFID am Flughafen** ... 195
15.1 Prozesse in der Flughafenlogistik ... 195
15.2 RFID-Einsatzgebiete in der Flughafenlogistik ... 198
   15.2.1 Prozessoptimierung auf Air- und Landside ... 198
   15.2.2 RFID an Behälterförderanlagen ... 199
   15.2.3 RFID BagTag ... 201
   15.2.4 RFID-gestützte Wartung ... 202
   15.2.5 Verbesserung im Catering-Bereich ... 203
   15.2.6 RFID in Cargo Logistics ... 204
   15.2.7 Vorteile durch RFID ... 204
15.3 Perspektiven ... 205

**16 Postautomatisierung** ... 207
16.1 Auto-ID in der Postlogistik ... 208
16.2 RFID – die innovative Auto-ID-Technik ... 210
   16.2.1 RFID-basierte Anwendungssysteme ... 213
16.3 Ausblick ... 215
   16.3.1 Druckbare Transponder in Polymertechnologie ... 215
   16.3.2 RFID-Transponder mit visuell lesbarer Information ... 216
   16.3.3 „Internet der Dinge" ... 216
   16.3.4 RFID in der Postlogistik der Zukunft ... 216

## 17 RFID im Krankenhaus ............................... 218
17.1 Potenzial von RFID im Gesundheitssektor ............... 218
17.2 Referenzprojekte ..................................... 219
  17.2.1 Jacobi Medical Center und Klinikum Saarbrücken ....... 219
  17.2.2 MedicAlert ....................................... 221
  17.2.3 Klinikum rechts der Isar .......................... 222
17.3 Der wirtschaftliche Nutzen von RFID .................... 224
17.4 RFID in der Zukunft .................................. 225
17.5 Fazit ............................................... 227

## Teil 4: Wie geht es weiter? ........................... 229

## 18 RFID – gedruckt auf der Rolle ......................... 230
18.1 Markenschutz mit gedruckter Elektronik und RFID ......... 231
  18.1.1 Markenschutz für makellose Mixturen ................ 231
  18.1.2 Ohne Reue zubeißen können ......................... 232
  18.1.3 Identifizierbarkeit schafft Klarheit in der Supply Chain .. 232
18.2 Technologische Grundlagen ............................. 233
18.3 Mögliche Lösungen mit gedruckten RFID ................. 235

## 19 RFID und Sensorik .................................... 237
19.1 Motivation .......................................... 237
19.2 Technische Grundlagen ................................ 238
  19.2.1 Schematischer Aufbau von RFID-Sensoren ............. 238
  19.2.2 Dezentrale Speicherung der Sensorikdaten ............ 239
  19.2.3 Verfügbare Systeme ................................ 239
  19.2.4 Zentrale Speicherung der Sensorikdaten ............. 242
19.3 Erste Anwendungen ................................... 243
  19.3.1 Temperaturüberwachung von Blutkonserven ........... 243
  19.3.2 Qualitätssicherung bei weltweiten Container-Transporten 244
19.4 Mögliche künftige Anwendungen ........................ 245
  19.4.1 Temperatur ...................................... 245
  19.4.2 Temperatur und relative Luftfeuchte ................ 245
  19.4.3 Beschleunigung ................................... 246

## 20 RFID-Sicherheit ...................................... 247
20.1 Datenschutz ......................................... 247
  20.1.1 Persönlichkeitsprofile ............................ 248
  20.1.2 Angriffe aus der Ferne ............................ 249
20.2 Informationssicherheit ............................... 250
  20.2.1 Schutz der gespeicherten Daten .................... 250
  20.2.2 Schutz der Datenübertragung ....................... 251

20.3   Klassische Schutzmaßnahmen ......................... 251
20.3.1   Symmetrische Verschlüsselung ..................... 251
20.3.2   Probleme beim Einsatz symmetrischer Verschlüsselung .. 253
20.4   Schutz gegen komplexe Bedrohungen .................... 253
20.4.1   Erstellen von RFID-Klonen .......................... 254
20.4.2   Schutzmaßnahmen durch zertifikatsbasierte Lösungen .. 255
20.4.3   Asymmetrische Kryptografie und PKI ................. 256
20.4.4   RFID und PKI ...................................... 257
20.5   Sicherheit in der RFID-Standardisierung ................. 257

**21   Epilog: Auf dem Weg zum „Internet der Dinge"** ........... 260

**Herausgeber und Autoren** ................................. 268
**Stichwortverzeichnis** ....................................... 273

# 1 Einleitung

*Holger Schönherr*

Das Bestreben, Dinge und Personen in unserer Umwelt klar und eindeutig zu bezeichnen, ist so alt wie die Menschheit selbst. Namen sind ein zentrales Element in allen Kulturen und allen Sprachen und eine Wurzel unserer persönlichen Identität. Namen schaffen eine Basis für den gezielten Austausch von Informationen: Sie sind ein Zugriffsindex auf eine Informationsmenge über ein Individuum oder eine Sache. Namen sind somit einer Person, einem Gegenstand, einer organisatorischen Einheit oder einem Begriff zugeordnete Informationen, die der Identifizierung und Individualisierung ermöglichen.

Für die Automation von Geschäftsprozessen ist die Maschinenlesbarkeit des Namens bzw. seiner Symbolisierung von zentraler Bedeutung. Unzählige Gegenstände tragen deshalb maschinenlesbare, individuelle Bezeichnungen in Form von Klartext, Barcode oder elektronisch gespeicherten Informationen: Waren im Supermarktregal, Postsendungen, Maschinenteile, Werkstücke, Transportbehälter oder Ausweisdokumente. Das Themengebiet der automatischen Identifizierung umfasst die Vergabe, die Zuordnung, die Übermittlung und die Verarbeitung dieser Bezeichnungen. Die Ergebnisse stehen dann für Informationszwecke, weitere Auswertungen, Statistiken, Steuerungsaufgaben und zur Entscheidungsfindung zur Verfügung. Wesentlich ist, dass die Abläufe und Zustände aus der realen Welt direkt in der Welt der Informationssysteme (IT) abgebildet werden. Hieraus ergeben sich enorme Vorteile für die gesamte Wertschöpfungskette von der Produktion über die Logistik bis zum Konsumenten.

Am weitesten verbreitet sind heute die optischen Codes mit einem geschätzten Anteil von 75 % am Gesamtaufkommen von Identsystemen. Die Symbole werden mit Scannern erfasst, die den Barcode anstrahlen und das reflektierte Licht messen. Die enthaltenen Informationen werden decodiert und in IT-Systemen weiterverarbeitet. Neben dem Reflexionsprinzip gibt es auch Scanner, die wie eine Digitalkamera funktionieren. Eine Welt ohne optische Codes ist kaum mehr vorstellbar. Es gibt mittlerweile rund 50 verbreitete Ausprägungen, die je nach Verwendungszweck ein- oder mehrdimensional aufgebaut sind, unterschiedlich viel Platz benötigen und in der Speicherkapazität variieren. Milliarden von Objekten werden so gekennzeichnet: Prominentes Beispiel ist der Barcode als Artikelkennzeichnung im Supermarkt. In industriellen Fertigungsprozessen haben sich hingegen die 2D- oder Data-Matrix-Codes etabliert. Gründe hierfür sind die hohe Speicherdichte, die Robustheit und Aufbringungsmöglichkeiten auf einer Vielzahl von Oberflächen. Ausführliche Erläuterungen zum Stand der Technik finden sich im Kapitel 3.

$$\mathrm{rot}\, H = \dot{D} + j: \qquad \oint_k H \cdot \mathrm{d}s = \frac{\mathrm{d}}{\mathrm{d}t}\int_A D \cdot \mathrm{d}A + I$$

$$\mathrm{rot}\, E = -\dot{B}: \qquad \oint_k E \cdot \mathrm{d}s = \frac{\mathrm{d}}{\mathrm{d}t}\int_A B \cdot \mathrm{d}A$$

$$\mathrm{div}\, D = \varrho: \qquad \oint_A D \cdot \mathrm{d}A = Q$$

$$\mathrm{div}\, B = 0: \qquad \oint_A B \cdot \mathrm{d}A = 0$$

**Bild 1.1** James Clerk Maxwell legte mit den nach ihm benannten Gleichungen den Grundstein unter anderem für RFID (Foto: Pixtal)

Neben den optischen Systemen spielt auch Radio Frequency Identification (RFID) eine entscheidende Rolle. Als wichtigster Wegbereiter dieser Funktechnologie gilt der schottische Physiker James Clerk Maxwell (1831-1879). Als dieser die nach ihm benannten „Maxwellschen Gleichungen" aufstellte, ahnte er nicht, wie rasant sich in den folgenden Jahrhunderten funktechnische Anwendungen ausbreiten würden (Bild 1.1). Neben anderen herausragenden Wissenschaftlern wie Heinrich Rudolf Hertz und Guglielmo Marchese Marconi lieferte vor allem Maxwell den grundlegenden Beitrag zur Beschreibung des Wesens, der Ausbreitung und der Übertragung elektromagnetischer Wellen. Allein das Phänomen, Signale durch den „Äther" zu übertragen, ließ die Menschheit in neue Dimensionen der Kommunikation vorstoßen: Das Funkzeitalter war angebrochen. Doch auch angesichts der enormen Fortschritte hätte man noch bis weit ins 20. Jahrhundert die Vorstellung von winzigen, funkenden Geräten auf Gegenständen als Utopie abgetan.

# 1 Einleitung

Seit dem Jahr 2000 hat RFID eine breite Bekanntheit erlangt, obwohl diese Technologie seit vielen Jahren in der Industrie und der betrieblichen Logistik etabliert und bewährt ist. Es geht darum, Informationen mittels mobiler Datenträger direkt an physikalischen Objekten zu speichern. Die Daten können dann per Funk gelesen und auch geschrieben werden.

## 1.1 Geschichtliche Entwicklung

Welchen Nutzen hat drahtlose Kommunikation mit Gegenständen? Eine Antwort wurde im zweiten Weltkrieg gegeben. In unübersichtlichen Luftgefechten kam es zur Verwechslung der eigenen Maschinen mit feindlichen Flugzeugen, oft mit fatalen Folgen. Seit 1937 arbeiteten deshalb Wissenschaftler vom Forschungslabor der US Marine (NRL) sowie britische Experten an einem System zur Unterscheidung von Freund und Feind. Bei Auftreffen des Radarsignals von der Bodenstation antwortet ein an Bord befindliches Gerät mit einem Code und überträgt diesen auf der Radarfrequenz zum „Interrogater" in der Bodenstation. Durch die Auswertung dieser Information konnte eine Identifizierung jedes Flugzeugs und damit eine Unterscheidung zwischen Freund und Feind erfolgen. Da das Gerät „überträgt" (transmit) und „antwortet" (respond) nannte man es „Transponder" – eine Bezeichnung, die sich bis heute für die RFID-Datenträger gehalten hat. Die weiterentwickelten Formen der Transponder finden sich heute an Bord eines jeden Flugzeuges; sie sind unerlässlich für die Flugverkehrskontrolle und das effektive Management der Flugbewegungen (Bild 1.2).

Mit dieser Betrachtung haben wir uns den wesentlichen Gesichtspunkten von RFID genähert. Die Kommunikation erfolgt drahtlos; es muss keine direkte Sichtverbindung bestehen. Es braucht keine ma-

**Bild 1.2**
Das Grundprinzip von RFID wird bis heute zur Identifizierung von Flugzeugen eingesetzt. Dieser einfache Transponder kann einen vierstelligen Code und die Flughöhe übermitteln (Foto: Garmin Ltd.)

1.1 Geschichtliche Entwicklung

**Bild 1.3** Der Barcode ist aus dem Handel nicht mehr wegzudenken – wie hier an einer modernen Scanner-Kasse. (Foto: Wincor Nixdorf)

nuelle Bedienung und es werden zuvor hinterlegte Informationen übermittelt. Abläufe, die bislang komplex und nicht zu durchschauen waren, werden dadurch transparent. Dies wiederum gibt die Möglichkeit der gezielten Einflussnahme.

Die ersten Transponder waren allerdings groß wie ein Reisekoffer, entsprechend schwer und verbrauchten viel Energie. Die Entwicklungen auf dem Gebiet der Übertragungstechnik, der integrierten Schaltungen und der Halbleitertechnik ermöglichten bald sehr viel kleinere und dabei leistungsstärkere Transponder. Zu Beginn der 1970er-Jahre hielten Systeme zur Warensicherung in Verkaufsräumen Einzug. Man startete mit 1-Bit-Transpondern, technisch betrachtet einfachen LC-Gliedern, die lediglich ihre Präsenz im Lesefeld anzeigten. „Vergisst" ein Kunde die Ware zu bezahlen, erinnert ihn ein schriller Signalton beim Passieren des Lesetores am Ausgang. Diese Einrichtungen finden sich heute in fast jedem Warenhaus.

Etwa in dieser Zeit setzte sich der Barcode als optisches Identifizierungssystem im Handel durch. Wrigley's Kaugummi war 1974 das erste mit Barcode markierte Produkt, das in den Supermärkten maschinell gescannt wurde. Der Siegeszug des Barcodes und der damit verbundenen Standards wie z. B. die European Article Number (EAN) waren nicht mehr aufzuhalten (Bild 1.3). Damit hatte der Barcode nur wenig kürzer zu einer breiten Marktdurchdringung gebraucht wie RFID, denn das erste Barcode-Patent war bereits 1949 in den USA eingereicht worden.

# 1 Einleitung

Mit Beginn der 1980er-Jahre verbreiteten sich Anwendungen zur Markierung von Tierbeständen und damit der Einsatz von RFID zur Individualisierung. Anders als bei den Warensicherungssystemen ist hier ein vergleichsweise großer Speicher auf den Transpondern erforderlich, um Daten wie eine eindeutige Nummer oder das Geburtsdatum des Tieres abzuspeichern. In den USA und Norwegen wurden RFID-basierte Mautsysteme entwickelt. Auch in der Produktion hielt RFID zur Steuerung der Fertigung Einzug. Die ersten industriellen RFID-Systeme wie Moby M von Siemens waren gerätetechnisch noch als aktive Komponenten ausgelegt (Bild 1.4), bei denen eine Batterie die erforderliche Energie zum Betrieb der internen Schaltung des Transponders lieferte. Die Reichweite betrug trotzdem nur wenige Zentimeter.

Mit der Gründung des AutoID Labs am Massachusetts Institute of Technology (MIT) wurde 1999 ein neues Kapitel der RFID-Technologie aufgeschlagen. RFID wurde buchstäblich zum Synonym für automatische Identifizierung und für umfassende Transparenz logistischer Prozesse. Die Begriffe „Internet der Dinge" und „RFID" sind seitdem untrennbar miteinander verbunden. Das Ziel: eine globale Lösung für die lückenlose Verfolgung von Waren auf der Basis einer eineindeutigen Nummer. Jeder Artikel, so der Ansatz, wird beim Hersteller mit einem RFID-Transponder versehen und ermöglicht auf diese Weise eine automatische Erfassung entlang der gesamten Lieferkette. Die gewonnenen Daten spiegeln zu jedem Zeitpunk den Zustand der gesamten Lieferkette wider und erlauben so deren umfassende Optimierung. Das Konzept baut auf besonders preisgünstige und dabei leistungsstarke Einweg-Transponder, so genannte Smart Label, die ausreichend Speicher und mehrere Meter Reichweite bieten. Weiter-

**Bild 1.4** Seit 25 Jahren bietet Siemens RFID für die Industrie: links „Moby M" von 1983, rechts das aktuelle System Simatic RF300.

hin wird ein globaler Datenstandard – der Electronic Product Code (EPC) – und ein globales IT-System zur Bereitstellung der individuellen Produktinformationen definiert.

## 1.2 In vielen Anwendungen bewährt

Auto-ID und RFID gelten als *backbone*-Technologien für die künftige globale Wirtschaft. Verschiedene Gründe machen eine breite Einführung erforderlich. So wuchs im Jahr 2005 der weltweite Export von Waren viermal so stark wie die Produktion, gemessen am Bruttonationaleinkommen (BNE). Wertschöpfungskreisläufe breiten sich rund um den Globus aus und passen sich hochdynamisch an sich verändernde Markterfordernisse an. Die Auseinandersetzung im Wettbewerb ist global; statische Lieferbeziehungen weichen einem dynamischen Sourcing, das über das Internet gesteuert wird. So wird z. B. in der Automobilindustrie die eigene Wertschöpfungstiefe der Hersteller von 35 % im Jahr 2006 auf 25 % in 2015 absinken. Aber auch die Struktur der Wertschöpfung ändert sich. Bestanden bisher die Zulieferungen vorwiegend aus gleichartigen Komponenten, geht der Trend hin zur wissensbasierten Zulieferung. Beispiel hierfür ist neben dem Automobilbau auch die Flugzeugindustrie, wo ganze Segmente oder Baugruppen vorgefertigt angeliefert werden. Agilität, schnelle Reaktionszeiten und die Fähigkeit, flexibel auf Änderungen beim Endhersteller zu reagieren, sind grundlegende Anforderungen an jeden Lieferanten. Schließlich steigen die Anforderungen der Kunden an die Produkte – gleichartige Ware „von der Stange" wird gerade bei hochpreisigen Technologie-Artikeln immer weniger akzeptiert. Diese Entwicklung hin zur *„mass customization"* fordert eine enorme Durchgängigkeit der Prozesse – vom Design bis zur Produktion. Auch die Logistikkette spielt eine entscheidende Rolle. Die Zulieferungen müssen nicht nur wie bestellt beim Kunden ankommen, sondern zeitgenau aufeinander abgestimmt und in der richtigen Reihenfolge – nur so können *just in time*- und *just in sequence*-Konzepte realisiert werden. Auch hier sind Systeme zur automatischen Identifizierung unerlässlich.

Die automatische Identifikation über Funk zählt in der Produktionstechnik vielfach bereits zum „Stand der Technik". Bei diesen Anwendungen steht die automatische Steuerung der Produktionsabläufe anhand individueller Objektdaten im Mittelpunkt. Beispielsweise werden im Automobilbau Spritzroboter in Abhängigkeit der Karosse-

1 Einleitung

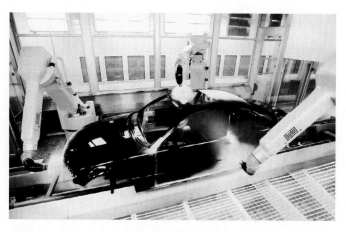

**Bild 1.5** Bei der Lackierung von Fahrzeugen in der Automobilindustrie gilt RFID seit vielen Jahren als „Stand der Technik". (Foto: Dürr AG)

rieform (z. B. Schiebedachausschnitt) gesteuert (Bild 1.5). Kurz gesagt: Die Produkte tragen alle Informationen für ihre Bearbeitung und Montage. Das ermöglicht die Umsetzung völlig neuer, dezentralisierter Fertigungssteuerungskonzepte. Ein weiterer Vorteil ist die automatische Wiederaufnahme der Fertigung nach Ausfällen oder Fehlern mit Hilfe der direkt am Werkstück gespeicherten Statusinformationen. Die eingesetzten Datenträger sind robust ausgeführt und bewegen sich mit den Werkstücken oder Werkstückträgern in geschlossenen Kreisläufen. Am Ende eines Durchlaufs werden die Daten gesichert; der Transponder wird gelöscht und in den nächsten Umlauf geschickt. Wächst die Zahl der Durchläufe, so sinkt natürlich der Kostenanteil eines Transponders pro Durchlauf. Deshalb amortisieren sich derartige Anwendungen oft in weniger als zwei Jahren.

Ein ganz anderes Anwendungsfeld tut sich bei Lebensmitteln, Medikamenten oder technischen Bauteilen auf. So ist in der pharmazeutischen Lieferkette die absolute Integrität des Produkts unverzichtbar. Es muss gewährleistet werden, dass das richtige und vor allem das originale Medikament beim Patienten ankommt. Der Begriff „E-Pedigree" bezeichnet den „elektronischen Stammbaum" dieser Produkte. Hierzu sind künftig lückenlose Nachweise über die Herkunft und die Stationen der Lieferkette zu führen. Dies ist nur durch den Einsatz von Technologien zur automatischen Identifizierung möglich. Auf der Artikelebene (item level) wird der 2D-Code favorisiert, auf Karton- und Palettenebene RFID. Doch aktuelle Versuche der Pharmaindustrie zielen darauf ab, die Leistungsfähigkeit von RFID auch auf Artikelebene zu testen. Ein Grund ist, dass RFID auch als elektronisches Echtheitszertifikat genutzt werden könnte.

Auch die Verwaltung materieller Vermögensgegenstände – so genannter Assets – zählt zu den vielversprechenden Anwendungsgebieten von RFID. Hier geht es vor allem um die Bestandsoptimierung der benötigten Rollwägen, Umlaufbehälter oder Werkzeuge. Einerseits muss eine ausreichende Zahl dieser Assets zur Verfügung stehen, um produzieren und liefern zu können. Andererseits sind Assets gebundenes Kapital ohne unmittelbaren Ertrag, sodass ein möglichst kleiner Bestand anzustreben ist. Dank RFID kann der Lebenszyklus lückenlos nachvollzogen und bei Assets, die den Zugriffsbereich eines Betriebs verlassen, eine klare Aussage getroffen werden, wo sich welches Asset befindet. Und dank der RFID-Transponder an den einzelnen Objekten lassen sich auch weitere Prozesse an das RFID-gestützte Asset-Management anhängen, was die Wirtschaftlichkeit der Lösung weiter erhöht.

Darüber hinaus finden sich zahlreiche spezialisierte RFID- und Auto-ID-Anwendungen in einzelnen Industrien. Die Identifikation von Patienten im Gesundheitswesen, das Management der Auslieferungslogistik bei den Autoherstellern oder die Steuerung von Gepäckförderanlagen auf Flughäfen sind nur einige ausgewählte Beispiele.

## 1.3 Innovation als Treiber

Die Geschichte der automatischen Identifizierung ist von ständigen Innovationen geprägt. Bei jeder neuen Entwicklung werden neue Anwendungen möglich, aber gleichzeitig bleiben weiterhin Grenzen z. B. bei der Leserate bestehen. Was vor 10 Jahren als undenkbar galt, ist heute Wirklichkeit. Und was heute als Problem gilt, wird morgen durch elegante Lösungen aus dem Weg geräumt werden. Technologen und Wissenschaftler arbeiten an vielfältigen Themen, von denen drei hervorgehoben werden sollen.

Eine der wichtigsten Einwände gegen den massenhaften Einsatz von RFID-Transpondern sind heute die Kosten der Datenträger. Ein möglicher Lösungsansatz sind gedruckte elektronische Schaltungen. Die verwendeten Materialien sind Polymere mit Halbleitereigenschaften. Der Vorteil: Die integrierte Schaltung eines RFID-Datenträgers kann in einem Prozessschritt erzeugt werden. Das spart Kosten und ebnet den Weg zu Transpondern im 1-Cent-Bereich.

Eine neue Dimension von Anwendungen ergibt sich aus der Anreicherung von RFID mit Zusatzfunktionen. Heute werden bereits Sensoren zur Erfassung von Umgebungsparametern wie Temperatur, Druck oder Beschleunigung mit RFID-Transpondern kombiniert. Das sind die ersten Schritte zu autonomen intelligenten Systemen, die mit ihrer Umwelt interagieren. Künftig sind Transponder vorstellbar, die aufgrund von Umgebungsdaten selbstständig Entscheidungen treffen.

Im Zuge der Dezentralisierung und Mobilisierung von Informationen gewinnen auch ganz neue Aspekte der Datensicherheit an Bedeutung. Werden beispielsweise RFID-Transponder als Echtheitsnachweis für Medikamente verwendet, muss technisch verhindert werden, dass der enthaltene Mikrochip kopiert werden kann. Die Nutzung asymmetrischer Kryptografie in passiven Low-cost-Transpondern schafft hier Abhilfe.

Doch die Findigkeit von Ingenieuren und Wissenschaftlern beschränkt sich nicht nur auf die Funkprotokolle oder das Chipdesign. Vielmehr sind durch die vielversprechende Verknüpfung von hoher Reichweite, akzeptabler Speicherkapazität und geringsten Transponder-Preisen auch völlig neue Architekturen in den Produktions- und Logistiksystemen denkbar. Das Stichwort „Internet der Dinge" macht deutlich, wohin die Reise geht: zu verteilten, autonomen Systemen, die ähnlich wie das Internet auf eine zentrale Steuerungskomponente verzichten. Die Mobilität der Daten, die durch Auto-ID und RFID erreicht wird, bildet die Basis für eine neue Entwicklungsstufe im Design der komplexen Systeme, die zunehmend unser Leben bestimmen.

**Literatur**

[1] Andrea u. Silvio Brendler: Namenarten und ihre Erforschung: Ein Lehrbuch für das Studium der Onomastik. Baar-Verlag 2004
[2] Hans-Jörg Bullinger, Michael ten Hompel (Hrsg.): Internet der Dinge. Springer Verlag 2007
[3] James Cl. Maxwell: Elektrizität und Magnetismus. VDM Verlag Dr. Müller 2006

Teil 1
# Technische Grundlagen

# 2 RFID-Technologie

*Dieter Horst*

Seit wenigen Jahren ist die Abkürzung RFID auch außerhalb der reinen Fachwelt gebräuchlich. Durch die starke Verbreitung der Systeme in Handel und Logistik und nicht zuletzt durch den von UHF-RFID ausgelösten Hype fand der Begriff seinen Weg in die IT-Presse und sogar in Tageszeitungen. Doch was bedeutet dieser Begriff?

## 2.1 Was ist ein RFID-System?

RFID steht für Radio Frequency Identification – wörtlich übersetzt „Hochfrequenz-Identifikation". Das ist leider nicht besonders aussagekräftig, sodass ich folgende Definition vorschlage:

> Ein RFID-System besteht mindestens aus einem Lesegerät und einem mobilen Datenspeicher, der unter Verwendung eines hochfrequenten Übertragungsverfahrens durch das Lesegerät kontaktlos gelesen werden kann.

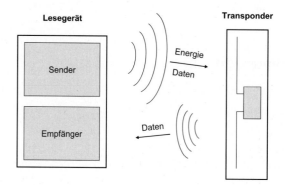

**Bild 2.1** Illustration eines RFID-Systems

Auch wenn der Begriff *Reader* das reine Lesen andeutet, können Lesegeräte in der Praxis meist auch schreiben. Alle RFID-Systeme haben eines gemeinsam: die Übertragung der Daten per Hochfrequenz, also mit elektromagnetischen Wellen. In vielen Fällen wird über diesen Weg sogar die Energie zum Lesen oder Schreiben des Datenspeichers mitgeschickt, was den Herstellungsaufwand des Transponders auf ein Minimum reduziert.

Im Zusammenhang mit der Bearbeitung von Transpondern werden verschiedene Begriffe verwendet, die Aufschluss über den Verwendungszweck geben:

- **Identifikation:** Hier ist das reine Erfassen eines Transponders gemeint, die einfachste Variante eines RFID-Systems. Oft genügen Read-Only-Systeme, bei denen bereits der Hersteller des Transponders eine Seriennummer (ID) vergibt, die vom Anwender mit dem zu identifizierenden Objekt verknüpft wird.

- **Mobile Datenspeicher:** Diese Form der Identifikation ist häufig in der industriellen Anwendung zu finden. Das Prinzip ist, dass im Transponder – und damit am zu identifizierenden Objekt – alle wichtigen Daten gespeichert und bei Bedarf aktualisiert werden. Hierzu ist ein RFID-System nötig, das zum einen Schreiben und Lesen ermöglicht, aber auch größere Datenvolumen zur Verfügung stellt. Die Anwenderspeicher bewegen sich hier im Bereich einiger 10 kByte, der in der Praxis für viele Applikationen völlig ausreicht.

- **Ortung:** Eine Sonderform des RFID-Systems dient zur Ortung von Objekten (Real Time Location System, RTLS). Die maßgebliche Eigenschaft dieser Systeme ist das Liefern der Ortsinformation eines Objekts (zusätzlich zu dessen Identifikation). Allerdings ist das Ermitteln der Ortsinformation technisch sehr aufwändig.

## 2.2 Die Komponenten eines RFID-Systems

### 2.2.1 Lesegerät

Für das RFID-Lesegerät gibt es mehrere synonyme Begriffe: Schreib-/Lesegerät, Leser, Reader, Interrogator. Die Begriffe Leser und Reader sollten nicht zu wörtlich genommen werden, denn die Geräte können in der Regel auch schreiben. Das Lesegerät hat die Aufgabe, Kommandos von der übergeordneten Steuerung entgegenzunehmen und ei-

## 2 RFID-Technologie

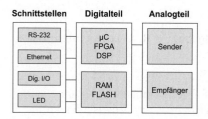

**Bild 2.2** Blockschaltbild eines Lesegeräts

genständig auszuführen. Bild 2.2 zeigt die wesentlichen Komponenten eines Lesers.

### Digitalteil

Meist übernimmt ein Mikrocontroller die Steuerung des Lesegeräts. Die Rechenleistung kann hier sehr unterschiedlich sein, sie variiert vom 8-Bit-Mikrocontroller, über digitale Signalprozessoren (DSP), programmierbare Logik (FPGA) bis hin zum 32-Bit-Prozessor mit Echtzeitbetriebssystem. Hier wird deutlich, dass Lesegeräte häufig weitaus komplexere Aufgaben erledigen, als nur einen Transponder zu lesen. Letztlich entscheidet die Anwendung darüber, welche Leistungsfähigkeit benötigt wird.

### Analogteil

Wesentliche Anteile der Robustheit und Leistungsfähigkeit eines RFID-Lesegeräts werden durch die analogen Schaltungsteile bestimmt. Die Antwortsignale von Transpondern sind fast immer sehr schwach. Deshalb bildet ein leistungsfähiger Empfänger, der sowohl mit schwachen Signalen als auch mit unterschiedlichen Störungen umgehen kann, das Herzstück eines guten Lesers.

Die Generierung des Sendesignals erfolgt ebenfalls im Analogteil. Dabei muss darauf geachtet werden, dass der Sender ein möglichst „reines" Signal, d. h. frei von Rauschanteilen (Phasenrauschen) und Nebenaussendungen, liefert. Dies ist wichtig für die Leistungsfähigkeit, zur Vermeidung von Störungen und für die Einhaltung gesetzlicher Vorschriften. Auch muss der Sender thermisch stabil und robust sein: So darf das Abziehen der Antenne im laufenden Betrieb nicht zur Beschädigung des Senders führen. Die Sendeleistung liegt bei bis zu 10 W.

## Schnittstellen

Kommunikation ist die Hauptaufgabe von RFID-Lesegeräten. Daher verfügen sie oft über eine Vielzahl von Schnittstellen (Bild 2.3):

- Serielle Schnittstellen (RS232, RS422) sind am häufigsten anzutreffen. Sie sind nötig, um das Gerät an einen PC oder eine Steuerung (meist über vielseitige Anschaltmodule) anzuschließen.

- Die Ethernet-Schnittstelle setzt sich immer mehr durch, sei es als Standard-Variante, die aus der IT-Welt bekannt ist, oder als robuste industrielle Version mit Echtzeitfähigkeit. Speziell in der Logistik ist Ethernet von großer Bedeutung, weil damit die Einbindung in IT-Systeme besonders reibungslos erfolgt.

- Digitale Eingänge werden häufig zum Auslösen eines Lesevorgangs (Trigger) verwendet, zum Beispiel über Näherungsschalter, Infrarotsensoren oder Lichtschranken. Dadurch können gegenseitige Störungen minimiert werden, da der Leser nur sendet, wenn auch wirklich ein Transponder in der Nähe ist. Auch kann so die maximale Überfahrtgeschwindigkeit des Objekts gesteigert werden, weil das Lesegerät ohne Zeitverzögerung den Lesevorgang ausführen kann.

- Digitale Ausgänge sind wichtig bei RFID-Zutrittskontrollsystemen (Betätigen des Öffners) und Logistik-Anwendungen (Ampel zur Signalisierung eines erfolgreichen Lesevorgangs). Ein digitaler Ausgang sollte robust sein, Kurzschlüsse vertragen und auch etwas Leistung liefern, damit die gewünschten Geräte direkt angeschlossen werden können.

**Bild 2.3** Schnittstellen an einem RFID-Lesegerät

## 2 RFID-Technologie

- Auch LEDs können als optische Schnittstelle betrachtet werden. Es ist bei Inbetriebsetzung oder Fehlersuche sehr hilfreich, wenn bestimmte Zustände wie „Transponder im Feld" oder „Kommunikationsfehler" unmittelbar am Gerät angezeigt werden.

### 2.2.2 Antenne

Jeder RFID-Leser verfügt über eine oder mehrere Antennen. Sie dienen dazu, die Sendeleistung in geeigneter Form abzustrahlen sowie das Signal des Transponders aufzunehmen und dem Empfänger zuzuführen. Teilweise verwendet man für Senden und Empfangen getrennte Antennen, meist reicht jedoch eine einzige aus, die beide Aufgaben erfüllt.

**Bild 2.4** Vergleich der HF-Systeme Simatic RF310R mit Moby D ANT NF (im Hintergrund)

Ausführung und Form der Antennen sind so vielfältig wie die Einsatzgebiete von RFID. Hauptfaktoren sind die gewünschte Anwendung (z. B. benötigte Reichweiten, Pulkfähigkeit), die benötigte Schutzart (z. B. Widerstandfähigkeit gegen Staub, Wasser, Temperaturen, Schock/Vibration), die verwendeten Datenträger und deren Speicherkapazität sowie die verwendete RFID-Technologie und -Frequenz. Bild 2.4 demonstriert die erheblichen Unterschiede: im Hintergrund eine Antenne für 13,56 MHz, die zur Identifikation von bis zu 44 Kisten in einer Gate-Konfiguration eingesetzt wird. Dagegen

## 2.2 Die Komponenten eines RFID-Systems

liest das kleine, in der Hand gehaltene Schreib-/Lesegerät Simatic RF310R mit einer eingebauten Antenne einen Datenträger, der gerade mal so groß wie ein Knopf ist.

In der Regel wird die Antenne über ein 50-Ohm-Koaxialkabel an den Leser angeschlossen. Bei Installation und Betrieb der Geräte sollte stets auf sorgfältigen Umgang mit den Antennenkabeln geachtet werden, da Knicke oder Quetschungen deren Wellenwiderstand verändern, dadurch eine erhöhte Dämpfung verursachen und letztendlich die Leistungsfähigkeit des RFID-Systems verringern können.

### 2.2.3 Transponder

Es gibt viele Begriffe, die den RFID-Datenspeicher beschreiben: mobiler Datenspeicher (MDS), Tag, Label, Smart Label, Funketikett. Seine eigentliche Aufgabe wird am besten durch das Kunstwort *Transponder* bezeichnet. Es setzt sich aus den englischen Verben „transmit" (senden) und „respond" (antworten) zusammen und beschreibt die Eigenschaft des RFID-Datenspeichers, auf Abfragesignale zu antworten. Nur sehr wenige Systeme weichen von diesem Prinzip ab und senden aktiv ohne Aufforderung. Transponder bestehen im einfachsten Fall aus einem Chip und einer Antenne. Aufwändigere Formen verfügen über externen Speicher und weitere Zusatzbeschaltungen, je nach Anforderung.

Die Kommunikation zwischen Lesegerät und Transponder erfolgt über die die so genannte Luftschnittstelle (air interface), die genau

**Bild 2.5** Eine Auswahl verschiedener Transponder

festlegt, wie und mit welchen Kommandos der Datenaustausch erfolgt. Oft werden Luftschnittstellen standardisiert, damit die Produkte verschiedener Anbieter untereinander kompatibel sind (vgl. Kapitel 6). Die große Vielfalt von Transponder-Bauformen zeigt Bild 2.5. Links oben ist der große hitzefeste Transponder MDS U589 abgebildet. Er wiegt 600 Gramm und verträgt Temperaturen bis 220°C (zyklisch). Im Gegensatz dazu ist vorne mittig die nur 10 x 4,5 mm große „Pille" abgebildet, ein Werkzeugdatenträger, der bündig in Metall eingebaut werden kann, z. B. bei der Identifikation von Fräsköpfen in Werkzeugmaschinen.

## 2.3 Klassifizierung von RFID-Systemen

### 2.3.1 Passive Systeme

Bei passiven RFID-Systemen verfügt der Transponder über keine eigene Energiequelle: Den meisten Systemen wird die Energie von außen zugeführt. Dies erfolgt in der Regel durch hochfrequente Übertragung, in Einzelfällen auch durch Licht, Schall, Druck, Temperatur oder sonstige Mechanismen. Sonderformen passiver Systeme benötigen gar keine Energie, sondern beruhen auf physikalischen Effekten.

Während die Entwicklung eines leistungsfähigen passiven Transponders durchaus anspruchsvoll sein kann, bietet dieses Prinzip eine Menge Vorteile:

- einfache Produktion des Transponders (nur Chip und Antenne nötig)
- nahezu unbegrenzte Lebensdauer, wartungsfrei (keine Batterie)
- extrem miniaturisierbar
- sehr geringe Kosten möglich (Größenordnung < 0,10 Euro)

**Systeme mit induktiver Kopplung im LF/HF-Bereich**

Die ältesten RFID-Systeme beruhen auf der Energieübertragung durch ein hochfrequentes Magnetfeld, wobei die Kopplung induktiv, also unter Verwendung des Transformationsprinzips erfolgt. Bild 2.6 erläutert das Prinzip: Der Sender im Lesegerät treibt einen Strom durch die Antennenspule und erzeugt so ein hochfrequentes Magnetfeld. Durch Induktion wird in der Transponderspule eine Wechsel-

## 2.3 Klassifizierung von RFID-Systemen

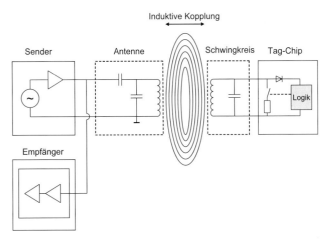

**Bild 2.6** Induktive Kopplung

spannung erzeugt, die nach Gleichrichtung zum Betrieb des Transponderchips zur Verfügung steht. Die Datenübertragung zum Leser geschieht durch Lastmodulation. Dabei wird im Transponder im Takt des Datenstroms eine ohmsche Last auf die Antennenspule geschaltet. Dies führt zu einem – wenn auch sehr kleinen – Spannungseinbruch an der Sendespule des Lesers, der in der Leserelektronik (Empfänger) detektiert und ausgewertet werden kann.

Als Frequenzen sind 125 kHz (LF) oder 13,56 MHz (HF) üblich, da diese Bänder in Kombination mit der hohen zulässigen Sendeleistung und der weltweiten Einsetzbarkeit besonders attraktiv sind. Es können Reichweiten über einen Meter realisiert werden. Dabei sind jedoch große Antennenspulen nötig (z. B. 60 × 80 cm), was in manchen Applikationen durchaus ein Problem darstellt. Hier muss auf andere Technologien wie UHF zurückgegriffen werden.

Eine oft unterschätzte Eigenschaft induktiver Systeme ist das gut vorhersagbare Feldverhalten. Dies ist wichtig, wenn es darauf ankommt, Transponder in einem definierten Bereich zu erfassen. Da mit zunehmender Entfernung das Magnetfeld des Lesers sehr stark abfällt (mit der dritten Potenz), gibt sich zum einen ein recht kleiner Übergangsbereich (wo der Transponder gerade noch oder gerade nicht mehr erfasst wird), vor allem aber keine Überreichweiten. Das macht die Technologie sehr interessant für industrielle Anwendungen, wenn beispielsweise in Montagelinien viele Leser auf engem Raum verbaut werden. Gegenseitige Störungen oder Überreichweiten sind nahezu ausgeschlossen, was die Systeme sehr zuverlässig macht.

**Systeme mit elektromagnetischer Kopplung im UHF-Bereich**

Während früher der UHF-Bereich (300-3.000 MHz) nahezu ausschließlich von aktiven oder semi-aktiven Systemen beherrscht war, finden sich etwa seit 2003 auch passive RFID-Transponder im Markt. Einer der Vorreiter war Philips (heute NXP Semiconductors) mit der UCODE-Familie, die später in ISO 18000-6 standardisiert wurde. Weitere Produkte verschiedener Hersteller folgten, sodass sich die Technologie der passiven UHF-Systeme schnell verbreiten konnte. Einen bedeutenden Einfluss hatte die Einführung von RFID in den Lieferketten großer Handelskonzerne.

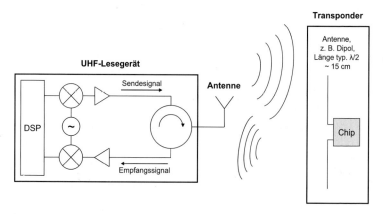

**Bild 2.7** Passives UHF-RFID-System

Im Gegensatz zu den induktiven Systemen, in denen hauptsächlich die magnetische Komponente des Feldes verwendet wird, zeichnen sich die passiven UHF-Systeme durch echte elektromagnetische Kopplung aus: Sowohl die elektrische als auch die magnetische Komponente wird abgestrahlt. Damit Reichweiten von fünf Metern und mehr erzielt werden können, ist eine Sendeleistung von 2 Watt oder mehr nötig (regional durch gesetzliche Vorgaben beschränkt). Meist wird im Transponder eine Dipolantenne verwendet, die die Welle einkoppelt und das Signal in den Chip einspeist, wo es gleichgerichtet zur Spannungsversorgung dient (Bild 2.7). Die eingekoppelte Leistung ist sehr gering, sodass moderne, stromsparende Schaltungsdesigns nötig sind, um das Prinzip überhaupt nutzen zu können.

Das Antwortsignal des Transponders wird durch modulierte Rückstreuung (backscatter) an den Leser übermittelt. Hierbei variiert der Chip im Takt der Modulation die Impedanz der Antenne und dadurch deren Reflektionsverhalten. Es wird also durch Reflektion des ausgesendeten Signals eine Datenübertragung durchgeführt. Der Leser muss ein unmoduliertes Signal aussenden (CW, continuous wave), während der Transponder antwortet.

**Systeme mit induktiver Kopplung im UHF-Bereich**

Eine neue Technologie verwendet die magnetische Komponente des Feldes auch im UHF-Bereich. Häufig wird hier der Begriff *Near Field Communication* (NFC) verwendet, der – ähnlich den induktiven Systemen im LF-Bereich – die Verwendung des Nahfelds andeutet. Zu beachten ist die Verwechslungsgefahr mit dem Datenübertragungsverfahren NFC, das auf einer RFID-Luftschnittstelle (ISO 14443) basiert [2]. Durch induktive Kopplung erreicht man einige Vorteile, z. B. Unempfindlichkeit gegenüber Wasser sowie ein klar begrenztes Feld, die allerdings durch eine sehr geringe Reichweite (wenige Dezimeter) „erkauft" werden.

Die Anwendung ist einfach, es müssen lediglich die Antennen von Leser und Transponder so auslegt sein, dass sie für die magnetische Komponente optimiert sind. Üblicherweise kommen kleine Schleifen *(Loops)* zur Anwendung. Bild 2.8 zeigt eine typische Ausführungs-

**Bild 2.8** Near-Field-Transponder (Foto: NXP Semiconductors)

form eines Near-Field-Transponders. Gut erkennbar ist die Schleife als Antenne für die magnetische Komponente, aber auch ein so genannter verkürzter Dipol (mäanderförmige Struktur), durch den der Transponder auch über größere Distanzen gelesen werden kann.

Zum Einsatz kommen die Near-Field-Transponder vor allem beim so genannten Item-Level-Tagging, das heißt bei der Ausstattung einzelner Produkte mit RFID-Transpondern (z. B. Arzneimittel-Verpackungen). Durch die induktive Technologie ist es möglich, die Transponder auch auf schwierigen Materialien wie Metall (Blisterverpackungen) zu erfassen. Ein weiterer Vorteil ist die Vereinzelung beim Lesevorgang, da kaum Überreichweiten auftreten. Dies wird z. B. beim Einsatz an Kassensystemen benötigt.

**1-bit-Transponder**

Die wohl älteste Form des passiven Tags findet sich in Diebstahlsicherungssystemen. Dieser besteht aus einem einfachen Parallelschwingkreis und wird vom Lesegerät dadurch erfasst, dass es das Sendesignal über einen kleinen Bereich variiert und die Spannungsänderung an der Antenne bei der Resonanzfrequenz des Tags ermittelt: ein simples aber wirkungsvolles Verfahren. Der Informationsgehalt des Tags ist gering (vorhanden/nicht vorhanden), aber für den Zweck ausreichend.

### 2.3.2 Semi-aktive Systeme

Bei semi-aktiven RFID-Systemen benötigen die Transponder eine Batterie als Energieversorgung, nutzen diese aber nicht zum aktiven Senden. Diese Systeme sind interessant, wenn höhere Anforderungen der Applikation durch passive Systeme nicht erfüllt werden können, z. B. mehr Reichweite oder zusätzliche Funktionen, die mehr Energie erfordern, als durch das Feld zur Verfügung gestellt werden kann. Leider gibt es auch eine Kehrseite der Medaille: So sind semi-aktive Systeme immer teurer als passive, haben eine begrenzte Lebensdauer und schneiden auch in der Umweltbilanz schlechter ab, da die Batterie meist als Sondermüll entsorgt werden muss. Oft ist die Batterie auch nicht ersetzbar.

**Einfache Systeme**

Schon vor vielen Jahren waren Systeme erhältlich, die auf 2,45 GHz die Technik des semi-aktiven Transponders nutzten. Im einfachsten

Fall verfügt dieser über eine sehr simple, aber äußerst stromsparende Logikschaltung, die ständig durch die Batterie mit Energie versorgt wird. Ihr einziger Zweck ist es, ununterbrochen die Antenne mit dem auszusendenden Bitmuster zu modulieren. Erreicht den Transponder ein hochfrequentes Abfragesignal (meist im UHF-Bereich), wird dieses Bitmuster durch Backscatter reflektiert und im Lesegerät ausgewertet. Da dieser Vorgang sehr wenig Strom benötigt, halten selbst kleine Batterien über Jahre. So lassen sich je nach Aufwand etliche Meter an Distanz überbrücken. Mit dem Aufkommen der passiven UHF-Systeme ist dieser Vorteil aber geschrumpft, sodass derartige Systeme an Bedeutung verlieren.

**Komplexe Systeme**

Mehr Sinn ergibt der Einsatz einer zusätzlichen Energieversorgung auf dem Transponder, wenn ein deutlich erweiterter Leistungsumfang des Systems gefordert ist. Dies kann beispielsweise notwendig sein zum Vorhalten großer Speichermengen, zum Erzielen hoher Datenübertragungsraten mit besonders robuster Übertragung oder zur Kombination von RFID mit zusätzlichen Sensoren zur Messung von Umweltgrößen wie Temperatur, Druck, Beschleunigung (vgl. Kapitel 19).

Ein besonders leistungsfähiges semi-aktives System ist Moby U von Siemens. Es wurde speziell für den industriellen Markt, insbesondere die Automobilproduktion entwickelt und verfügt über Leistungsmerkmale, die mit einem passiven System nicht realisierbar sind. Ein einzigartiges Feature ist seine aktive Reichweitenbegrenzung. Nahezu alle UHF-RFID-Systeme (aktiv wie passiv) weisen Überreichweiten auf, die in industriellen und logistischen Prozessen zu erheblichen Problemen führen können. Moby U erlaubt es dem Anwender, den gewünschten Erfassungsbereich in Schritten zu 0,5 m zu parametrieren. Transponder, die weiter entfernt sind, werden ignoriert. Ähnliche Vorteile bieten ansonsten nur Ortungssysteme (RTLS), bei denen die Auswertung der Lokalisierungsdaten zur Eliminierung von Überreichweiten genutzt werden können.

### 2.3.3 Aktive Systeme

Nur ganz besondere Anforderungen bedingen den Einsatz echter aktiver Systeme. Wo noch mehr Leistungsfähigkeit gefordert ist als bei semi-aktiven Systemen, muss der Weg des „passiven Sendens" (*Backscatter*) verlassen werden und aktiv gesendet werden. Aktive

## 2 RFID-Technologie

Transponder werden dabei vollständig aus einer Batterie gespeist. Sie erzeugen ein eigenes Sendesignal, das aktiv zum Lesegerät abgestrahlt wird.

Bekannte Vertreter dieser Art von RFID-Systemen sind die Ortungssysteme (RTLS), deren Hauptaufgabe nicht nur die Identifikation, sondern auch die Ermittlung des Standorts eines Objektes ist.

### 2.4 Frequenzbänder und deren Eigenschaften

Der Begriff RFID impliziert bereits eines seiner wichtigsten Merkmale, nämlich die Verwendung von Hochfrequenz (Radio Frequency, RF) zum Erfüllen der Identifikationsaufgabe. Das Spektrum der elektromagnetischen Wellen ist jedoch sehr groß; die zur Kommunikation genutzten Frequenzen reichen von einigen kHz bis zu etwa 100 GHz. Da diese Frequenzen unterschiedliche Eigenschaften aufweisen und damit die Funktionsweise von RFID-Systemen maßgeblich beeinflussen, gibt es nicht „das" RFID-System auf „der" Frequenz; vielmehr haben sich verschiedene Realisierungen etabliert. Da die Nutzung von Funkanlagen – zu denen RFID-Systeme zählen – hoheitlich durch nationale Behörden geregelt werden, ist vor Inbetriebnahme eines RFID-Gerätes zu prüfen, ob im Einsatzland die Frequenz freigegeben ist und eine gültige Zulassung vorliegt. In Europa ist das CE-Zeichen wichtig, in den USA die FCC ID (beide in der Regel am Gerät aufgedruckt). Im Zweifelsfall ist der Hersteller zu kontaktieren, bevor das Gerät eingeschaltet wird. Bei der Verletzung der Vorschriften können lebenswichtige Frequenzbereiche (z. B. der Rettungsdienste) gestört werden.

Die für RFID wichtigsten Frequenzbereiche und deren Eigenschaften sind nachfolgend kurz aufgeführt.

**Niederfrequenz: 9-148,5 kHz**

Dieser Bereich ist für so genannte *inductive applications* vorgesehen; der für induktive RFID-Systeme interessante Bereich liegt bei 119-135 kHz, da dort sehr hohe Feldstärken erlaubt sind. Besonders Systeme zur Tieridentifikation sind in diesem Bereich zu finden, aber auch Kfz-Wegfahrsperren nutzen diese Frequenz. Positiv sind die hohen Reichweiten von über einem Meter, die in diesem Bereich machbar sind. Problematisch ist aber die Störanfälligkeit in der Nähe von Elektromotoren, Schaltnetzteilen, Röhrenmonitoren und sonstigen Störquellen, die ein relativ niederfrequentes Störspektrum abstrahlen.

## Hochfrequenz: 13,56 MHz

Dieses, nur 14 kHz breite Spektrum erfreut sich bei induktiven RFID-Systemen größter Beliebtheit, weil die hohe Maximalfeldstärke große Reichweiten ermöglicht. Vorteilhaft ist aber auch das einfache Antennendesign (nur wenige Windungen) sowohl auf Leser- als auch auf Transponder-Seite. Nur sehr starke Störungen führen in der Regel zu einer Beeinträchtigung bei 13,56 MHz. Einziger Wermutstropfen ist die Größe der Antennen. Bild 2.4 hat bereits verdeutlicht, welche Ausmaße erforderlich sind, wenn große Reichweiten erzielt werden sollen.

## Ultrahochfrequenz: 865-868 MHz

Erst seit wenigen Jahren in Europa zur Verfügung stehend, hat dieses Spektrum mittlerweile eine große Bedeutung erlangt. Dies liegt an den attraktiven passiven UHF-Systemen, die in dem Frequenzbereich betrieben werden. Gerade die hohe erlaubte Ausgangsleistung von 2 W ERP in Europa bzw. 4 W EIRP in USA eröffnet Möglichkeiten, die bis vor der Freigabe des Frequenzspektrums nur den semi-aktiven Systemen (bei entsprechend hohen Kosten) vorbehalten waren.

Ein gewisser Nachteil ergibt sich aus der Tatsache, dass dieses Band nicht weltweit einsetzbar ist. So liegt das amerikanische Pendant bei 902-928 MHz, während das japanische Spektrum bei 952-954 MHz angesiedelt ist. Das erhöht den technischen Aufwand sowie die Kosten für Zertifizierungen und Zulassungen der Lesegeräte. Transponder können hingegen breitbandig ausgelegt werden, sodass sie international eingesetzt werden können.

## Mikrowellen: 2400-2483,5 MHz

Obwohl dieses klassische „Mikrowellen"-Band etliche Nutzer (u. a. WLAN) aufweist, ist es auch für RFID attraktiv. Die hohe Bandbreite ist der wesentliche Vorteil, da damit Funktechnologien möglich werden, die in anderen Spektren nicht zu realisieren sind. So können durch Interferenz schwankende Signale (Fading) vermieden werden. Auch sind äußerst hohe Datenraten und der Einsatz von Laufzeitmessungen (z. B. bei RTLS) möglich. Nachteilig ist die geringe erlaubte Sendeleistung, die in der Regel dazu führt, dass die Transponder mit Batterien ausgestattet werden müssen.

## Literatur/Referenzen

[1] ISO/IEC 18000 – Information Technology – Radio frequency identification for item management
[2] Jari-Pascal Curty, Michel Declerq, C. Dehollain: Design and Optimization of Passive UHF RFID Systems. Springer Verlag, 2007
[3] Klaus Finkenzeller: RFID-Handbuch. Hanser Verlag, 4. Auflage 2006
[4] http://de.wikipedia.org/wiki/Near_Field_Communication

# 3 Optische Codes

*Kirsten Drews*

Seit etwa 40 Jahren existiert ein stetig wachsender Bedarf, Gegenstände in Industrie und Handel mit automatisch lesbaren Markierungen zu kennzeichnen und dadurch während des gesamten Produktionsprozesses und in der Lieferkette bis hin zum Endkunden eine Identifizierung zu ermöglichen.

## 3.1 Erfolg und Grenzen der Strichcodes

Der größte Erfolg war bislang den Strichcodes (auch: 1D-Code, Barcode) beschieden, die z. B. als EAN-Codes auf Handelsverpackungen jedem Verbraucher geläufig sind. Aber Barcodes weisen einige sehr markante Einschränkungen auf, die den Bedarf nach weiterentwickelten Technologien aufrecht erhalten:

- analoge Datencodierung (Vermessung der Strichbreite und -abstände)
- hoher Platzbedarf vor allem in die Breite bei größeren Datenmengen
- Einsatz von Etiketten erforderlich, bzw. Einschränkung beim Druck auf Papier oder Kunststoff
- geringe Datensicherheit
- Lesen nur aus einer Richtung möglich, bzw. omnidirektionale Erfassung nur durch aufwändige Zusatzmaßnahmen

Neben den Entwicklungen im Bereich der Funktechnologie (RFID) wurde auch an optischen Codierungsverfahren weiter geforscht. Mit gestapelten Strichcodes wie PDF417 oder Codablock, aber noch effektiver mit zweidimensionalen digitalen Codes (auch: Matrix-Codes, 2D-Codes), konnten folgende Ziele erreicht werden:

- Reduktion des Platzbedarfs

## 3 Optische Codes

- Vereinfachung des omnidirektionalen Lesens
- Toleranz bzgl. geringer Kontraste aufgrund digitaler Codierung (binärer Code)
- Erhöhung des codierbaren Datenvolumens und
- Erhöhung der Lesesicherheit durch leistungsfähige Fehlerkorrekturverfahren.

Zudem wurden Verfahren gefunden, Matrix-Codes mittels verschiedener mechanisch einwirkender Markierverfahren direkt auf das Werkstück aufzutragen. Dies verhinderte den Verlust der Codes und sicherte eine hohe Robustheit gegenüber äußeren Einflüssen über die Lebensdauer des Produktes; zudem konnte das Etikett eingespart werden. Für diese Direktmarkierung der Werkstücke und Waren etablierte sich der Begriff Direct Part Marking (DPM).

### 3.2 Standards rund um den 2D-Code

Nach einer Studie des Fraunhofer-Institutes [9] bei knapp hundert Firmen in Deutschland haben Standards für Anwender von Auto-ID-Technologien einen extrem hohen Stellenwert, sichern sie doch die freie Verfügbarkeit einer Technologie auf dem Markt zu günstigen Preisen, die Vergleichbarkeit von Komponenten und deren Kompatibilität über Betriebsgrenzen und Kontinente hinweg.

Als Treiber der Technologie erwies sich über Jahre die NASA. Im Symbology Research Center in Huntsville, Alabama, das 1997 im Rahmen eines „Space Act Agreements" gemeinsam von der NASA und CiMatrix Corp., Massachusetts gegründet wurde, wurde in Zusammenarbeit mit Herstellern von Markier- und Lesegeräten an Markierungs- und Codierungsverfahren geforscht. Im Fokus stand, eine sehr kompakte und sichere Markierungslösung zu finden, die ohne Labels auskommt. Bei diesen Aktivitäten entstanden zwei NASA-Dokumente, der „Standard for applying Data Matrix Identification Symbols on Aerospace Parts" (NASA-STD-6002) und das Handbuch „Application of Data Matrix Identification Symbols to Aerospace Parts using Direct Part Marking Methods/Techniques" (NASA-HDBK-6003).

#### 3.2.1 Technologiestandards

Die wesentliche Organisation für Standardisierungen ist jedoch für 2D-Codes ebenso wie für die RFID-Technologie der internationale

## 3.2 Standards rund um den 2D-Code

Fachverband AIM Global (Association for Automatic Identification and Mobility: Verband für automatische Identifikation, Datenerfassung und Mobile Datenkommunikation). Neben vielen bekannten Barcodes wurden inzwischen knapp zehn verschiedene 2D-Codes über die AIM standardisiert. Dazu gehören die Codearten Aztec, QR Code, MaxiCode, Dot Code A, Code One und der Data-Matrix-Code in den Varianten ECC000-140 und ECC200 (Bild 3.1).

**Bild 3.1** Beispiele für 2D-Codes: QR-Code (a), Data-Matrix-Code ECC200 (b), Aztec-Code (c)

Auch für mehrere gestapelte Barcodes und kombinierte Codearten kann man über die Webseite der AIM (www.aimglobal.org) die Spezifikationen der Codes herunterladen. Am weitesten hat sich bislang die Data-Matrix ECC200 durchgesetzt.

### 3.2.2 Applikationsstandards

Neben den technischen Standards basieren auch verschiedene Applikationsstandards auf dem Data-Matrix-Code.

Zum einen hat sich 2004 im Nachgang zu den Aktivitäten der NASA das amerikanische Verteidigungsministerium (Department of Defense, DoD) darauf festgelegt, für alle teuren, serialisierten, inventarisierten Verbrauchs- oder Auftrags-entscheidenden Teile die Kennzeichnung mit einem nach vorgegebenen Regeln kodierten Dateninhalt auf Basis des Data-Matrix-Codes ECC200 von seinen Zulieferern verbindlich zu fordern. Diese Spezifikation ist als UID (Unique Identification) MIL-STD-130 bekannt und befindet sich nach mehreren Erweiterungen der Spezifikation weltweit in der Einführung. Der Data-Matrix-Code ECC200 enthält hierbei einen weltweit eindeutigen Identifier.

Zum anderen wurde im Jahr 2004 der Data-Matrix-Code von GS1 als zusätzliche Option für die Verwendung als EAN Code zugelassen. Der so genannte EAN-Data-Matrix gilt als besonders geeignet, auf Kleinteilen, z. B. in der Schmuck- oder Kosmetikindustrie, eingesetzt zu werden.

In der Gesundheitsindustrie forcieren der EHIBC (European Health Industry Business Communication Council) und GS1 unterschiedliche Vorgehensweisen bei der Vereinheitlichung der Codierungsstandards, die aber jeweils alternative Möglichkeiten für den Einsatz von Barcode, Matrix-Codes und RFID umfassen. Ende 2007 berichtete GS1, dass der europäische Verband für Medizintechnologie EUCOMED sich auf die Vorgehensweise der Codierung der GS1 festgelegt hat, eine Kombination von EAN 128 und EAN-Data-Matrix.

### 3.3 Merkmale des Data-Matrix-Code

Matrix-Codes sind aus Elementen oder Zellen gleicher Größe sowie einem Suchmuster aufgebaut. Die Daten werden in der binären Darstellung als dunkle oder helle Zellen codiert. Im Gegensatz zu Barcodes, bei denen die Abstände und Breite der Striche ausschlaggebend für deren Bedeutung sind. Matrix-Codes können auch bei geringen Kontrastunterschieden noch interpretiert werden.

Die verschiedenen Matrix-Codes unterscheiden sich in mehreren Parametern, z. B. feste oder variable Größe, Möglichkeiten zur Fehlerkorrektur, der Art des Suchmusters, der Zellenform oder der codierbaren Datenmenge und in den unterstützten Zeichensätzen.

#### 3.3.1 Aufbau eines Data-Matrix-Code

Ziel bei der Entwicklung des Data-Matrix-Code war ein dynamisch veränderbarer Code, der sowohl in der Größe (abhängig vom verfügbaren Platz), der Auflösung des Markierverfahrens und der Lesebedingungen als auch bzgl. quadratischem oder rechteckigem Format verändert werden kann. Weiterhin sollte der Code die Speicherung von hohen Datenmengen auf minimalem Raum ermöglichen.

Erreicht wurde dies dadurch, dass das Suchmuster nicht nur zum schnellen Finden des Codes dient, sondern gleichzeitig ein Indikator für die Anzahl der Zeilen und Spalten und Größe der Matrixelemente ist. Damit wurde der Code in der Größe beliebig skalierbar (auflö-

## 3.3 Merkmale des Data-Matrix-Code

sungsabhängig). Gleichzeitig kann zwischen einer quadratischen und rechteckigen Darstellungsform gewählt werden. Für eine bessere Strukturierung und Lesbarkeit werden ab einer bestimmten Datenmenge nochmals die Suchmuster eingefügt, sodass dann ein Grundmuster durch Zusammenfügen von 4 × 4 oder 16 × 16 Data-Matrix-Codes erscheint.

Die L-förmige Finder-Kante (Bild 3.2) dient dazu, nach einer Bildaufnahme über einen Suchalgorithmus schnell die Lage des Codes im Bild ausfindig zu machen. Der Code kann dabei in jeder Lage im Bild liegen. Danach wird über das gegenüberliegende Taktmuster der Frequenzkante ermittelt, welche Anzahl von Reihen und Spalten im Datenbereich zu erwarten sind und damit auch die Größe der Zellen bestimmt. Im Regelfall ist der Code schwarz auf weißem Hintergrund dargestellt, jedoch auch die inverse Darstellung, weiß auf schwarzem Hintergrund, ist zulässig.

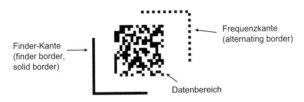

**Bild 3.2** Struktur des Data-Matrix-Code

Um den Code herum fordert der Standard noch eine Ruhezone von mindestens einer Zellenbreite, um Code und Hintergrund sauber voneinander zu trennen. Die Anzahl der Spalten und Zeilen reicht von einer 10 × 10-Matrix bis zu maximal 144 × 144 Spalten und Zeilen. Die größte rechteckige Version hat 16 Zeilen und 48 Spalten. Die Mehrheit der genutzten Data-Matrix-Codes liegt im Bereich bis zu 48 × 48 Zellen.

Eine besondere Stärke des Data-Matrix-Code besteht darin, dass der Code mittels verschiedener Markierungsverfahren direkt, also ohne Etikett, auf einem Teil aufgebracht werden kann. Hierbei können jedoch die Anforderungen sehr oft nicht eingehalten werden, ohne hohe Kosten zu verursachen. Deshalb entsprechen in der Realität direkt markierte Codes in den seltensten Fällen zu 100% dem Standard. Je nach Form des Untergrunds treten z. B. Verzerrungen konkaver oder konvexer Natur auf. Markiersysteme sind nicht optimal eingestellt oder Untergründe wurden nicht entsprechend vorbereitet, sodass es zu vergrößerten oder zu kleinen Zellen kommt oder Kratzer und Wechsel der Untergrundfarbe vorkommen. Eine besondere Herausforderung liegt zudem darin, dass 2D-Codes mit einem Bildverarbeitungssystem erfasst werden, welches zusätzliche Einflüsse tolerieren muss, z. B. Reflektionen des Materials, trapezförmige Verzerrungen durch schräge Blickrichtungen oder Schattenwurf nicht ebener Oberflächen.

### 3.3.2 Codierbare Daten mit Data-Matrix ECC200

Data-Matrix-Codes unterstützen eine breite Palette von Kodierungsschemata, die auch die codierbare Datenmenge bestimmen.

Als Kodierungsschemata stehen ASCII, Text, C40, ANSI X12, EDIFACT und Base 256 zur Verfügung. Der Einsatz von speziellen Codewörtern erlaubt das Umschalten zwischen den Zeichensätzen oder in spezielle Codierungen wie EAN-Data-Matrix. Ab dem Codewort 232 würde die Datenstruktur des Data-Matrix-Code dem Standard EAN 128 entsprechen.

**Tabelle 3.1** Mengengerüst codierbarer Zeichen bei Data-Matrix ECC200

| Anzahl:<br>Zeilen × Spalten | Ziffern 0-9 | Alphanumerisch<br>(0-9, a-z, Leerzeichen) | 8 bit ASCII<br>(Byte 0-255) |
|---|---|---|---|
| 10 × 10 | 6 | 3 | 1 |
| 48 × 48 | 348 | 259 | 172 |
| 144 × 144 | 3116 | 2335 | 1556 |

Auch die 2D-Codes QR und Aztec erlauben die Codierung einer ähnlichen Datenmenge und sind daher genau wie Data-Matrix für eine am Objekt befindliche Datenhaltung geeignet. Dies unterscheidet diese Codes deutlich von den Strichcodes, deren primäre Aufgabe die Codierung eines Identifiers und der damit verbundene Rückgriff auf eine zentral gehaltene Datenbank ist. 2D-Codes stoßen damit in den Bereich vor, der typischerweise eine Stärke der RFID-Technologie ist, nämlich Daten dezentral am Objekt mitzuführen. Ein wesentlicher Vorteil der RFID-Technologie ist jedoch, dass die Datenträger mehrfach beschrieben werden können.

### 3.3.3 Fehlerkorrektur und Sicherheitsaspekte

Eines der wesentlichen Differenzierungsmerkmale von 2D-Codes zu Strichcodes ist deren weitreichende Fähigkeit, Fehler zu erkennen und zu korrigieren. Diese Fähigkeit wird auch mit dem Begriff ECC für „Error Correcting Code" bezeichnet. Die Data-Matrix-Codes ECC000 bis ECC140 besitzen bereits eine gewisse Korrekturfähigkeit. ECC200 ist jedoch der einzige Data-Matrix-Code, der den mächtigen Reed-Solomon-(RS)-Algorithmus zur Fehlererkennung und -korrektur einsetzt.

Eine besondere Stärke des RS-Verfahrens ist es, auch bei Burst- bzw. Blockfehlern gute Ergebnisse zu liefern. Dies hat praktische Relevanz, da trotz einer Verteilung der Datenbytes über das gesamte Datenfeld bei einer Verschmutzung des Codes immer noch mehrere Bits eines Zeichens auf einmal betroffen sind. Als Konsequenz enthält die Datencodierung des Data-Matrix-Code Redundanzen.

Ein 10 x 10-Data-Matrix-Code benötigt so für die Codierung von drei Datenbytes bereits fünf Fehlerbytes, kann dann aber größere Störungen auf über 50% des Datenfeldes korrigieren. Das Verhältnis Daten zu Fehlerbytes verbessert sich bei größeren Codes deutlich. Immer aber ist sichergestellt, dass bis zu 28% des Datenfeldes gestört sein können, ohne dass es zu einer Fehllesung kommt. Zu beachten ist jedoch, dass auch kleinere Störungen der Finder- und Frequenzkante zu Nicht-Lesungen führen können, da diese nicht durch die Fehlerkorrektur erfasst werden. Hier kommt es vor allem auf die Lesefähigkeiten der Kamerasysteme an, ob solche Fehler kompensiert werden können.

2D-Codes genügen mit der Möglichkeit der Direktmarkierung auch hohen Ansprüchen an Datenkonsistenz und -verfügbarkeit. Mechanisch wirksame Markierverfahren stellen sicher, dass auch gegen Ende des Lebenszyklus eines Produktes der Code noch auffindbar und lesbar ist. Wo Etiketten oder RFID-Tags versagen, z. B. bei hundertfach zu sterilisierenden medizinischen Instrumenten, haben 2D-Codes ihre Eignung bewiesen.

Eine ganz andere Art der Sicherheitsbetrachtung sollte in Zukunft aus Sicht der Industrie nicht unbeachtet bleiben. War die Verfügbarkeit geeigneter Lesegeräte in der Vergangenheit aufgrund der vergleichsweise hohen Preise noch eine Beschränkung, so sind heute viele Mobiltelefone mit Kamera und Decodieralgorithmik leicht zum 2D-Code-Lesesystem umrüstbar. Hacking-Angriffe und unberechtigter Zugang zu Firmendaten werden dadurch erleichtert. Bei sensitiven Daten ist es deshalb sinnvoll, kryptografische Verfahren zur Sicherung zu nutzen.

## 3.4 Aufbringen und Markierungsmethoden

### 3.4.1 Einsatz von Etiketten

Generell führt das Bedrucken eines Etiketts (Label) zu kontrollierteren Bedingungen, näher am Standard befindlichen Druckergebnissen und vergleichsweise hohen Kontrasten. Damit sind die Anforderungen an die Lesesysteme deutlich vereinfacht und kostengünstigere Geräte können zum Einsatz kommen. Ein weiterer Vorteil von Etiketten ist, dass die Werkstoffeigenschaften im Gegensatz zu einigen mechanischen Markierungsverfahren nicht verändert werden. Allerdings ist eine robuste dauerhafte Verfügbarkeit nur unter hohem Kostenaufwand für das Etikettenmaterial sicherzustellen.

Besonders bei hohen Stückzahlen schlagen die Kosten für qualitativ hochwertige und damit einigermaßen dauerhafte Etiketten deutlich zu Buche. Dann lohnt es sich, alternative Möglichkeiten der direkten Markierung der Objekte zu prüfen.

### 3.4.2 Verfahren zur Direktmarkierung

Zunächst muss geprüft werden, ob das zu markierende Objekt empfindlich für mechanische Veränderungen des Materials ist. Sollte dies der Fall sein, z. B. bei mechanisch stark belasteten Werkstücken oder sehr dünnen Materialien, scheiden einige Verfahren wie Bohren oder Lasermarkierung durch Abtragen aus. Weiterhin muss das Material grundsätzlich für die gewählte Markierungsart geeignet sein. Der richtige Partner für eine Analyse der geeigneten Verfahren sind die Hersteller der Markierungsgeräte, die aus vielen Anwendungen heraus zu den meisten Materialien Erfahrungen besitzen. Alternativ empfiehlt es sich, entsprechende Tests durchzuführen. Aus einer Vielzahl von möglichen Verfahren zur direkten Werkstück- oder Produktmarkierung werden im Folgenden einige herausgegriffen.

## Drucken

Bei vielen unterschiedlichen Materialien wie Papier und Kartonagen und Faltschachteln, Holz, Kork, Keramik, Stein und z. T. Metall hat sich eine direkte Markierung mittels Ink-Jet-Druck bewährt. Da die Tinte nur oberflächlich auf das Material aufgebracht wird, hat die Markierung keine Auswirkungen auf die Materialeigenschaften.

Eine Alternative zum Tintenstrahldrucker sind Hochleistungs-Thermotransferdrucker, bei denen die Farbe über ein Farbband mittels gezielter Erwärmung auf das Material übertragen wird. Obwohl diese Drucker keine so hohen Materialgeschwindigkeiten zulassen, sind sie aufgrund ihrer guten Auflösung doch für Matrix-Codes geeignet. Auch die aus dem Büro bekannten Laserdrucker erfüllen die Voraussetzungen für das Drucken von 2D-Codes, werden aber vornehmlich im Bereich des Papierbedruckens für das Dokumentenmanagement eingesetzt.

## Laserbeschriftung

Das bekannteste Verfahren beim Laser-Einsatz ist die Gravur, die durch Materialabtrag die Oberfläche des Objektes mechanisch verändert. Der mit hoher Energie auftreffende Laserstrahl verdampft das Material in kontrollierter Weise. Es entsteht eine Vertiefung, die durch entsprechende Beleuchtung kontrastreich sichtbar wird. Kritisch sind entstehende Auswürfe (Materialwülste) an den Seiten der Gravurspur, da sie eine homogene Ausleuchtung des Codes erschweren.

Beim Abtragen wird die oberste mehrerer Materialschichten unter Lasereinwirkung entfernt. Sofern auf einen guten Kontrast zwischen Deck- und Grundschicht geachtet wurde entsteht eine gut lesbare Markierung. Dieses Verfahren kommt auf Leiterplatten und bei speziellen, für dieses Laserverfahren geeigneten Kunststoffetiketten zum Einsatz.

Die Farbveränderung von Material beim Erhitzen wird bei der Wärmebehandlung durch Anlassen genutzt. Ohne zu starke Einwirkung auf das Material wird der Farbumschlag vor allem bei Metall für die Markierung ausgenutzt. Im Gegensatz zur Gravur erzeugt dieses Verfahren keine Vertiefungen in der Oberfläche und ist daher auch für steril zu haltende Objekte gut geeignet. Dauerhaft bleibt eine solche Markierung allerdings nur, wenn kein weiteres Erhitzen des Materials erfolgt, da sich die Markierung dann zurückbilden kann.

Vor allem beim Arbeiten mit Kunststoff wird häufig ein kontrollierter Farbumschlag angestrebt. Durch entsprechendes Dotieren des Kunststoffmaterials können unter Einwirkung des Lasers gezielte Farbkombinationen und hohe Kontraste erreicht werden. Bei entsprechend vorbereitetem Kunststoff kann der Laser auch durch Aufschäumen von Materialanteilen eine erhabene Markierung erreichen, die aber unscharfe Kanten zwischen hellen und dunklen Zellen ergibt und nur bei großformatigen Codes erfolgreich eingesetzt werden kann.

Die Flexibilität und Eignung des Lasermarkierens hat nur einen Nachteil – die Anschaffungskosten für ein Laserbeschriftungssystem sind im Vergleich zu anderen Verfahren hoch und rentieren sich erst bei hohen Stückzahlen der zu markierenden Produkte.

**Nadelmarkierung**

Für das Material vergleichsweise stressfrei ist auch die in den Anschaffungskosten im Vergleich zur Lasermarkierung günstige Nadelmarkiertechnik (Bild 3.3). Dabei wird eine Nadel aus Hartmetall in einer Auf- und Abbewegung in das Material gestoßen, was eine Folge ineinander liegender Krater ergibt. Die Nadelmarkierung kann problemlos auch bei harten Metallen zum Einsatz kommen. Die geringen Kosten und eine dem Lasermarkieren vergleichbare Geschwindigkeit machen diese Markiertechnik für Matrix-Codes sehr attraktiv. Die bei der Nadelmarkierung entstehenden Krater weisen eine runde Form auf, und das verdrängte Material wird am Rand des Kraters in einem kleinen Hügel abgelagert. Diese Form führt zu besonderen Herausforderungen an die Lesesysteme, da aufgrund von Schattenwurf die Krater mal als Ringe (aufgrund der speziellen Form auch bekannt als „Doughnuts"), mal als halbmondförmige Sicheln oder bei Totalreflektion des Kraterbodens als kleine helle Punkte im Bild zu sehen sind.

**Bild 3.3** Effekte der Beleuchtung bei nadelmarkierten Codes (von links nach rechts: 2 × Dunkelfeldvarianten, diffuses Auflicht)

Nicht jedes Code-Lesesystem kann solche Codes noch zuverlässig erkennen und decodieren.

**Weitere alternative Markierungsmethoden**

Starke Auswirkungen auf das Material haben die Verfahren Ritzen, Bohren und Ätzen. Beim Bohren ist zu berücksichtigen, dass durch die undefinierten Hintergründe in den Bohrlöchern recht anspruchsvolle Leseaufgaben entstehen können.

### 3.4.3 Verifikation der Codequalität

Für einen stabilen Prozess entscheidend ist das dem Markieren nachgeschaltete Überprüfen der erfolgreichen Aufbringung des Codes. Da fast alle Codes über die Lebensdauer an Qualität verlieren, sollte man zu Beginn mit der bestmöglichen Codequalität starten. Die leistungsstarken Lesesysteme dienen dann als Sicherheitsreserve für unerwartete Ereignisse oder verschlechterte Codes, was eine Prozessstabilität auch unter ungünstiger werden Bedingungen garantiert. Um dies zu erreichen, empfiehlt sich der Einsatz eines Verifikationssystems direkt nach Aufbringung der Markierung.

Bei dieser Überprüfung wird durch ein Code-Lesesystem unter gleichbleibenden Bedingungen bzgl. Aufbau und Beleuchtungsanordnung eine Messung der Codequalität anhand verschiedener Parameter durchgeführt. In mehreren internationalen Standards sind diese Parameter definiert. Jedem der Parameter wird eine Qualitätsstufe von A (hervorragende Qualität) bis D (schlechte Qualität), bzw. F (ungenügende Qualität) zugeordnet. Ziel ist es, möglichst viele der Parameter stabil im Bereich A oder B zu halten, mit einzelnen Ausnahmen bei C. Codes mit der Qualität D oder F sollten nicht in den Prozess eingeschleust werden.

Neben der Erkenntnis, dass eventuell das Markierungsverfahren für das Material nicht geeignet ist, können mit den zur Verfügung gestellten Werten auch die Einstellungen der Markiergeräte optimiert werden. Bei ausreichendem Verständnis für die Markiertechnologie lassen sich aus der Verschlechterung gewisser Parameter sogar notwendige Wartungsmaßnahmen für die Markiersysteme ableiten, z. B. ein erforderlicher Wechsel der Nadel eines Nadelmarkierers.

## 3.5 Lesesysteme und ihre Eigenschaften

### 3.5.1 Komponenten eines Data-Matrix-Lesesystems

Code-Lesesysteme umfassen die folgenden Komponenten:

- Kameraeinheit, bestehend aus Objektiv, Sensor, Bildaufnehmereinheit
- Beleuchtung
- Recheneinheit, bestehend aus Prozessor und Kommunikationsschnittstellen
- Gehäuse und physikalische Anschlusstechnik.

Je nach Aufgabe können diese Elemente ganz unterschiedlich in der Aufbauform und Integration sein. Sofort ersichtlich ist dies beim Vergleich von stationären Code-Lesesystemen und Hand-Lesesystemen. Aber auch bei den fest einbaubaren Systemen (stationäre Code-Lesesysteme) findet man zum einen recht kleine Lesesysteme, bei denen feststehende Objektive, einige LEDs als Beleuchtung und die gesamte Bildaufnehmer- und Recheneinheit sowie ein Kommunikationsinterface in einem Gehäuse integriert sind. Am anderen Ende der Skala gibt es modular aufgebaute Systeme, die sich flexibel mit passenden Beleuchtungen und Objektiven ergänzen lassen und unterschiedliche Kommunikationsschnittstellen zur Auswahl bieten. Während die einen Geräte vor allem bei unkomplizierten, kontrastreichen Anwendungen Erfolge zeigen, werden die anderen Produkte im Bereich der anspruchsvollen Direktmarkierungen, z. B. in der Automobilindustrie und Luftfahrtindustrie eingesetzt.

Für besondere Anwendungsbereiche gibt es zusätzlich spezielle Aufbauvarianten, die im Folgenden kurz vorgestellt werden.

### 3.5.2 Stationäre Lesesysteme

Der Einsatz stationärer Lesesysteme ermöglicht eine vollautomatische Datenerfassung ohne konstante Überwachung oder Bedienung durch einen Menschen. Diese fest eingebauten Lesesysteme kommen in mehreren Aufbauformen vor: als PC-basierte Bildverarbeitungssysteme (Bild 3.4) oder als intelligente Kameras in kompakter Aufbauform oder mit abgesetztem Kamerakopf. Unterschieden werden muss weiterhin zwischen Bildverarbeitungssystemen, die als Neben-

## 3.5 Lesesysteme und ihre Eigenschaften

**Bild 3.4** Das für Verpackungsanwendungen optimierte System SIMATIC I-PAK enthält als feste Funktionskomponente das Lesen von Data-Matrix-Codes.

funktion das Lesen von Matrix-Codes unterstützen, und reinen Code-Lesesystemen, deren SW-Benutzeroberfläche ausschließlich auf die Parametrierung der Code-Leseaufgabe optimiert ist. Zusätzlich gibt es noch Varianten, die als Verifikationssysteme ausgelegt sind.

Kompakte Code-Lesesysteme stellen das größte Marktsegment für das Lesen von Data-Matrix-Codes dar. In einem Gehäuse sind feststehende Objektive (Fix-Focus-Objektive), Beleuchtung und Auswertegerät zusammengefasst. Häufig bieten die Geräte eine Default-Einstellung der Parameter, die es erlaubt, sozusagen direkt aus dem Karton die Lesefähigkeit von Codes zu demonstrieren. Unterstützt wird der Anwender dabei durch eingebaute Fokussier- und Zielhilfen, die auch den Einbau in die Anlage erleichtern.

Mit steigendem Anspruch der Leseaufgabe bei Direktmarkierungen oder kritischen Einbausituationen, bei denen die Leseabstände durch feste Objektive nicht abgedeckt werden, kommen die kompakt aufgebauten Systeme an ihre Grenzen, die auch durch optimale Einstellungen der Parameter nicht überwunden werden können. Die flexibleren modularen Code-Lesesysteme ermöglichen die freie Auswahl des Objektivs und damit eine hohe Freiheit bzgl. Distanz zu Objekt und Grö-

3 Optische Codes

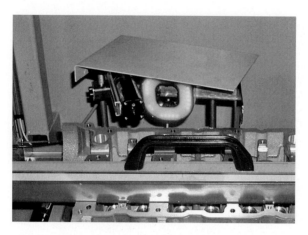

**Bild 3.5** Beim Lesen von genadelten Data-Matrix-Codes auf Grauguss empfiehlt sich eine abgesetzte Beleuchtung (Foto: W. Geyer)

ße des Lesefensters. Weiterhin wird die Beleuchtung als extern anbindbare Einheit angeboten, die dann beispielsweise auch in einem speziellen Winkel zum Lesegerät angeordnet werden kann, um Totalreflektion zu vermeiden (Bild 3.5).

Dem Trend zur Miniaturisierung folgend gibt es seit wenigen Jahren auch subkompakte Lesegeräte, deren Abmessungen in keiner Dimension 60 mm überschreiten. Diese Geräte sind in den meisten Fällen aus der HW-Technologie von Handlesegeräten abgeleitet. Dadurch ergibt sich aber die Einschränkung der Leseleistung auf weitestgehend unproblematische Codes und Einbausituationen. Da die Erfahrung der Anwender jedoch zu stetig besser markierten Codes führt, werden diese Leser auch ihren Einsatz bei direktmarkierten Codes finden. Erkaufen muss man sich die Kompaktheit der Geräte allerdings mit eingeschränkten Kommunikationsmöglichkeiten oder externen Schnittstellenumsetzern, die die Kosten der Gesamtlösung erhöhen.

### 3.5.3 Mobile Lesesysteme

Falls nicht sichergestellt werden kann, dass in einer Identifikationsanwendung mit 2D-Codes das immer gleiche oder ähnliche Teil in derselben Position gelesen werden kann, stellt sich die Alternative des Einsatzes eines mobilen Lesesystems. Vorteilhaft ist die hohe Flexibilität der Systeme, die allerdings immer einen Bediener benötigen. Handlesesysteme für das Lesen von 2D-Codes müssen CCD-Array-

Sensoren enthalten und sind häufig mit aufwändigen Beleuchtungsmechaniken ausgestattet, um auch kontrastarme Direktmarkierungen lesen zu können.

Für das Lesen von 2D-Codes auf Papier und Labels findet man auf dem Markt kostengünstige Systeme, deren Beleuchtung aus einigen LEDs besteht. Meist können mit diesen Geräten auch 1D-Codes und gestapelte Codes gelesen werden, allerdings liegt die Beschränkung hier aufgrund der rechteckigen Form des Bildfensters oft in der zu großen Breite der Codes. Vereinzelt findet man zur Überwindung dieses Problems kombinierte Systeme, die neben einer CCD-Matrixkamera auch einen Scanner für das Lesen der Strichcodes enthalten.

Für das erfolgreiche Lesen von direktmarkierten 2D-Codes ist ein Beleuchtungskonzept erforderlich, das das Licht richtet und optimiert. Am Markt befindliche Lesegeräte verwenden hierzu variable Beleuchtungen, die zwischen Hellfeld- und Dunkelfeldbeleuchtung wechseln können, oder auch so genannte „Light Pipes", Hohllichtleiter, die unter Ausnutzung von Reflektionseigenschaften von Materialien das Licht gleichmäßig seitlich zuführen.

### 3.5.4 Spezielle Lesesysteme

In manchen industriespezifischen Anwendungen erweisen sich der Einsatz und die Anpassung von generischen Code-Lesesystemen als zu aufwändig. Mit auf die Anwendung zugeschnittenen Komplettsystemen inklusive der passenden Auswertesoftware wird diese Lücke am Markt geschlossen. Die folgenden Beispiele aus dem Bereich Labor- und Medizintechnik und Militär sind Beispiele solcher Lösungen.

**UID-Verifikationssystem**

Über mehrere Jahre hinweg wurde der Standard MIL-STD-130 des US-Verteidigungsministeriums in enger Zusammenarbeit mit Siemens und anderen Herstellern verbessert und stellt eines der umfassenden Dokumente zur Sicherstellung einer lückenlosen Identifikationskette zwischen Lieferanten und Endkunden dar. Jeder Lieferant an das DoD ist gefordert, einen Nachweis über die korrekte Markierung der vom Standard betroffenen Teile zu führen. Dafür wurden spezielle Verifikationssysteme entwickelt, die die Einhaltung des Standards und die korrekte Lesbarkeit der Markierungen bestätigen (Bild 3.6).

**Bild 3.6** UID-Compliance-Verifikationsgeräte für Direktmarkierungen (rechts) und Label/Typenschilder (links) der Siemens AG entsprechen aktuellen Beleuchtungsanforderungen des MIL-Standards. (Foto: W. Geyer)

### Vial Reader

In der Labortechnik müssen z. B. Fläschchen (engl. vial) und Ampullen mit eindeutigen Markierungen gekennzeichnet werden. Die Verwendung von Strichcodes ist zwar üblich, jedoch problematisch, da die Farbe des Hintergrundes der Strichcodes auf den durchsichtigen Fläschchen sicherzustellen ist und die gerundeten Formen nicht immer die richtige Orientierung für eine sichere Lesung haben. Seit der Einführung von Kassetten, die zwölf Ampullen in acht Reihen enthalten können, ist eine seitliche Lesung nicht mehr möglich. Mit Auftragen eines Data-Matrix-Codes konnte der begrenzte Platz auf der Unterseite der Fläschchen für die Identifikationsmerkmale genutzt werden. Spezielle Lesegeräte, die eine Lesung aller 96 Ampullen einer Kassette in einem Schritt erlauben, erleichtern und beschleunigen die Erfassung.

### Leser für medizinische Instrumente

Für eine lückenlose Dokumentation der Sterilisationsvorgänge und des Einsatzes von medizinischen Instrumenten sind skalierbare Matrix-Codes aufgrund der Einsetzbarkeit auch auf engstem Raum das einzig mögliche Codierungsverfahren. Zur Ein- und Ausgangsdokumentation in Krankenhaus oder Labor ist ein Lesegerät gefordert, das neben ansprechendem Design auch minimalen Bedienaufwand bietet. Durch einfaches Auflegen kann mit einem Instrumentenleser die Erfassung erfolgen.

### 3.5.5 Physikalische und datentechnische Integration

Die Entscheidung für einen Einsatz von Auto-ID-Technologie stellt nie nur eine lokal begrenzte Applikation dar, sondern geht einher mit einer weitreichenden Umstellung der IT-Prozesse und Datenhaltung. Besonders bei logistischen Applikationen wie Organisation des Materialzuflusses in die Fertigung überspringt die Technologie schnell Firmengrenzen und verlangt die Integration von Daten des Kunden und Lieferanten. Einzig in geschlossenen Fertigungsprozessen genügt die lokale Nutzung der codierten Informationen. Dies wird aber zunehmend als Verschwendung erachtet, da ein einmal aufgebrachter 2D-Code über die gesamte Lebensdauer des Produktes verfügbar ist.

Für eine erfolgreiche Integration sind in verschiedener Hinsicht Festlegungen zu treffen, die teilweise über die Anforderungen von RFID-Systemen hinausgehen:

1. Soll die Datenhaltung auf dem Objekt erfolgen (großer Code) oder soll der Code nur einen Identifier enthalten und weitere Daten werden zentral gehalten?
2. Soll der Code zur Prozesssteuerung eingesetzt werden oder zur Dokumentation für die Produktnachverfolgung?
3. Soll die Anbindung an die Leitebene über eine speicherprogrammierbare Steuerung (SPS) oder ein IT-System erfolgen?
4. Müssen Bilder der Codes, evtl. auch nur Fehlerbilder, archiviert werden oder reicht eine kurzfristige Verfügbarkeit im Speicher des Lesegerätes?
5. Soll eine Anzeigefunktionalität für die Anlagenbediener zu Verfügung gestellt werden?

Die wichtigsten Schnittstellen sind die Verbindungen zu anderen Teilnehmern der Automatisierungslandschaft (Maschine-Maschine-Schnittstelle) und die Benutzerschnittstellen (Mensch-Maschine-Schnittstelle), auf die im Weiteren kurz eingegangen wird.

## Kommunikationsschnittstellen zur Applikation

In vielen logistischen Anwendungen, bei denen der Data-Matrix-Code einen Strichcode ersetzt, ist die zentrale Datenhaltung aufgrund der Beschränkungen von Strichcodes der Standard. Bei einer einfachen Ablösung eines Barcodescanners genügt oft die Anbindung über eine serielle RS232-Schnittstelle. Über dieses Interface können einerseits die Code-Strings sicher weitergegeben werden und gleichzeitig kann die Parametrierung des Lesegeräts erfolgen. Eine ähnliche Bedeutung hat die USB-Schnittstelle, die jedoch in der Regel einen PC als Kommunikationspartner voraussetzt.

In Anwendungen im Fertigungsumfeld sind im Regelfall Bussysteme wie Industrial Ethernet oder RS485 mit den Protokollen Profinet, Ethernet-IP oder Profibus DP bereits im Einsatz. Zur Reduzierung der Komplexität werden die vorhandenen Bussysteme auch für die Anbindung der Code-Leser genutzt. Aufgrund der hohen Bandbreite ist Industrial Ethernet für die datenintensive Übertragung von Bildern die erste Wahl. Vereinzelt finden sich auf dem Markt auch Systeme, die eine Auftrennung von Daten ermöglichen: Parametrierung und Bildtransfer gehen über Industrial Ethernet an PCs und die Prozessdaten werden über Profibus an eine SPS übermittelt. Gerade wenn über die Teileidentifikation per Matrix-Code die nächsten Bearbeitungsschritte angestoßen werden, es sich also um eine Prozesssteuerung handelt, kann diese Lösung in der Gesamtkostenbetrachtung optimal sein.

## Bedienerschnittstellen

Sehr unterschiedlich sind die Konzepte der verfügbaren Code-Lesesysteme in Bezug auf die Bedienerschnittstelle. Die meisten Systeme werden mit einer Parametrier-Software geliefert, die für die Ersteinstellung der Systeme sowie im Fehlerfall zum Einsatz kommt. Viele Anbieter gehen davon aus, dass Code-Lesesysteme wie Barcodescanner eingesetzt werden, für die vom Anwender auch kein Bild im laufenden Betrieb verlangt wird. Einige Geräte bieten hier einen deutlich besseren Komfort. So kann über die integrierte VGA-Schnittstelle ein Monitor angeschlossen werden, der die Kamera-Bilder und weitere Analysedaten anzeigen – eine Funktion, die vor allem bei Erkennungsproblemen wichtig ist. Dahinter steht eine entsprechend mächtige Auswertesoftware, die umso intelligenter sein muss, je weniger Parameter ihr vorgegeben werden. Integrierte Web-Server bieten die Möglichkeit, ohne zusätzliche Programme eine Bedienung der Geräte vorzunehmen.

## 3.6 Gute Leseergebnisse erreichen

Ziel einer jeden Identifikationsaufgabe ist es, die Daten aller zu identifizierenden Objekte in möglichst kurzer Zeit ohne Fehler zu erfassen. Die Auto-ID-Technologien unterstützen dabei, Fehler (z. B. Übertragungsfehler bei manueller Datenerfassung) zu vermeiden und auch mit hohen Taktraten sichere Lesungen durchzuführen. Dabei wird im Optimalfall eine Erfassungs- bzw. Leserate von 100% angestrebt.

In industriellen und logistischen Anwendungen ist eine Nicht-Lesung mit Meldung durch das Gerät einer unbemerkt fehlerhaften Lesung klar vorzuziehen, da bei einer Nicht-Lesung eine Ausschleusung des betroffenen Objektes mit nachfolgender manueller Erfassung möglich ist. Eine fehlerbehaftete Lesung jedoch führt zu verfälschten Datenbeständen oder gar zu einem Produktionsstopp.

In praktischen Anwendungen schwankt die Forderung bzgl. der Leserate im Regelfall zwischen 99% und 99,99%. Umgesetzt heißt dies, dass die Anwender eine Nicht-Lesung bei 100 bis 10.000 Teilen akzeptieren, je nachdem wie hoch die Kosten für manuelle Eingriffe und der Wert der markierten Objekte sind.

### 3.6.1 Optimierung der optischen Bedingungen

Der Einsatz einer CCD-Kamera für das Lesen von Codes ermöglicht einen relativ hohen Grad an Flexibilität bezüglich des Einbaus des Systems. Weder der Leseabstand noch der Aufsichtwinkel sind statisch vorgegeben, sie können also unter Ausnutzung des optischen Gesamtsystems aus Sensor, Objektiv und Beleuchtung optimiert werden. Allerdings ist das oberste Ziel immer das Erreichen einer hohen Leserate, was die Beachtung gewisser Empfehlungen und Rahmenbedingungen erfordert.

Eine grundsätzlich positive Wirkung auf hohe Leseraten und kurze Dekodierzeiten haben folgende Kriterien:

- Güte des Codes (Kontrast, Normeinhaltung (Ruhezone, störungsfreie Finder- und Frequenzkante, Form der Zellen)

- geringe Verzerrung durch möglichst senkrechte Anordnung des Lesegerätes zur Objektoberfläche und zum Code

- reflektionsfreier und gleichförmiger Untergrund des Codes

## 3 Optische Codes

- stabile Positionierung v. a. bzgl. Rotation des Codes im Bildfenster (viele Lesegeräte erlauben die Eingrenzung des Suchfensters und -winkels über Parameter, was die Suchdauer begrenzt)
- passendes Verhältnis von Codegröße und Kameraauflösung. Als optimal für sichere Leseergebnisse hat sich ein Verhältnis von mind. 5 × 5 Pixel pro Matrixzelle erwiesen.

Grundsätzlich nicht so hoch sind die Anforderungen beim Lesen von gedruckten oder gelaserten Codes auf Papier oder Labels oder anderen „kooperierenden" Oberflächen, auf denen gute Kontraste und normkonforme Codes zu erreichen sind. Deshalb haben sich für diese Leseaufgaben vor allem kompakte Lesegeräte mit integrierter, ringförmiger Beleuchtung etabliert. Meist haben diese Geräte auch feste Brennweiten oder so genannte Fix-Focus-Objektive, die Abstand und Bildfenstergröße in engen Rahmen vorgeben.

Eine größere Herausforderung stellen Direktmarkierungen dar, bei denen die oben erwähnten optimierten Verhältnisse nicht erreicht werden können. Mit folgenden Maßnahmen können für derartige Situationen die Leseergebnisse verbessert werden:

- Berechnung des optischen Systems für eine scharfe Abbildung und optimale Größe des Codes im gewählten Bildausschnitt. Dieser ergibt sich häufig durch die mögliche Positioniergenauigkeit des Codes, welche zwischen den Anwendungen sehr stark schwanken kann und deren Verbesserung zu sehr hohen Kosten für Mechanik führen kann.
- Optimierung der Uniformität des Codes und des Kontrastes durch ein material- und distanzabhängiges Beleuchtungskonzept.

**Bild 3.7** Einfluss der Ausleuchtung auf Kontrast und Lesbarkeit eines gelaserten 2D-Codes (links: Ringlicht, rechts: diffuse axiale Beleuchtung)

- Minimierung der optischen Verzerrung durch möglichst senkrechte Positionierung der Kamera unter Beachtung möglicher Reflektionen. Häufig hat sich ein kleiner Winkel von 10 bis 20 Grad als optimal erwiesen, besonders beim Einsatz der integrierten Beleuchtung, da hier Totalreflektionen auftreten können.

Je nach Beschaffenheit des Codes bzgl. mechanischer Materialveränderungen (Erhabenheit oder Materialabtrag) sowie der Rauhigkeit und Reflektivität des Materials können sich besondere beleuchtungstechnische Herausforderungen ergeben. Einige Effekte zeigt Bild 3.7.

### 3.6.2 Minimierung der Einflüsse von Material und Umgebungsbedingungen

Da das Material bei einem optischen Verfahren zunächst keinen Einfluss auf die sensorische Erfassung hat (wobei unterschiedliche Reflektionseigenschaften zu berücksichtigen sind), gibt es im Gegensatz zur Funktechnologie keine Beeinträchtigung durch Materialien wie z. B. Wasser oder Metall in der Umgebung. Allerdings kann Verschmutzung der Objektive oder des Objektes aufgrund von Staub oder Öl einen Leseerfolg nachhaltig beeinträchtigen. Vor schleichend sich verschlechternden Leseraten können nur entsprechende Schutzmaßnahmen und regelmäßige Reinigung schützen, falls eine grundsätzliche Beseitigung der Probleme nicht möglich ist.

Zu berücksichtigen ist bei allen Identifikationsanwendungen auch, dass sich die Qualität des Codes während eines mehrstufigen Produktionsprozesses mit evtl. dazwischen liegenden Lagerperioden tendenziell verschlechtert. Hingewiesen sei hier z. B. auf Rostanflug, der nach einer Lagerphase des Objektes die Reflektionseigenschaften der Oberfläche dramatisch verändern kann. Derartige Effekte lassen sich nur durch detaillierte Analyse des Prozesses und der vorkommenden Teile und Bedingungen in den Griff bekommen und bedürfen einer vorausschauenden Beachtung.

Generell gilt, dass vereinzelt vorkommende Nicht-Lesungen an die Diagnosefunktionen eines Lesegerätes besonders große Herausforderungen stellen. Mindestens sollte ein Lesegerät die Möglichkeit bieten, Fehlerbilder inklusive der angewendeten Leseparameter und Zeitstempel abzuspeichern. Damit lassen sich dann auch Effekte wie eine zeitabhängige Veränderung des Umgebungslichtes nachvollziehen.

## 3.6.3 Erfüllen der technologischen Anforderungen

Beim Arbeiten mit Matrixkameras ist eine häufige Fehlerquelle eine ungenügende Positionierung des Codes und damit das Herauswandern des Codes aus dem Bildfenster. Bei der Auswahl eines Code-Lesesystems sollten daher die Performance-Eigenschaften und die Anbindung an die Anlagenautomatisierung und Mechanik mit betrachtet werden. Dabei sind die folgenden Fragen zu klären:

- Wie genau kann ich positionieren und wie groß hat das Bildfenster zu sein? Benötige ich evtl. eine höhere Kameraauflösung?
- Wie viele Teile pro Sekunde sind zu lesen? Benötige ich besonders performante Lesegeräte oder besondere Parametereinstellungen, um über eine engere Vorgabe der Codeart und Orientierung eine schnellere Auswertung der Bilder zu erreichen?
- Wie kann ich die Bildaufnahme auslösen? Kann ich die Objekte so voneinander trennen, dass durch einen Näherungsschalter ein Triggersignal erzeugt werden kann? Oder benötige ich eine freilaufende Bildaufnahme, bei der konstant nach einem Code im Bild gesucht wird und damit auch ein entsprechend hochperformantes Lesesystem?

Die Antworten auf diese Fragen haben großen Einfluss auf die Wahl des für die Anwendung geeigneten Lesesystems.

## 3.7 Ausblick und neue Entwicklungen

Nach den ersten Jahren des vorsichtigen Austestens hat sich die Matrixcode-Technologie inzwischen zu einer anerkannten Alternative zu Strichcodes und RFID entwickelt. Dabei haben die gemeinsamen Anstrengungen der letzten Jahre von Industrie und Anbietern im Bereich der Standardisierung zu einem wachsenden Vertrauen und einem gemeinsamen Verständnis der richtigen Anwendung des 2D- und insbesondere des Data-Matrix-Codes geführt.

Mit der Ausweitung der Applikationsbereiche und Anzahl der Anwendungen gibt es derzeit einen Trend hin zu kostengünstigen Systemen, vor allem dann, wenn es sich um unproblematische Markierungen handelt. Auch die steigende Leistungsfähigkeit der Prozessoren und weitere Anstrengungen bei der Verbesserung der Auswertesoftware reduzieren das Risiko von nicht erkannten Codes.

Das Angebot an Codeformaten im Bereich 2D bleibt nicht bei den standardisierten Codes stehen. Neue Anwendungen und Anforderungen treiben Innovationen voran und neue Codearten werden entwickelt, die morgen zum Standard werden können. So gibt es inzwischen Codes auf dem Markt, deren äußere Form sich flexibel an den verfügbaren Platz anpassen kann, oder Codes, die neben der reinen Information auch noch Sicherheitsmerkmale für eine Authentifizierung von Produkten enthalten.

Die Standardisierung, die fortschreitende Innovation und die spezifischen Eigenschaften von Data-Matrix- und anderen 2D-Codes, wie geringer Platzbedarf, minimale Kosten für die Markierung und Unempfindlichkeit gegenüber Umwelteinflüssen wird den 2D-Codes dauerhaft einen Platz unter den wichtigen Auto-ID-Technologien sichern.

**Literatur**

[1] AIM, AIM-DPM Quality Guideline, 2006

[2] Thomas Bone, Sven Dirkling, Wolfgang Lammers: Erwartungen bei Handel und Industrie. In: Michael ten Hompel, Volker Lange (Hrsg.): Radio Frequenz IDentifikation 2004, Fraunhofer-Institut für Materialfluss und Logistik, 2004

[3] Bernhard Lenk: Data Matrix ECC 200, Monika Lenk Fachbuchverlag, 1. Auflage 2007

[4] Michael ten Hompel, Hubert Büchter, Ulrich Franzke: Identifikationssysteme und Automatisierung, Springer-Verlag 2008

[5] NASA Standard NASA-STD-6002: Standard for Applying Data Matrix Identification Symbols on Aerospace Parts

[6] Standard ISO/IEC 15426-2:2005: Information technology – Automatic identification and data capture techniques – Bar code verifier conformance specification – Part 2: Two-dimensional symbols

[7] Standard ISO/IEC 16022:2006: Information technology – Automatic identification and data capture techniques – Data Matrix bar code symbology specification

[8] US Dept. of Defense MIL-STD-130: Identification Marking of US Military Property

[9] Fraunhofer-Institut für Materialfluss und Logistik (IML): Marktbefragung April 2004

# 4 Systemarchitektur

*Peter Schrammel*

RFID- und Auto-ID-Systeme machen die physikalische Welt der Dinge für Computersysteme zugänglich. Dadurch können relevante Daten automatisch direkt am Objekt aus dem Prozess erfasst werden, um dann wiederum den Prozess steuern und optimieren zu können. Die Mobilität der realen Objekte bedingt eine große räumliche Verteilung der Infrastruktur, die eines Managements bedarf. Weiterhin müssen die erfassten Daten vorverarbeitet werden, um aus ihnen einen geschäftlichen Nutzen ziehen zu können. Dieses Kapitel beschäftigt sich mit den Anforderungen und Lösungen bezüglich Architektur, Datenverarbeitung, Management und Betrieb dieser Systeme.

## 4.1 Überblick

Unter der Architektur eines Systems versteht man die Gesamtheit der Komponenten (Hardware und Software), deren Anordnung und ihr Zusammenspiel. Die Architektur gibt die wesentlichen Eigenschaften eines Systems vor und bestimmt dadurch seine Möglichkeiten und Grenzen. Umgekehrt hängt die Konzeption der Architektur von den geforderten Eigenschaften des Systems ab. Bei RFID- und Auto-ID-Systemen bestimmen sich diese vor allem durch die Merkmale der zu realisierenden Geschäftsprozesse.

### 4.1.1 Software in RFID-und Auto-ID-Systemen

Eine RFID- oder Auto-ID-Anwendung ist fast immer ein automatisiertes System, das Geschäftsprozesse abbildet und unterstützt. Es erstreckt sich über alle Systemebenen (Bild 4.1), von den mit Transpondern versehenen Objekten über die Device-Infrastruktur, die Edgeware bis hin zur Geschäftslogik, das heißt bis zur Abbildung lokaler, un-

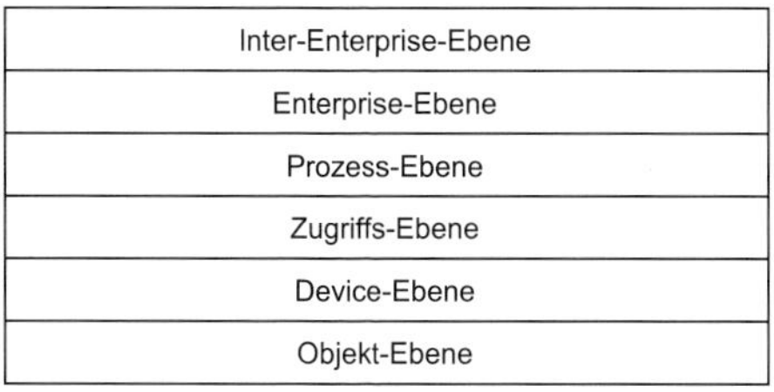

## 4.1 Überblick

| |
|---|
| Inter-Enterprise-Ebene |
| Enterprise-Ebene |
| Prozess-Ebene |
| Zugriffs-Ebene |
| Device-Ebene |
| Objekt-Ebene |

**Bild 4.1** Systemebenen in RFID- und Auto-ID-Systemen (vgl. [1])

ternehmensweiter und manchmal auch unternehmensübergreifender Geschäftsprozesse.

### 4.1.2 Systemmerkmale

Bei RFID- und Auto-ID-Systemen unterscheidet man zwischen geschlossenen und offenen Systemen. Bei *geschlossenen Systemen* werden die Objekte nur innerhalb einer Institution erfasst und verbleiben dort bzw. kehren immer wieder in diese zurück. Ein *offenes System* hingegen erlaubt die Verwendung durch viele Nutzer für ihre eigenen Applikationen; der Objektfluss ist in der Regel kein Kreislauf. So könnte zum Beispiel der Transponder auf einer Autokarosserie beim Hersteller zur Produktionssteuerung, beim Händler zur Inventur, und bei einem gewerblichen Kunden zur Fuhrparkverwaltung verwendet werden.

Ein weiteres Merkmal ist die Art der *Interaktion* zwischen System und Objekt. Diese kann automatisch zum Beispiel auf einem Fließband erfolgen oder durch manuelle Handhabung wie zum Beispiel bei der Inventur von IT-Equipment mit einem mobilen Erfassungsgerät.

Bei einem *zentralen System* wird die Geschäftslogik zentral ausgeführt; ein Beispiel dafür ist ein Haustierregister, bei dem Tierärzte und Behörden durch Auslesen des injizierten Transponders Informationen über Tier und Halter abfragen können. Ein solches System ist lokal organisiert, wenn diese Informationen auf dem Transponder hinterlegt sind und überall offline ausgelesen werden können. *Dezentrale Systeme* werden dort eingesetzt, wo lokale Verarbeitung und Steuerung erforderlich sind, die von einem zentralen System nicht mehr bewältigt werden kann, zum Beispiel bei einem Automatisierungssystem.

## 4 Systemarchitektur

### 4.1.3 Prozesse, Applikationen und Randbedingungen

Der Prozessablauf bei einer typischen RFID-Anwendungen (Bild 4.2) erfordert zuerst die Initialisierung der Transponder. Dazu werden diese optisch und/oder elektronisch mit einer eindeutigen Nummer und weiteren Daten programmiert und bedruckt sowie auf dem Objekt angebracht. Das nun eindeutig identifizierbare Objekt durchläuft dann die verschiedenen Identifikationspunkte im Prozess, zum Beispiel einen Warenausgang. Am Ende des Lebenszyklus kann bei einigen offenen Systemen der Transponder vom Objekt abgelöst und vernichtet werden. Da die physikalische Umgebung (Metall, Flüssigkeiten, Ausrichtung der Antennen usw.) die Lesequalität der Transponder beeinflusst, sind neben einer Optimierung der RFID-Hardware auch andere technische und organisatorische Maßnahmen erforderlich, die vom Gesamtsystem koordiniert werden müssen.

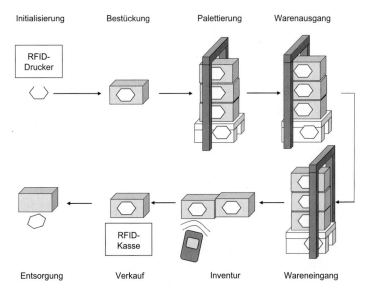

**Bild 4.2** Typischer RFID-Prozess in der Logistik

Die konkreten Anforderungen an das System hängen von den Eigenschaften der Applikation ab, zum Beispiel ob nur eine Wegverfolgung (Tracking) oder eine Echtzeitsteuerung vorgenommen wird, wie groß die zu erfassenden Einheiten am Wareneingang sind, oder ob nur eine manuelle Erfassung mit einem mobilen Erfassungsgerät stattfindet. RFID-gestützte Prozesse laufen aber nicht nur innerhalb eines Unternehmens ab, sondern können auch übergreifend mit Geschäftspartnern ausgelegt sein. So ist zum Beispiel die Verfolgung von Warentransporten ein weltweit verteilter Prozess, an dem außer Lieferanten und Kunden auch Logistik- und Transportunternehmen sowie Institutionen wie Zoll, Banken und Versicherungen beteiligt sind. Eine weitere Anforderung liegt darin, wer welche Informationen, in welcher Form, wann und wie schnell erhalten soll.

## 4.2 Systemebenen

RFID- und Auto-ID-Systeme sind in der Regel hierarchisch strukturiert. Das Datenvolumen nimmt von unten nach oben hin ab, während die Latenzzeit zunimmt. Viele schnell reagierende Systeme besorgen in den unteren Ebenen eine Vorverarbeitung der Daten, sodass die höheren Ebenen nur noch mit jenen Informationen konfrontiert sind, die sie zur Erfüllung ihrer Aufgaben auch tatsächlich benötigen. Andererseits ist eine zentrale Überwachung, Remote-Administration und Optimierung erwünscht.

### 4.2.1 Komponenten

Ein RFID-System besteht aus einer Vielzahl von Komponenten:

- Transponder
- RFID-Geräte wie RFID-Lesegeräte oder RFID-Drucker
- Automatisierungsgeräte wie speicherprogrammierbare Steuerungen, Signalampeln, Lichtschranken und andere Sensorik
- Mobile Erfassungsgeräte (MDEs, Handhelds) zur Durchführung mobiler Anwendungsfälle
- Netzwerk- und Kommunikationsinfrastruktur
- Edgeware als jener Teil der RFID-Middleware, der die darunter liegende Hardwarelandschaft abstrahiert und ein Interface zum Erfassen und Schreiben von Daten, zur Vorverarbeitung der Daten und zur Geräteverwaltung zur Verfügung stellt
- Edge-Server zum Ablauf der Edgeware und der lokalen Geschäftslogik

4 Systemarchitektur

- Die eigentliche Middleware dient der transparenten, sicheren Datenverteilung im Unternehmensnetzwerk
- Enterprise-Resource-Planning-(ERP)-Systeme sind für die Sekundärprozesse verantwortlich. Sie halten jene Informationen, die zur Durchführung der zentralen Geschäftslogik erforderlich sind
- Oft gibt es noch eigene RFID-Repositories zwischen ERP und Edge-Servern, aus Performancegründen in dezentralen Systemen oder als Schnittstelle zu externen Systemen.
- Clients als Interfaces zu menschlichen Benutzern
- Externe Schnittstellen zur Anbindung weiterer Systeme

## 4.2.2 Topologien

Die Systemtopologie beschreibt, wie diese Komponenten im System angeordnet sind. Bild 4.3 stellt die Topologie eines weltweit verteilten RFID-Systems dar. Ein solches dezentrales System besteht aus einer lokalen Infrastruktur an jedem Standort, die von einem Edge-Server verwaltet und gesteuert wird, der das Gateway zum Zentralsystem darstellt. Der dezentralen Datenverarbeitung steht die zentrale Administration der Systeme gegenüber. Die einfachste Architektur ist bei einem lokalen System gegeben, das nur aus (mobilen) RFID-Lesegeräten und Transpondern mit allen erforderlichen Informationen besteht (data-on-tag).

Mobile RFID-Lesegeräte (MDE) nehmen eine Sonderstellung ein, da sie vielfältige Aufgaben im System übernehmen können. Neben einem reinen Offline-System ist auch der Online-Einsatz möglich, bei dem sich auf dem MDE nur die Edgeware sowie ein Client zur Information des Bedieners befindet, während die lokale Geschäftslogik auf einem stationären Edge-Server ausgeführt wird.

## 4.2.3 Applikationsschichten

Die Anwendungslogik befindet sich in RFID- und Auto-ID-Systemen auf allen Schichten (Bild 4.4), da Aufgaben immer auf einer möglichst niedrigen Schicht erledigt werden sollen. Dies beginnt schon beim Transponder: Verfügt ein RFID-Transponder zum Beispiel über eine Sensorfunktionalität, so macht es Sinn, dass der Transponder selbst bereits Algorithmen zur Filterung, Auswertung und Speicherung der Umgebungsmessdaten ausführt, um das Kommunikationsvolumen

## 4.2 Systemebenen

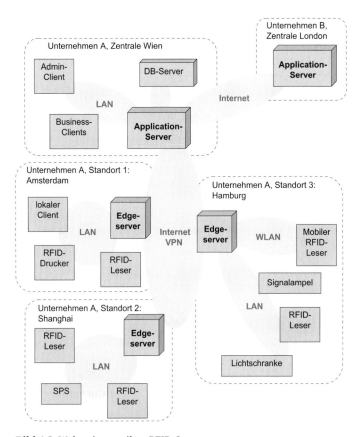

**Bild 4.3** Weltweit verteiltes RFID-System

über die Funkschnittstelle möglichst zu reduzieren [7]. Das Schreib-/Lesegerät erlaubt oft die Vorfilterung der erfassten Transponder (Transponder-Zugriff), damit nur jene Daten an den Edge-Server gemeldet werden, an denen dieser überhaupt interessiert ist.

Die Edgeware (Device-Zugriff) besteht aus mehreren Schichten: In der untersten Schicht wird das Schreib-/Lesegerät gesteuert, zum Beispiel das Ein- und Ausschalten des Funkfeldes. Darüberliegend wird das Erkennen der Transponder angestoßen und weitere Befehle zur Kommunikation mit den einzelnen Transpondern abgesetzt. Dann müssen die gelesenen Rohdaten in höhere Datentypen transformiert werden bzw. die zu schreibenden Daten in ein binäres Format kodiert werden. Schließlich finden noch Filterungs- und Aggregationsopera-

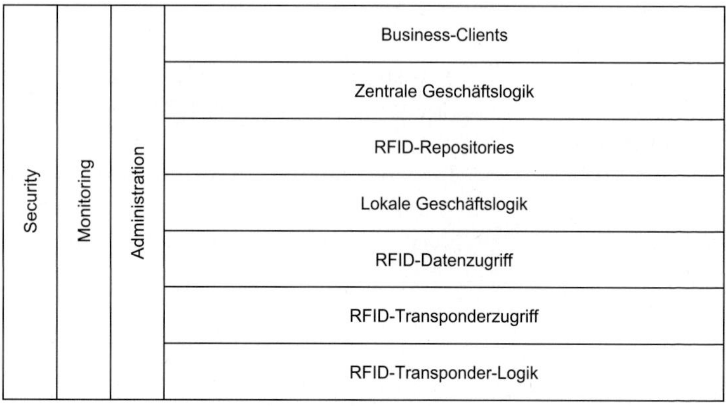

# 4 Systemarchitektur

| Security | Monitoring | Administration | Business-Clients |
|---|---|---|---|
| | | | Zentrale Geschäftslogik |
| | | | RFID-Repositories |
| | | | Lokale Geschäftslogik |
| | | | RFID-Datenzugriff |
| | | | RFID-Transponderzugriff |
| | | | RFID-Transponder-Logik |

**Bild 4.4** Applikationsschichten in RFID-Systemen

tionen statt. Darauf aufbauend werden in der lokalen Geschäftslogik die Funktionen zur Echtzeitsteuerung abgebildet.

Die Datenverteilung an die zentrale Geschäftslogik und an externe Systeme erfolgt in der Middleware-Schicht. Meist ist diese Schicht als Repository ausgeführt, in dem die Daten persistent gespeichert werden. Die Informationsnutzer fragen periodisch neue Daten an (Pull-Prinzip) oder werden über neue Daten benachrichtigt (Push-Prinzip).

Die zentrale Geschäftslogik führt die in einem ERP-System (Enterprise Resource Planning) abgebildeten Prozesse durch und bietet Schnittstellen zu Clients zur Steuerung, Überwachung, zum Controlling und Monitoring der Prozesse. Zu den schichtenübergreifenden Themen gehören Security- und Managementfunktionen wie Administration, Monitoring und Konfiguration der Systeme.

Ein Trend sind so genannte „intelligente" Schreib-/Lesegeräte, bei denen neben der Funktionalität zur Kommunikation mit den Transpondern auch noch die Edgeware und mitunter auch die lokale Geschäftslogik auf einem fernwartbaren Gerät laufen.

## 4.2.4 Edgeware

Die Edgeware ist für den Device- und Transponderzugriff zuständig und trennt somit die Geschäftslogik von der Interaktion mit der Hardware. Die Edgeware verkleinert das Datenvolumen (z. B. durch Verarbeitungsregeln) und leitet nur verdichtete Information an höhere Schichten weiter [4]. Für das Interface zur Geschäftslogik wurden

Anwendungsstandards für RFID-Systeme entwickelt, allen voran das EPCglobal Application Level Events (ALE) Interface [1]. Wichtige Edgeware-Konzepte sind die Abstraktionen der Schreib-/Lesegeräte zu logischen Geräten. Damit kann die Geschäftslogik Daten beispielsweise vom „Wareneingang" anfordern, ohne wissen zu müssen, wie viele reale RFID-Lesegeräte dort installiert wurden oder von welchem Hersteller die Leser stammen. Dadurch sind Umgruppierungen bzw. der Austausch von RFID-Komponenten ohne Änderungen an der Geschäftslogik möglich.

Die Schnittstelle zur Geschäftslogik kann entweder Event-basiert sein, d. h. die Geschäftslogik reagiert auf von der Edgeware generierte Ereignisse. Oder sie ist applikationsgesteuert, d. h. sie startet aktiv Operationen über die Edgeware.

Ein weiteres Aufgabengebiet der Edgeware ist die Rohdatenverarbeitung, (z. B. Filterung von doppelten, unwichtigen oder falschen Events), die Aggregation von Transponder-Daten (z. B. von Kartons auf einer Palette oder der Artikel in einem Karton), und die Ableitung zusätzlicher Informationen (z. B. Bewegungsrichtung oder die Anzahl der Objekte) [7]. Gespeicherte Daten müssen interpretiert und Schreibvorgänge automatisch verifiziert werden [3]. Zudem müssen Ereignisse zwischengespeichert werden, wenn sie von der Geschäftslogik nicht sofort verarbeitet werden können.

## 4.3 Integration

RFID- und Auto-ID-Systeme sind keine für sich stehenden Systeme; vielmehr ist meistens die Anbindung an existierende Systeme erforderlich, wodurch sich externe Systemschnittstellen ergeben. Eine Vielzahl an unterschiedlichen Geräten innerhalb einer dynamischen Systemlandschaft ist eine herausfordernde Aufgabe für die Integration.

### 4.3.1 Systemschnittstellen

Systemschnittstellen sind Kommunikationskanäle zu bestehenden, weiteren Systemen. Auf den unteren Ebenen sind dies Schnittstellen zur Echtzeitinteraktion (z. B. mit einem Automatisierungssystem), für lokale Sensoren oder Anzeigen sowie zur Interaktion mit Benutzern. Die Ansteuerung dieser Schnittstellen sollte nicht direkt über die lokale Geschäftslogik, sondern über die Edgeware erfolgen. Typi-

# 4 Systemarchitektur

sche externe Schnittstellen auf höheren Ebenen sind bestehende Datenbestände, SMS-Gateways, oder auch Bankenschnittstellen bei RFID-basierten Bezahlsystemen wie zum Beispiel einem elektronischen Fahrschein. Zu den Systemschnittstellen auf Enterprise-Ebene gehören Reporting-Funktionen und auch Kunden-Web-Portale.

### 4.3.2 Kommunikationsschichten

Nicht alle Protokoll-Stacks der in RFID-Systemen zum Einsatz kommenden Kommunikationssysteme sind durchgehend standardisiert. Die Eigenschaften der proprietären Schnittstellen müssen aber für darüberliegende Schichten transparent sein.

Am einfachsten ist dies noch bei der Funkschnittstelle zwischen RFID-Lesegeräten und Transpondern, die meist standardisiert ist, um eine Interoperabilität mit Transpondern verschiedener Hersteller zu gewährleisten. Die Applikationsschicht kann um Hersteller-Spezifika erweitert werden, um zusätzliche Funktionen zu implementieren. Dazu kann meist das Transponder-Protokoll über das Leser-Protokoll nach außen gelegt werden, so dass die Edgeware beliebige Kommandos generieren kann, die vom RFID-Leser unverändert an den Transponder geschickt werden.

Zwischen RFID-Lesegeräten und Edge-Servern werden proprietäre Anwendungsprotokolle ausgetauscht. In der Edgeware muss deshalb jeder Gerätetyp über ein eigenes Protokollmodul (Treiber) verfügen. Ebenso sind die Anwendungsschnittstellen zu anderen Geräten auf Device-Ebene fast immer proprietär. Auf den niedrigeren Protokoll-

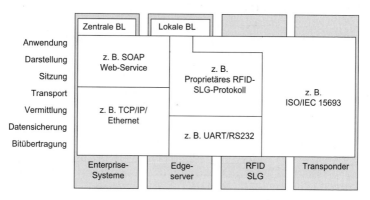

**Bild 4.5** Beispiel für Kommunikationsschichten (BL: Businesslogik)

schichten wird häufig RS232 oder Ethernet, aber auch vermehrt USB und WLAN verwendet.

Zur Kommunikation zwischen höheren Ebenen zählen Schnittstellen, die auf Web-Services-basieren, zum „Stand der Technik". Standardisierte Protokolle der Anwendungsschicht zwischen Daten- und Prozessebene sind zum Beispiel die Application-Level-Events (ALE) nach EPCglobal [1].

Bild 4.5 zeigt als Beispiel einen Schnitt durch die Kommunikationsschichten eines RFID-Systems.

### 4.3.3 Technologien

Bei der Integration der Komponenten und der Anbindung externer Systeme kommen viele Technologien in Frage. Werden RFID-Lesegeräte direkt in ein Automatisierungssystem eingebunden, so stehen Anschaltmodule zur Verfügung, die als Protokollwandler den Anschluss von zum Beispiel RS422 an Profibus ermöglichen. Diese Module erfüllen auch verschiedene Edgeware-Funktionen wie zum Beispiel den geregelten Hochlauf des Systems. Über eine Edgeware wie Simatic RF-Manager [8] ist eine Ankopplung sowohl an die Automatisierungs- als auch an die IT-Systeme gleichermaßen möglich. Für die Anwendungsschicht ist in der Automatisierungstechnik OPC (Object Linking and Embedding for Process Control) weit verbreitet.

Mobile Geräte kommunizieren entweder im Batchbetrieb über Dockung-Stationen oder kabellos über WLAN oder Bluetooth. Bei einem Anschluss über Kabel wird meist USB oder RS232 verwendet.

Bei der Anbindung von bestehenden Systemen werden noch proprietäre XML-Messages direkt über TCP, XML bzw. CSV-Dateien über FTP oder auch Remote-Aufrufe über CORBA eingesetzt. Ansonsten erfolgt die Anbindung externer Systeme entweder über SQL, wenn es sich um Datenbanken handelt, oder Web-Services bei Applikationen. Bei der Programmierung der Geschäftslogiken haben sich Java und .NET als Programmiersprachen durchgesetzt, die sich durch ihre weitgehende Plattformunabhängigkeit auszeichnen.

Die modernen Web-Technologien ermöglichen es, eigenständige Thick-Client-Applikationen durch Web-Anwendungen größtenteils zu ersetzen. Dies hat erhebliche Vorteile bei der Wartung, da lokal keine eigene Software installiert werden muss – lediglich ein Web-Browser ist erforderlich. Dadurch reduzieren sich nicht zuletzt die

Anforderungen an Ressourcen und Rechenleistung der Clients erheblich.

## 4.4 Datenfluss und Datenmanagement

Um Prozesse steuern zu können oder später Auswertungen durchzuführen, müssen in einem RFID- und Auto-ID-System weitaus mehr Daten verwaltet werden als die eigentliche Transponder-ID. Dieser Abschnitt beschreibt, welche Daten zu welchem Zweck in einem solchen System fließen, die Herkunft der Daten, zu welchem Zeitpunkt sie entstehen und welche Konzepte es gibt, das Management dieser Daten durch die Systemarchitektur zu unterstützen.

### 4.4.1 RFID- und Auto-ID-Daten

Das zentrale Identifikationsmerkmal ist die eindeutige Identifikationsnummer (unique identifier, UID), die je nach Technologie entweder vom Hersteller fix vergeben oder eigenständig aus einem reservierten Nummernbereich generiert wird. Diese wird beim Aufbringen des Transponders auf ein Objekt mit diesem eindeutig verknüpft. Vorsicht ist geboten, wenn ein Transponder in seinem Lebenszyklus für mehrere Objekte verwendet wird oder mehrere Transponder mit ein und demselben Objekt verknüpft werden: Der Grundsatz der eindeutigen Objektidentifikation wird dadurch durchbrochen, mit erheblichen Nachteilen zum Beispiel beim Datenbank-Zugriff.

*Objektbeschreibungsdaten* enthalten Informationen darüber, was das Objekt ist, zu welchen anderen Objekten es gehört bzw. welche andere Objekte es umfasst, und welche Eigenschaften es besitzt. Diese Daten kommen aus dem Enterprise-System und werden bei der Initialisierung mit der UID verknüpft und/oder auf den Transponder geschrieben. Zu den *Tracking*-Daten gehören Zeitstempel und Ort der Erfassung. Diese stammen aus der Systemkonfiguration bzw. von einem Zeitgeber und werden bei jeder Erfassung mit der UID verbunden. Das Tripel UID, Zeit und Ort stellt ein elementares Erfassungsereignis dar, mit dessen Hilfe ein Objekt auf seinem Weg verfolgt werden kann. Die *Tracking*-Daten entsprechen den Trackingdaten, mit dem Unterschied, dass zur Rückverfolgung eines Objekts diese Information auch auf dem Transponder selbst gespeichert werden könnte.

*Umgebungsdaten*, wie zum Beispiel Temperatur, werden entweder vom Transponder selbst erfasst und werden bei der Erfassung ausgelesen oder mit zusätzlichen Sensoren gemessen und von der Edgeware zu einem Ereignis verknüpft. Zu den *Prozessdaten* gehören sämtliche Informationen über den Prozessschritt, in welchem das Ereignis aufgetreten ist, d. h. warum das Objekt von wem erfasst worden ist und in welchem Status es sich befindet. Diese Daten werden aus der Systemkonfiguration oder über Clients eingelesen.

Aus diesen Grunddaten lassen sich dann weitere Informationen ableiten wie zum Beispiel Aufenthaltsdauer, Durchlaufzeit, Richtungserkennung, Gruppierungen und Anzahl von Objekten in Aggregationen.

### 4.4.2 Objektidentifikation

In vielen RFID-Systemen dienen die Transponder nur zur Identifikation von Objekten; alle mit dem Objekt verknüpften Informationen befinden sich in einer Datenbank. Bei diesem „minimalistischen" Ansatz dient der RFID-Transponder als reiner Barcode-Ersatz [5]. Vorteile solcher Systeme sind niedrige Transponderkosten, schnelle Lesevorgänge und der Wegfall von Schreibvorgängen (mit Ausnahme der Initialisierung). Nachteil ist, dass auch für lokale Geschäftsprozesse stets eine Online-Verbindung zum Backend-System erforderlich ist (data-on-network).

Ihr Einsatzgebiet ist zum Beispiel die Logistik, wenn es um automatische Erfassung und vor allem Pulkerfassung an Gates und auf Förderbändern geht und hohe Lesegeschwindigkeit erzielt werden müssen. Ein Beispiel wäre das Bestimmen aller Artikel in einem Karton oder aller Kartons auf einer Palette.

### 4.4.3 Verteilte, mobile Datenbanken

Das entgegengesetzte Paradigma ist, im Transponder-Speicher sämtliche für lokale Geschäftsprozesse erforderliche Daten zu hinterlegen (data-on-tag). Der Transponder wird somit selbst zu einer mobilen Datenbank – die Daten werden über die physische Bewegung auf Objektebene übertragen. Nachteilig sind hier die längeren Lesezeiten und Schreibvorgänge.

Dieses Prinzip wird vor allem in geschlossenen Systemen, zum Beispiel in der Automatisierung, oder in solchen Systemen eingesetzt, wo Einzelerfassung und manuelle Objektmanipulation vorherrschen. Es ist keine Online-Verbindung erforderlich, es können also

Kosten für eine WLAN-Infrastruktur oder Mobilfunkübertragung für mobile Geräte eingespart werden. Die Daten zu nachgelagerten Systemen werden zeitversetzt übertragen. Ein Problem ist jedoch der Transport der Metainformation, denn alle kommunizierenden Geräte müssen wissen, wie die hinterlegten Daten zu interpretieren sind.

#### 4.4.4 Hybride Ansätze

Ein Mittelweg ist es, die Daten sowohl als so genannte virtuelle Transponder in der Datenbank zu führen, als auch (zum Teil) auf dem Transponder zu speichern [3]. So können Geschäftsprozesse sowohl online als auch offline durchgeführt werden. Problematisch ist, dass spezielle Maßnahmen zum Abgleich der Daten ergriffen werden müssen, da diese möglicherweise von zwei Stellen gleichzeitig geändert werden.

### 4.5 System-Management

Ein RFID- oder Auto-ID-System besteht oft aus hunderten Komponenten, die alle konfiguriert, überwacht, gewartet und vor unbefugtem Zugriff geschützt werden müssen. Deswegen muss ein solches System Funktionen zur Verfügung stellen, die den Gesamt-Betrieb unterstützen.

#### 4.5.1 Device-Management

Auf Device-Ebene ist ein ausgeklügeltes Management erforderlich, um die Gerätelandschaft konfigurieren zu können. So müssen bei den RFID-Lesegeräten die verschiedenen Kommunikations-Parameter eingestellt und einem Ort, d. h. einem logischen Gerät zugewiesen werden.

Im Betrieb muss dann der Status des Geräts überwacht werden, um einen Ausfall feststellen zu können. Dies erfolgt meistens über so genannte Heartbeat-Nachrichten, die entweder das Gerät regelmäßig ans System schickt oder vom System abgefragt werden. Dadurch wird es möglich, bei einem Ausfall zwischen redundanten Geräten umzuschalten bzw. zu veranlassen, dass der Defekt vom Service-Personal behoben wird. Beim Austausch von Komponenten sind die Plug'n'Play-Fähigkeiten des Systems gefragt, um einen reibungslosen Austausch auch im laufenden Betrieb zu ermöglichen. Das System muss das neue Gerät automatisch wieder ins System aufnehmen und konfigurieren.

Schließlich ist die Aktualisierung der Geräte-Firmware von großer Bedeutung. Unvorstellbar, bei tausenden Geräten von Paris bis Tokio manuell eine neue Firmware-Version einzuspielen! Die Koordination zur Durchführung der Updates ist meist Aufgabe der Edge-Server.

### 4.5.2 Edge-Server-Management

Die Edge-Server sind wesentlich für die Fernwartung der Geräte. Aber auch auf die Edge-Server selbst muss Software (Edgeware und lokale Geschäftslogik) verteilt werden. Bei größeren Updates besteht die Herausforderung, dass nicht alle Edge-Server gleichzeitig das Update starten und so den zentralen Server übermäßig belasten. Um auch bei den Edge-Servern ausreichend Fehlertoleranz zu erreichen, ist es sinnvoll, diese redundant im Aktiv-Aktiv-Betrieb auszuführen. Beim Ausfall eines Rechners kann der zweite Rechner die Verarbeitung des ersteren übernehmen, bis dieser – falls möglich – wieder den Betrieb aufgenommen hat.

Ein wichtiger Punkt ist die Fehlerdiagnose in RFID-Systemen. Für die Geräte werden im Edge-Server geeignete Protokolle (Logfiles) geführt, die remote (aus der Ferne) ausgewertet werden können. Häufig muss bei der Fehlersuche der Ablauf – zeitlich und inhaltlich – bis zum einzelnen Lesevorgang nachvollziehbar sein.

Ähnlich wie bei den RFID-Lesegeräten ist es auch bei den Edge-Servern notwendig, den aktuellen Status zu überwachen. Hierbei werden meist noch zusätzliche Parameter wie CPU-Auslastung, Speicherbelegung, Leseraten und Zuverlässigkeit der verwalteten Geräte benötigt, um das gewünschte Niveau der „Quality of Service" (QoS) einhalten zu können.

### 4.5.3 Sicherheit

Sicherheit ist eine wesentliche Anforderung an verteilte Systeme, besonders bei sensiblen (Geschäfts-) Daten. Die Übertragung zwischen Edge-Servern und dem Enterprise-Server erfolgt deshalb üblicherweise über ein Virtual Private Network (VPN) im Internet. Auch mit Geschäftspartnern wird meist auf diesem Weg kommuniziert. Für Web-Services wird HTTPS (Secure Hyper Text Transfer Protocol) verwendet.

# 4 Systemarchitektur

Generell ist eine systemweite Benutzerverwaltung erforderlich, die sowohl die Authentifizierung der Benutzer an den Terminals als auch der Systemkomponenten untereinander übernimmt. Die Zugangskontrolle auf Geräteebene ist bislang aber nur dürftig ausgeprägt. Der Schutz der IT-Systeme auf höheren Ebenen wird netzwerktechnisch durch Firewalls gelöst. Auch auf Transponder-Ebene werden Zugriffsberechtigungen benötigt, sind aber noch selten im Einsatz. Einen neuen Ansatz stellt die Implementierung starker kryptografischer Algorithmen in passiven Transpondern dar (vgl. Kapitel 20).

### 4.5.4 Verfügbarkeit

Verfügbarkeit und Ausfallssicherheit sind überall dort entscheidend, wo es sich um automatische Steuerungen handelt, bei denen ein Ausfall des Systems zu erheblichen Kosten führen würde (zum Beispiel bei Produktionsanlagen).

Neben der Redundanz von RFID-Geräten und Servern ist die Absicherung der Kommunikationsverbindungen von großer Bedeutung. Der Edge-Server muss die Daten, die zum Zentralsystem übertragen werden, vorübergehend speichern sowie Daten, die vom Zentralsystem zur Ausführung der lokalen Geschäftslogik gebraucht werden, soweit wie möglich cachen können (Offline-Fähigkeit). Damit ist bei einer Nicht-Erreichbarkeit des Zentralsystems zumindest ein zeitweiser lokaler Betrieb möglich. Diese Fähigkeiten sind vor allem auch bei Handhelds (MDEs) erforderlich, die entweder nur offline arbeiten oder durch mögliche Störungen in der Funkverbindung nur über gelegentliche Verbindungen verfügen. Derartige Maßnahmen entlasten zudem das Zentralsystem, indem größere Datenmengen, die nicht echtzeitrelevant sind, lokal gepuffert werden und zeitverzögert ins Zentralsystem übertragen werden.

Fehlertoleranz ist aber auch auf unterster Ebene ein wichtiger Aspekt. So müssen zum Beispiel Lesefehler nach Möglichkeit durch eine fehlertolerante und -korrigierende Edgeware ausgeglichen werden [7].

### 4.5.5 Erweiterbarkeit und Adaptierbarkeit

Adaptierbarkeit, offene Interfaces und Plug'n'Play-Fähigkeit sind wesentlich für das Auf- und Umbauen eines RFID- oder Auto-ID-Systems, da diese häufig den sich ändernden Anforderungen eines Unternehmens angepasst werden müssen. Die Softwarearchitektur muss daher so aufgebaut sein, dass sogar auf radikale Änderungen flexibel reagiert werden kann. Es könnte sich zum Beispiel im Pilotbetrieb herausstellen, dass die HF-Technologie für die Anwendung ungeeignet ist und man daher auf UHF umsteigen will. Eine solche Änderung sollte keine Neuentwicklung der Software nach sich ziehen, sondern mit ein paar Modifikationen der Konfigurationen gelöst werden können. Ähnliches gilt für den Einsatz von Transponder-Typen von verschiedenen Herstellern oder bei anderen Protokollen, Lesegeräten, Kommunikationsschnittstellen oder Datenmodellen.

### 4.5.6 Abrechnungsfunktionen

Ein neuartiger Ansatz zum Einsatz von RFID- oder Auto-ID-Systemen ist, den Betrieb als Dienstleistung für andere Unternehmen anzubieten (vgl. Kapitel 13). Die Nutzung des Systems wird dann über definierte Leistungsparameter wie zum Beispiel Anzahl der Lese-Events abgerechnet. Die Systeme müssen dafür Funktionen zur Verfügung stellen, die eine Abrechnung nach Transaktionen, Ereignissen, Transpondern oder Durchläufen ermöglicht.

## 4.6 Das EPCglobal Network

Das EPCglobal Network [2] ist eine Standardisierungsinitiative zur Entwicklung von Industrienormen für ein weltweites Netzwerk, mit dessen Hilfe Handelspartner alle Produkte, die mit einem RFID-basierten Electronic Product Code (EPC) versehen sind, verfolgen und Produkt-bezogene Informationen austauschen können.

### 4.6.1 Überblick

Die Interfaces der Komponenten des EPCglobal Network werden durch eine Reihe miteinander in Beziehung stehender Standards definiert. Bild 4.6 zeigt einen Teil der Komponenten des EPCglobal Network und ihre Einordnung in die Applikationsschichten des Referenzmodells.

Das EPCglobal Network ist grundsätzlich dezentral konzipiert: Jedes Unternehmen betreibt seine Infrastruktur und verwaltet seine EPC-Daten, das heißt es gibt keine zentrale Datenhaltung.

4 Systemarchitektur

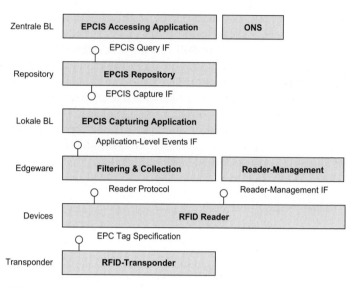

Bild 4.6 Komponenten im EPCglobal Network (vgl. [2])

### 4.6.2 EPCIS und ALE

Das EPC Information Service (EPCIS) dient zum Austausch von Informationen über Produkte und Produktbewegungen. Der Object Naming Service (ONS) ermöglicht die Abfrage, wer für welchen EPC zuständig ist. Die EPC-Daten können dann vom zuständigen EPCIS-Repository abgefragt werden. Es muss natürlich festgelegt werden, wer welche Informationen über das Query-Interface abfragen darf. Typische Informationen, die in einem EPCIS-Repository abgelegt werden, sind der EPC selbst, Produktionsdaten wie Losnummer, Fertigungs- und Ablaufdaten; Transportdaten wie Bestell- und Lieferscheine; Status des Produkts in Prozessschritten und am Transportweg – und das alles im Zusammenhang mit Orts-, Zeit- und Umgebungsinformationen.

Ein wichtiges Architekturelement des EPCglobal Networks ist die Trennung von Datenerfassung und Geschäftslogik durch das Application Level Events Interface (ALE) [1]. Diese Schnittstelle abstrahiert die Funktionen zum Erfassen der RFID-Transponder, Sammeln von Daten über eine Zeitspanne, Filtern der Daten, sowie zum Gruppieren und Zählen von Transpondern. Durch das Konzept der logischen Geräte wird die Geschäftslogik von der tatsächlichen Hardware-Infrastruktur losgelöst. Die Applikation gibt in einer so genannten Event

Cycle Specification über die ALE-Schnittstelle bekannt, wie und welche Daten zu erfassen sind. Dies kann entweder einmalig durch Hinterlegen einer Spezifikation und Polling erfolgen, oder auf Basis so genannter Subscriptions. Die Event Cycle Specification definiert die Start- und Stop-Bedingungen der Erfassung (zum Beispiel eine festgelegte Zeitdauer), die geforderte Stabilität der Transponder-Anzahl im Feld, Triggerbedingungen, sowie Art und Umfang des zurückgelieferten Reports (erforderliche Filteroperationen, Gruppierung und Zählung).

## 4.7 Zusammenfassung

RFID- und Auto-ID-Systeme ermöglichen es, Daten mit einem individuellen Objekt zu verknüpfen. Diese meist mobilen Objekte durchlaufen eine häufig weltweit vernetzte Infrastruktur und steuern dadurch die Geschäftsprozesse mit Hilfe eines ausgeklügelten Software-Systems.

Grundsätzlich sind die Abläufe und Anforderungen bei Auto-ID und RFID identisch: Integration in die Prozesse, Verarbeitung großer Datenvolumina, hohe Verfügbarkeit, Security und Management-Funktionalität quer durch alle Systemebenen, Remote-Administration der Infrastruktur und Prozesslogiken sowie Erweiterbarkeit und Plug'n' Play-Fähigkeiten. Bei RFID-Systemen wird es aber in Folge der höheren Leseraten und komplexeren Interaktionen umso deutlicher, welch hohe Anforderungen an ein solches System zu stellen sind. Erst dadurch wird es möglich, die vielfältigen Möglichkeiten von RFID-Transpondern zu nutzen.

Eine klar strukturierte Systemarchitektur mit den genannten Eigenschaften ist die Voraussetzung, dass das RFID oder Auto-ID ihre Aufgaben in den Geschäftsprozessen auch wirklich erfüllen können, um die erwarteten Prozessverbesserungen und wirtschaftlichen Vorteile auch im alltäglichen Betrieb zu erreichen.

**Literatur**

[1] EPCglobal Inc: The Application Level Events (ALE) Specification. Sept. 2005. Verfügbar auf: http://www.epcglobalinc.org/standards/ale/ale_1_0-standard-20050915.pdf

[2] EPCglobal Inc: The EPCglobal Architecture Framework. Sept. 2007. Verfügbar auf: http://www.epcglobalinc.org/standards/architecture/architecture_1_2-framework-20070910.pdf

# 4 Systemarchitektur

[3] C. Floerkemeier, M. Lampe: RFID middleware design – addressing application requirements and RFID constraints. In: Proceedings of the joint conference on Smart objects and ambient intelligence: innovative context-aware services: usages and technologies, Grenoble, pp. 219-224, 2005.

[4] B. Prabhu, X. Su, H. Ramamurthy, C. Chu, R. Gadh: WinRFID – A Middleware for the enablement of Radio Frequency Identfication (RFID) based Applications. University of California, Los Angeles, Wireless Internet for the Mobile Enterprise Consortium, 2005. Verfügbar auf: http://www.wireless.ucla.edu/rfid/winrfid/

[5] S. Sarma, S. Weis and D. Engels: RFID Systems and Security and Privacy Implications. In Proceedings of the International Conference on Security in Pervasive Computing, Boppard, pages 454-469, Mar. 2003.

[6] S. Schaefer: An Architecture Framework for RFID. 2004. Verfügbar auf: http://whitepapers.zdnet.com/whitepaper.aspx?docid=113358

[7] F. Thiesse: Architektur und Integration von RFID-Systemen. In: Das Internet der Dinge – Ubiquitous Computing und RFID in der Praxis. Springer, 2005.

[8] Siemens AG: RFID Systeme SIMATIC RF. 2007. Verfügbar auf: http://www.auto mation.siemens.com/simatic-sensors/html_00/rfid-systeme.htm

# 5 Kriterien zur Systemauswahl

*Peter Hager*

Ob in der klassischen Produktionssteuerung, der durchgängigen Lieferlogistik oder der Rückverfolgung von Chargen oder Produkten – die Identifikationstechnologien Data-Matrix-Code (2D-Code) sowie RFID zeichnen sich gegenüber dem Barcode (1D-Code) durch ihre hohe Datensicherheit und den Einsatz auch in rauen Industrieumgebungen aus. Wichtig für die Produktauswahl sind einerseits solide Grundkenntnisse über die technologischen Unterschiede zwischen Data-Matrix-Code und RFID (Tabelle 5.1).

**Tabelle 5.1** Wesentliche Merkmale der Identifikationstechnologien Data-Matrix-Code und RFID

| Kriterium | Data-Matrix-Code | RFID |
| --- | --- | --- |
| Prinzip | optische Erkennung | Funkübertragung |
| Sichtverbindung | erforderlich | nicht erforderlich |
| Reichweite | niedrig bis mittel | niedrig bis hoch |
| Empfindlich gegenüber | z. T. Reflexionen | z. T. Wasser, Metall |
| Direktmarkierung | möglich | nicht möglich |
| Preis für Labels | sehr günstig | günstig |
| Informationsdichte | hoch | sehr hoch |
| Änderung der Daten | nicht möglich | möglich |
| Pulkerfassung | nicht möglich | möglich |

Andererseits sind bei der Ermittlung der Anwenderanforderungen neben dem Produkt auch der Prozess und das Prozessumfeld zu betrachten. Für die Auswahl der zweckmäßigsten Identifikationstechnologie sind insbesondere zu berücksichtigen:

- Stärken und Schwächen der jeweiligen Technologie
- einmalige Kennzeichnung oder wiederholte Beschreibbarkeit
- Wiederverwendung des Datenträgers in der Prozesskette

# 5 Kriterien zur Systemauswahl

- Material sowie Beschaffenheit der zu kennzeichnenden Produkte
- Verfügbarer Platz für die Kennzeichnung
- Reichweiten oder Erfassungsdistanzen
- Umwelteinflüsse wie Lichtverhältnisse, Umgebungstemperaturen oder Schmutz

Dabei sind in der Praxis vom Anwender mehrere an der Applikation gespiegelte und gewichtete Kriterien für die Auswahl heranzuziehen.

## 5.1 Automatische Identifikation mit Data-Matrix-Code

Typische Anwendungen einer Direktmarkierung mittels Data-Matrix-Code sind Teile aus Metall, aber auch Keramik, Kunststoff und Glas, die in Fahrzeuggetrieben, Flachbaugruppen, Tintenpatronen oder medizinischen Instrumenten eingesetzt werden.

Selbst wo wenig Platz für eine Kennzeichnung auf dem Produkt besteht, z. B. bei elektronischen Bauteilen oder Leiterplatten, kann der Data-Matrix-Code eingesetzt werden. Mit dem Code können neben der Identifikationsnummer auch Produktionsvorgaben und Maßdaten über sämtliche Bearbeitungsschritte hinweg dauerhaft am Werkstück hinterlegt werden, wobei selbst 25% Verschmutzung oder Beschädigung des Datenfeldes noch ein sicheres Lesen ermöglichen.

Die wesentlichen Kriterien für den Einsatz von Data-Matrix-Codes sind:

- kleine bis mittlere Datenmengen
- dauerhafte Kennzeichnung direkt am Objekt
- störendes Metall oder Wasser im Umfeld
- hohe Stückzahl
- feste Fixierung der zu erfassenden Objekte
- Integration in die Automatisierung und IT.

Der Data-Matrix-Code kann sehr universell aufgebracht werden, sei es mittels Inkjet- oder Thermotransferdruck, oder mittels Laser, Nadeldruck oder Stanzung. Mit einer Speicherkapazität von über 100 Byte gestattet der Data-Matrix-Code die Erfassung und Auswertung umfangreicher Produktdaten. Der Code muss dabei genau im Sicht-

## 5.1 Automatische Identifikation mit Data-Matrix-Code

feld des Lesegeräts – zumeist einer CCD- oder CMOS-Matrixkamera – positioniert sein. Mit entsprechender Auswahl von Sensor, Objektiv und Beleuchtung sind selbst bei schwierigen Lichtverhältnissen oder geringem Kontrast sowie in der Nähe von Metallflächen oder metallischen Gegenständen stabile Leseraten zu erzielen. Und mit lichtstarker Beleuchtung sind sogar Reichweiten von mehreren Metern möglich.

Wird der Code zur Produktionssteuerung eingesetzt, ist z. B. die Art der Werkstückbearbeitung direkt hinterlegt, wird die Anbindung an industrielle Bussysteme wie Profibus oder Industrial Ethernet oder die direkte Anbindung an speicherprogrammierbare Steuerungen (SPS) ein Muss: Für die Datenkommunikation mit den Codelesegeräten sollten entsprechende SW-Bausteine in der SPS zur Verfügung stehen. Zum Abgleich der Codedaten mit den eigentlichen Bearbeitungsdaten – diese stehen in der Regel in einem Produktionsplanungssystem zur Verfügung – ist die direkte Kommunikation mit IT-Systemen erforderlich.

Beim Einsatz von Direktmarkierungen sind die vier Prozessschritte Markieren (Mark), Verifizieren (Verify), Lesen (Read) und Integration (Communicate) zu betrachten (MVRC®, Bild 5.1). Zunächst wird das geeignete Markierverfahren für das jeweilige Trägermaterial ausgewählt. Dann wird mittels eigenen Lesegeräts der Code verifiziert und gegebenenfalls verbessert, um die Codequalität zu Prozessbeginn sicherzustellen. So ist das sichere Lesen der Codes auch unter schwierigeren Prozessbedingungen gegeben. Die erfassten Daten werden

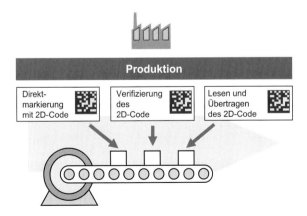

**Bild 5.1** Direktmarkierung mit Data-Matrix-Code – das MVRC-Prinzip sorgt für eine hohe Codequalität

dann im passenden Format über entsprechende Kommunikationsschnittstellen an das übergeordnete IT-System übertragen.

Beim RFID-Einsatz unterscheidet man zwischen zwei Anwendungsprinzipien – der einmaligen Verwendung der Datenträger und der kontinuierlichen Wiederverwendung der Datenträger.

## 5.2 „Open-Loop"-Anwendungen mit RFID

Entlang der Supply Chain in der Lieferlogistik werden zunehmend RFID-Systeme genutzt, die neue Qualitäten hinsichtlich Warensicherheit, Warenverfügbarkeit oder reduzierter Logistikkosten durch schnelle und sichere Erfassung bei Warenein- und -ausgang bieten. Die Datenträger, meist so genannte Smart Labels, werden einmalig verwendet und verbleiben entlang der gesamten Lieferkette dauerhaft am Objekt. Dementsprechend wichtig ist ein möglichst geringer Labelpreis (Bild 5.2).

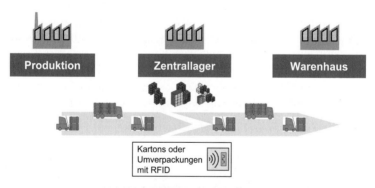

**Bild 5.2** „Open-Loop"-Anwendungen – entlang der gesamten Lieferkette werden die Datenträger einmalig genutzt

Wesentliche Kriterien für Open-Loop-Anwendungen sind:
- kleine Datenmengen,
- standardisierte Datenablage,
- Pulkerfassung,
- hohe Stückzahl,

- variable Fixierung der zu erfassenden Objekte und
- Integration in die IT.

Die Smart Labels besitzen eine geringe Datenkapazität und stellen meist nur eine Identifikationsnummer (ID) zur Verfügung. Die RFID-Systeme lesen diese aus und ermitteln mithilfe überlagerter Datenbank-Systeme die eigentlichen Informationen, beispielsweise um welches Produkt und welche Seriennummer es sich handelt oder den Bestimmungsort der Ware. Als Standard hat sich hierfür der elektronische Produktcode (EPC) etabliert, dessen 96 Bit ein weltweit eindeutiges Nummernsystem ermöglichen. Damit werden beispielsweise Umverpackungen oder Kartons mit einer eindeutigen Kennung versehen.

Da die Informationen über das Netzwerk bezogen werden – man spricht hier vom „Data-on-Network"-Konzept – ist die einfache Integration der RFID-Systeme in die IT-Welt (z. B. ERP-Systeme) eine wesentliche Voraussetzung. Um eine optimale Leistung sicherzustellen, ist eine Synchronisation mehrerer Reader sowie die Filterung und Vorverarbeitung der RFID-Daten mittels RFID-Middleware von Vorteil.

Bei den RFID-Systemen sind Reichweiten von mehreren Metern erforderlich, um beim Warenein- oder -ausgang die Durchfahrt von Staplern zwischen den Antennen zu ermöglichen. Die sichere Erfassung der Objekte bei unterschiedlicherer Ausrichtung der Transponder ist ebenso zu erfüllen. Und es müssen zuverlässig viele Transponder gleichzeitig erfasst werden (Pulkerfassung), beispielsweise wenn sich auf einer Palette eine Vielzahl von gekennzeichneten Kartons befindet.

## 5.3 „Closed-Loop"-Anwendungen mit RFID

Diese klassische Form des RFID-Einsatzes wird seit vielen Jahren in der Produktions- und Materialflusssteuerung eingesetzt und erlaubt die wirtschaftliche Fertigung von konfigurierbaren Serienprodukten wie Schütze, PCs, Hausgeräte oder Automobile. Die lokal auf dem Transponder gehaltenen Daten unterstützen direkt die Steuerung von Bearbeitungs- und Prüfschritten. Nach dem Produktionsdurchlauf werden die Datenträger wieder verwendet, indem sie mit neuen Daten versehen am Anfang der Produktionslinie wieder eingeschleust werden. Der Transponderpreis spielt so eine untergeordnete Rolle.

# 5 Kriterien zur Systemauswahl

Die wesentlichen Kriterien für Close-Loop-Anwendungen sind:

- Veränderbarkeit der Daten,
- mittlere bis große Datenmengen,
- kleine bis mittlere Stückzahl,
- Robustheit der Datenträger,
- feste Fixierung der zu erfassenden Objekte und
- Integrationsfähigkeit in die Automatisierung und IT.

Bei den meist spurgeführten Fördersystemen werden RFID-Systeme mit kleiner Reichweite eingesetzt, da nur der unmittelbar an der Antenne vorbeifahrende Tag gelesen werden soll. RFID sorgt hier nicht nur für die eindeutige Identifikation, sondern die lokal auf dem Transponder gehaltenen Daten unterstützen direkt die Steuerung von Bearbeitungs- und Prüfschritten. Die Tags mit bis zu 64 KByte Speicher beinhalten neben Fertigungsanweisungen auch Qualitätsinformationen, die nach jedem Bearbeitungsschritt aktualisiert werden. Dies ermöglicht den Aufbau von dezentralen Automatisierungsstrukturen, die den Aufwand für die zentrale Datenhaltung deutlich verringern. Denn die benötigten Informationen stehen an den Bearbeitungsstationen in Echtzeit zur Verfügung, ohne dass eine Verbindung zum IT-System erforderlich ist.

Für den störungsfreien Betrieb in industriellen Anwendungen ist auch die Robustheit der RFID-Komponenten gegenüber Umwelteinflüssen von großer Bedeutung. Spezieller Schutz gegen Staub, Flüs-

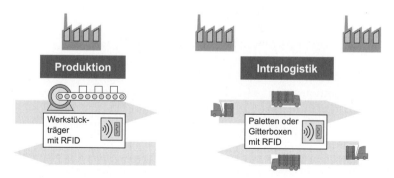

**Bild 5.3** „Closed-Loop"-Anwendungen – Vor allem in der Produktionsautomatisierung sowie in der Intralogistik zwischen zwei Partnern werden die Datenträger immer wieder verwendet

sigkeiten oder Chemikalien sowie hitzefeste Ausführungen bis über 200 °C sind je nach Applikation zu erfüllen.

Wesentliche Voraussetzung ist die einfache Integration in die Automatisierung beispielsweise über Bussysteme wie Profibus oder Industrial Ethernet mit speicherprogrammierbaren Steuerungen (SPS). Stehen für die Datenkommunikation mit den RFID-Lesegeräten entsprechende SW-Bausteine in der SPS zur Verfügung, so wird die Programmierung deutlich vereinfacht. Durch die enge Verzahnung von RFID-System und SPS ist zudem der automatische Wiederanlauf des Gesamtsystems nach einer Störung gegeben.

In Intralogistikanwendungen werden an Stelle eines Werkstückträgers Paletten oder Umlaufbehälter wie Gitterboxen oder EGB-Kisten mit RFID-Transpondern gekennzeichnet (Bild 5.3). Diese werden mit einer eindeutigen Kennung versehen und können automatisch registriert und in einem überlagertem IT-System verwaltet werden. Dies erlaubt eine entsprechende Transparenz im Waren- und Materialfluss und ermöglicht Optimierungsansätze bei beweglichen Investitionsgütern. Durch entsprechende Ausführung der RFID-Tags lassen sich diese auch auf Metallobjekten sicher erfassen. Auch hier sind große Reichweiten der RFID-Systeme erforderlich, damit beim Wareneinoder -ausgang ein Stapler bequem zwischen den Antennen hindurchfahren kann.

## 5.4 Fazit: Beide Technologien ergänzen sich

Wenn man den gesamten Produktionsprozess betrachtet, so kommen bereits heute beide Technologien zum Einsatz (Bild 5.4). So werden in der Vorfertigung die mit einem Data-Matrix-Code direkt gekennzeichneten Halbfertigteile entsprechend ihrer Codierung bearbeitet, beispielsweise gebohrt oder gefräst, und anschließend der Endmontage zugeführt.

Die Steuerung dieser Montagelinie erfolgt mittels RFID. Der Transponder befindet sich z. B. an einem Werkstückträger und beinhaltet alle Produktionsanweisungen oder Qualitätsdaten. Die RFID-Daten werden an jeder Montagestation ausgelesen und nach der Bearbeitung aktualisiert. So wird der gesamte Montagedurchlauf auf dem Datenträger festgehalten.

Am Ende der Montagelinie erhält das fertige Produkt seine individuelle Kennzeichnung mittels Direktmarkierung mit einem Data-Ma-

## 5 Kriterien zur Systemauswahl

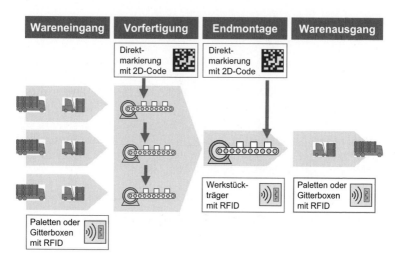

**Bild 5.4** Einsatz beider Technologien unter Nutzung der jeweiligen Vorteile im Produktionsprozess

trix-Code und die RFID-Daten werden an das Produktions-Planungs-System übertragen. So ist auch nach der Auslieferung jederzeit eine eindeutige Identifikation des Produktes sowie die Zuordnung zu den Produktionsdaten gegeben.

Neben der Technologieauswahl ist ebenso die Auswahl des richtigen Anbieters von Bedeutung. Hier sollte neben einer umfassenden Technologie- und Automatisierungskompetenz insbesondere Wert auf eine objektive Beratung gelegt werden. Weitere wichtige Kriterien sind ein breites Produktportfolio, welches beide Technologien beinhaltet und sich einfach in die Automatisierungs- und IT-Ebene integrieren lässt, sowie langjährige und umfassende Erfahrung bei der Realisierung von Projekten.

### Literatur

[1] Gerd Elbinger: Nie mehr Medienbrüche – durch Auto-ID-Verfahren wie DMC und RFID verlaufen Daten- und Warenfluss parallel. In: A&D Kompendium, Ausgabe 2007/08

[2] Kirsten Drews: Richtig erfasst: Auto-ID mit 2D oder RFID – die Applikation entscheidet. In: Messtec Automation, 15. Jahrgang, Ausgabe 09/2007

[3] Markus Weinländer: Die Aufgabe entscheidet – Auswahlkriterien für RFID-Systeme. In: Material Management, Ausgabe 6/2007

# 6 Standardisierung und Normung

*Gerd Elbinger*

Standardisierung gilt als wichtiges Hilfsmittel, um den Dschungel der vielen unterschiedlichen RFID-Systeme und Identifikationsverfahren zu lichten. Zwar sind die Technologien schon seit vielen Jahren im täglichen Einsatz, aber vor allem RFID galt lange als eine Domäne von kreativen Funk-Spezialisten, die individuelle Lösungen entwickeln.

## 6.1 Warum ist Standardisierung wichtig?

Um RFID einsetzen zu dürfen, mussten schon immer gewisse Regeln beachtet werden. In Deutschland bezog man sich auf die Postvorschriften des „NömL" (Nicht-öffentlicher mobiler Landfunk), da hiermit eine formal rechtlich Nutzung von RFID-Systemen ermöglicht wurde. Spätestens mit der Einführung der CE-Kennzeichnung für Industrieprodukte in Europa war eine verbindliche Konformitätserklärung als Bestätigung für das Einhalten der relevanten Normen und Vorschriften erforderlich. Nun herrschte bezüglich der Zulassungsbestimmungen Klarheit: Für RFID gelten die Festlegungen des europäischen Instituts für Telekommunikationsnormen ETSI (European Telecommunications Standards Institute). Erste Standards entstanden für RFID-Systeme für die Identifikation im Nahbereich bei 13,56 Mhz (ISO/IEC 14443).

Bald wurde auch für Warenlogistik und Materialflussketten der Nutzen von firmenübergreifenden Standards erkannt. Einheitliche und durchgängige Verfahren bringen für Kunden, Betreiber und Lieferanten erhebliche Vorteile:

- verbesserte Akzeptanz beim Kunden

- mehr Wettbewerb durch Vergleichbarkeit

- „Second Source"-Bezug wird möglich und reduziert die Abhängigkeit

# 6 Standardisierung und Normung

- Investitionssicherheit für Kunden und Produzenten
- offene Systeme ermöglichen globalen Einsatz
- Durchgängigkeit in der gesamten Versorgungskette
- realistische Preise dank breiterem Angebot
- Konzentration auf wenige Basistechnologien
- Stärkung der Position gegenüber Regulierungsbehörden

Solange der Einsatz von RFID-Systemen auf einen Bereich begrenzt ist, zum Beispiel auf einen Fertigungsbetrieb mit geschlossenem Transponder-Kreislauf, kann auf Standardisierung verzichtet werden. Völlig anders stellt sich dies dar, wenn firmenübergreifende Prozesse und Objekt- bzw. Materialbewegungen in offenen Versorgungsketten mit RFID automatisiert und überwacht werden sollen. Hier müssen Lesegeräte und Transponder unterschiedlicher Hersteller problemlos kooperieren. Die allgemein verbindlichen Spielregeln dazu müssen feststehen und eingehalten werden.

## 6.2 Die Grundlagen für die Standardisierung bei RFID

Gerade bei RFID war der Weg zur Standardisierung schwierig. Da es bereits viele unterschiedliche Technologien in unterschiedlichen Frequenzbändern gab, war es sehr wichtig, existierende RFID-Verfahren in ein einziges Regelwerk einzubinden und darin zu vereinen. So entstand die ISO/IEC 18000 als Definition eines Standards für die Luftschnittstelle (Air Interface) zwischen Lesegerät und Transponder zum Zweck der Warenidentifikation. Bereits bestehende Normen wurden dabei berücksichtigt und integriert.

Basis für die Festlegung der Übertragungsfrequenzen bilden die jeweils national geltenden und staatlich verordneten Regulierungsvorschriften. Funkwellen gehen weit und über Grenzen hinweg. So war eine internationale Harmonisierung der Nutzung von Übertragungsfrequenzen unausweichlich. In Europa geschieht dies durch die CEPT (European Conference of Postal and Telecommunications Administrations). Die CEPT ist die Dachorganisation zur Vereinheitlichung von Post- und Telekommunikationsverfahren in Zusammenarbeit mit den Regulierungsbehörden der einzelnen Mitgliedsländer. Die Verwendung von Frequenzbändern und ihre Nutzungsbedingungen

## 6.2 Die Grundlagen für die Standardisierung bei RFID

werden durch die CEPT erarbeitet und vorgeschlagen; die Umsetzung erfolgt durch die Mitgliedsstaaten (Bild 6.1).

Die eigentliche Detailarbeit wird durch die ETSI (European Telecommunications Standards Institute) geleistet. ETSI ist eine gemeinnützige Einrichtung mit dem Ziel, einheitliche Standards für die Telekommunikation in Europa zu schaffen, zu definieren und zu veröffentlichen. Die Organisation ist gewissermaßen das ausführende Organ für die übergeordnete CEPT. ETSI schreibt im Detail vor, welche Frequenzen mit welchen Parametern und Grenzwerten (z. B. Leistung, Bandbreite, Modulation u. a.) genutzt werden dürfen. In den USA gibt es der ETSI entsprechend das FCC (Federal Communications Commission).

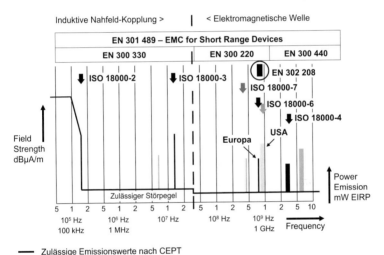

Bild 6.1 Frequenzaufteilungen der CEPT für Short Range Devices – hierunter fällt RFID – mit den schematisch aufgetragenen Emissionswerten. Passend zu den ISM-Frequenzen sind die ISO-Standards für die RFID-Luftschnittstellen nach ISO 18000 festgelegt.

Die Vergabe der Frequenzen obliegt den einzelnen Staaten, die die Nutzungsrechte verkaufen oder lizenzieren können (wie bei der Vergabe der UMTS-Frequenzen im Jahr 2005 in Deutschland geschehen). Ausgenommen hiervon sind nur einige wenige, lizenzfreie Frequenzbänder, die unentgeltlich für allgemeine industrielle, wissenschaftliche oder medizinische Zwecke genutzt werden dürfen (ISM-Frequenzbänder: industrial, scientific and medical). Um beim RFID-Einsatz keine Lizenzgebühren zahlen zu müssen, hat man sich bei der Standardisierung der RFID-Frequenzbänder auf die ISM-Frequenzen bezogen.

Die UHF-Frequenzen 865-868 MHz, denen eine besondere Bedeutung für den Einsatz von RFID in Logistikketten zugeschrieben wird, wurden erst im Jahr 2004 für die Nutzung durch RFID-Systeme freigegeben.

## 6.3 Der zentrale RFID-Standard ISO 18000

Aufbauend auf die Zulassungsbestimmungen der ETSI wurden zunehmend die attraktiven ISM-Frequenzbänder mit RFID-Standards besetzt und im Detail definiert. Dieses Vorhaben wurde größtenteils im Jahr 2004 umgesetzt und führte zur ISO/IEC 18000 Part 1 bis 7 – Definition der Luftschnittstelle für Warenidentifikation. Hier wurden die wesentlichen Betriebsparameter, wie Übertragungsfrequenz, Bandbreite, Modulation und Datenkodierung festgelegt.

Die folgende Auflistung zeigt den heutigen Stand im Überblick:

- ISO/IEC 18000-1: Allgemeiner Teil mit übergeordneten Festlegungen
- ISO/IEC 18000-2: Übertragungsfrequenzen unter 135 kHz
- ISO/IEC 18000-3: Übertragungsfrequenz 13,56 MHz
- ISO/IEC 18000-4: Übertragungsfrequenz 2,45 GHz
- ISO/IEC 18000-5: Übertragungsfrequenz 5,8 GHz (zurückgezogen)
- ISO/IEC 18000-6: Übertragungsfrequenz im UHF-Bereich (860 bis 960 MHz)
- ISO/IEC 18000-7: Übertragungsfrequenz 433 MHz

Dass hierbei nicht nur ein Standard, sondern wieder viele Standards entstanden sind, ist vor allem auf die stark unterschiedlichen physikalischen Eigenschaften der verschiedenen Frequenzbereiche zurückzuführen. Hinzu kommt, dass mit der Zeit ein natürlicher Ausleseprozess stattfinden wird, bei dem sich so mancher vermeintliche Standard als unnötig oder obsolet erweisen wird. Daher soll an dieser

Stelle eine Bewertung der unterschiedlichen Teile der ISO/IEC 18000, ISO-Norm für die Luftschnittstelle von RFID-Systemen erfolgen.

Die ISO/IEC 18000-2 im Frequenzbereich bis 135 kHz – allgemein mit LF „low frequency" bezeichnet – ist zwar schon alt, aber keineswegs veraltet. Gerade im Maschinenbau, speziell bei der Werkzeugidentifikation und bei Identifikation von metallischen Objekten bietet diese Frequenz wichtige Vorteile. Hier kann mit Hilfe von Ferritkernen oder Ferritfolien die nachteilige Beeinflussung der Übertragungseigenschaften durch Metall gut beherrscht werden. Die RFID-Systeme in diesem Frequenzband sind damit außerordentlich robust. Allerdings erkauft man sich dies durch eine langsame Datenübertragung.

Das Frequenzband 13,56 Mhz – allgemein mit HF „high frequency" bezeichnet – ist das Mittel der Wahl, wo kleine bis mittlere Leseabstände gefordert sind. So steht dieses Frequenzband als einheitliche ISM-Frequenz weltweit zur Verfügung. Für normale Identifikationsaufgaben in der Produktion und entlang von Förderstrecken lassen sich effiziente Lösungen realisieren. Die Kommunikation ist schnell, sicher und bezüglich der Feldgeometrie homogen und klar begrenzt.

Im Long-Range-Bereich ist das UHF-Band nach ISO/IEC 18000-6 die derzeit wichtigste Norm. Äußerst kostengünstige, passive Transponder (Smart Labels) und gleichzeitig eine extrem schnelle Datenübertragung bei Entfernungen bis über 5 Meter und der Fähigkeit der Pulkerfassung von mehreren hundert Tags lauten die Eigenschaften, die große Hoffnungen in diesen neuen Standard geweckt haben. Allerdings wird dies erkauft mit hohen Sendeleistungen, inhomogenen Feldern und Überreichweiten, die den Einsatz in der Praxis erschweren.

Nicht zu vergessen ist das Frequenzband bei 2,45 Ghz mit 82 Mhz Bandbreite. Hier sind sehr kleine Tag-Antennen und extrem hohe Übertragungsraten möglich. Jedoch befindet man sich in Konkurrenz zu WLAN- und Bluetooth-Installationen.

## 6.4 Weitere nützliche Normen und Richtlinien

Der ISO-Standard 18000 beschreibt die technischen Rahmenbedingungen und die Betriebsparameter für RFID-Systeme in den jeweiligen Frequenzbändern. Um sicher zu gehen, dass diese eingehalten werden und die Interoperabilität der Komponenten von unterschiedlichen Herstellern sicher gewährleistet ist, wurden auch entsprechende Prüfverfahren in Form von „Technical Reports" (TR) erstellt und veröffentlicht:

- ISO TR 18046: Testmethoden zur Überprüfung von Leistungsmerkmalen von Lesegeräten und Transpondern.
- ISO TR 18047: Testmethoden zur Überprüfung der Konformität mit den Luftschnittstellen-Standards nach ISO 18000-2 bis 7.

Nicht nur die technische Leistungsfähigkeit, sondern auch die Gesundheit der Menschen findet in der Normung die notwendige Beachtung. Die ISO-Normen EN 50357 und EN 50364 bilden hierfür die Grundlage. Sie kümmert sich darum, dass trotz aller Forderungen nach Leistung, Durchsatz und Reichweite der Mensch vor jeglicher Gefährdung geschützt wird. Zur Sicherstellung ist es erforderlich, Messmethoden und Grenzwerte vorzuschreiben. Als Grundlage wird die thermische Einwirkung von elektromagnetischer Bestrahlung auf den menschlichen Körper herangezogen. Die Grenzwerte beziehen sich auf die aufgenommene Leistung des betroffenen Körperteils, gemessen als SAR-Einheit (SAR: spezifische Adaptionsrate in W/kg). Neben Leistung und Entfernung ist auch die Sendefrequenz für die Bewertung wichtig.

Weitere ergänzende Standards sind in diesem Zusammenhang noch zu erwähnen:

- ISO/IEC 14443: Proximity Smart Cards 13,56 MHz; Elektronischer Fahrschein, geschlossene Börse, Warenbegleitschein und Logistik
- ISO/IEC 15693: Vicinity Cards & Smart Labels 13,56 MHz; übernommen in die ISO 18000-3 Mode1
- ISO/IEC 15961: Kommunikation der identifizierten Warendaten; Darstellung der Daten als Objekte, Anwenderschnittstelle (API), Datenprotokoll zum Lesegerät, Austausch der Daten mit dem Host-System
- ISO/IEC 15962: Identifizierung von Waren mittels RFID; Interpretation der Transponder-Daten, Funktionen und Datencodierung; Abbildung der Transponder-Daten
- ISO/IEC 15963: Unique Identification; einmalige Herstellerkennung zur eindeutigen Unterscheidung von Tags

Die Normen ISO/IEC 15961 und ISO/IEC 15962 spezifizieren Datenprotokolle und den Aufbau der Daten und Befehle zum Austausch von RFID-Daten. Sie beschreiben darüber hinaus auch die Schnittstellenparameter und Befehle zur Applikation und das Datenmanagement von der Applikation bis hinab zum Datenspeicher im Transponder. Durch die ISO/IEC 15963 wird dies ergänzt um die einheitliche Kennzeichnung von ISO-Transpondern.

Erwähnt seien noch einige Normen, die sich zwar auf die ISO/IEC 18000 beziehen, darüber hinaus aber zweckgebundene Anwendungsstandards definieren. Hier geht es von der Anbringung bis zum Datenformat, von der Taggröße bis zur technischen Implementierung:

- ISO/IEC 17358: Anwendungsanforderungen
- ISO/IEC 17363: Frachtcontainer
- ISO/IEC 17364: Wiederverwendbare Transporteinheit
- ISO/IEC 17365: Transporteinheit
- ISO/IEC 17366: Produktverpackung
- ISO/IEC 17367: Produkttagging

Darüber hinaus bestehen noch zahlreiche weitere RFID-Standards, zum Beispiel der für die Nutztier-Identifikation, einer der ältesten überhaupt.

## 6.5 Normung optischer Codes

Neben der RF-Identifikation gibt es schon lange die optische Identifikation mittels Barcode. Während der eindimensionale 1D-Barcode noch oft auf händisches Erfassen ausgelegt ist, wurde durch die Einführung von zweidimensionalen optischen Codes auch das automatisierte Erfassen effizienter ermöglicht (vgl. Kapitel 3).

Da die Nutzung von Strichcode schon immer stark auf offene, firmenübergreifende Warenverteilprozesse fixiert war, spielte die Standardisierung schon immer eine entscheidende Rolle. So sind nicht nur die Zeichensätze normiert, sondern auch die Codierung mittels Strichsymbolen, also das Informationsmuster, wie ein zu erkennendes Zeichen dargestellt wird. Es wird definiert, in welcher Form von optisch auswertbaren Hell-/Dunkelunterschieden und in welchen

Strich-/Lückenverhältnissen die Zeichen bzw. Symbole dargestellt werden.

Bei den 1D-Barcodes, die vorwiegend für einfache Identifikation mit geringem Informationsinhalt verwendet werden, lässt sich folgende, nur auszugsweise Zuordnung nach Tabelle 6.1 treffen. Der zweidimensionale „Barcode", insbesondere der Data-Matrix-Code, zeichnet sich durch eine höhere Datendichte, eine einfachere und sicherere Lesbarkeit sowie höhere Erkennungssicherheit aus. Für den Codetyp ECC 200 gibt es den Standard ISO 16022, der die Grundstruktur, den Code-Aufbau und die Darstellung definiert:

- ISO/IEC 16022   International Symbology Specification DMC

Diese Norm basiert eigentlich auf einer Code-Erzeugung in Drucktechnik und baut auf quadratisch ausgeprägte Kontrastinformationen, aufgetragen in Zeilen und Spalten, auf. Zur näheren Spezifikation stehen noch folgende Normen zur Verfügung:

- ISO/IEC 15415   2D Print Quality
- ISO/IEC 15418   Symbol Data Format Semantics
- ISO/IEC 15434   Symbol Data Format Syntax

Von besonderer Bedeutung ist hier vor allem ISO 15415, die Kriterien für die Druckqualität beschreibt. Sie stellt sicher, dass ein Code auch zuverlässig erkannt werden kann.

Eine weitere Ausprägung des Data-Matrix-Code ECC 200 basiert auf punktförmigen Codierstellen, so genannten „dots". Diese Ausprägung wird dort eingesetzt, wo der Code nicht drucktechnisch, son-

Tabelle 6.1 Überblick über Standards zum Barcode

| Standard | Typ | Code-Umfang | Anwendungen |
|---|---|---|---|
| EN 797 | EAN 8,13 | 10 Ziffern | Handel, Kassensysteme |
| EN 797 | UPC A,E | 10 Ziffern | Handel, Kassensysteme |
| EN 799 | Code 128 | 128 Zeichen (ASCII) | Industrie, Produktkennzeichnung |
| EN 799 | UCC/EAN 128 (Erweiterung von EN 799) | 35 Symbole/Zeichen | Handel, Industrie |
| EN 800 | Code 39 | 43 Zeichen (alphanumerisch) | Produktion, Materialfluss |
| EN 801 | 2/5 Interleaved | 10 Ziffern | Pharmazeutische Produkte, Fördertechnik |

dern mittels Nadelprägung, Bohren oder Lasergravierung direkt auf dem zu identifizierenden Objekt aufgebracht wird (Direct Part Marking, DPM). Leider kann hier zur Qualitätsprüfung die für gedruckte DMC ausgelegte ISO 15415 nur eingeschränkt angewandt werden. Durch AIM wurde deshalb eine zusätzliche DPM-Qualitätsrichtlinie für runde Codierstellen definiert, die auch Anforderungen an die Beleuchtung formuliert.

Aufgrund seines hohen Datenvolumens ist der Data-Matrix-Code auch für die Warenkennzeichnung mit dem Electronic Product Code (EPC) geeignet. Somit steht für die EPCglobal-Datenstrategie eine extrem kostengünstige Alternative zur RFID-Technologie zur Verfügung.

## 6.6 Standardisierung durch EPCglobal und GS1

Zur Nutzung der automatischen Identifikation im globalen Warenfluss ist nicht nur die physikalische Erfassung der Warenkennzeichnung von Bedeutung, sondern auch die logische Zuordnung und Interpretation der Dateninhalte. Sehr früh versuchten bereits Organisationen wie EAN (European Article Number) und UCC (Uniform Code Council) die Dateninhalte von Barcodes einheitlich festzulegen und die Nummernbänder zu verwalten. Die EAN-Codes im Handel sind hier ein herausragendes Bespiel, denn sie ermöglichen mit nur wenigen Bits die eindeutige Artikel- und Herstellerzuordnung.

Die Vereinheitlichung und die durchgängige Warenkennzeichnung ist somit eine fundamentale Voraussetzung für das Funktionieren von Warenwirtschaftsprozessen und die Lenkung der Warenströme. Diese Aufgabe nimmt heute international die Organisation GS1 wahr. Sie entstand aus dem Zusammenschluss der europäischen EAN International und der amerikanischen UCC. Hierbei wurde jedoch nicht nur der Barcode zur Identifikation der Waren aufgenommen, sondern auch die RFID-Technik mit den Festlegungen von EPCglobal.

Die GS1 und deren nationale Gesellschaften sehen sich als Kompetenz- und Dienstleistungszentren für firmenübergreifende Geschäftsabläufe. Hierzu dienen die Vereinheitlichung der Warenkennzeichnung und der Austausch dazugehöriger Informationen. Zur Sicherstellung dieser Dienstleistung vergeben und verwalten die GS1-Gesellschaften weltweit Nummernbänder zur eindeutigen Identifikation von Waren und Verpackungseinheiten. Der wesentliche Grundgedanke ist, dass nur eine übergeordnete Definition, Vergabe und Verwaltung von global gültigen Code-Strukturen und Code-Nummernbändern die Warenversorgungsketten und die Rückverfolgung der Waren sicherstellen kann. Denn nur durch die Einmaligkeit des Erkennungscodes wird der richtige Zugriff auf die Produktdaten im globalen Netz der Warenidentifikation ermöglicht.

Natürlich gehen die Aktivitäten der GS1 Hand in Hand mit den Normungsbestrebungen. Als wesentliche Grundelemente gelten hier:

- Strichcode (EAN)
- RFID (EPCglobal)
- Elektronischer Datenaustausch/E-Business (EDI).

## 6.7 Fazit und Ausblick

Standardisierung und Normung sichern die Offenheit von Prozess- und Versorgungsketten sowie die Interoperabilität von Geräten. Die Telekommunikationsregulierungen sind Normen zum Schutz anderer Benutzer der Frequenzen, insbesondere von privaten und öffentlichen Diensten wie Rundfunk, Fernsehen und Mobiltelefonen. Die Standardisierung der RFID sorgt dafür, dass in offenen Distributionsprozessen Transponder, Lesegeräte und IT-Komponenten unterschiedlicher Hersteller miteinander eingesetzt werden können.

Es gibt jedoch einen Zwiespalt zwischen Diversifikation und Standardisierung, zwischen Innovation und Regulierung. Jeder Hersteller wird versuchen, Wettbewerbsvorteile durch mehr Leistung oder innovative Technik zu entwickeln. Diversifikation und Innovation treiben die Technik zu neuer Leistungsfähigkeit und steigern so die Effizienz von Applikationen. Um dies zu erreichen braucht man so viel Standardisierung wie nötig und so viel Diversifikation wie möglich.

Im Standardisierungsprozess ist aber auch Wachsamkeit gefragt. So könnten Anbieter versucht sein, durch eine einseitige Formulierung der Standards ihre proprietäre Technik zu schützen oder Patentlizenzen zu vermarkten. Dies verkehrt den Sinn von Standardisierung in sein Gegenteil, da eine Verzerrung des Wettbewerbs gefördert würde.

Trotz dieser Bedenken ist es nur durch Standardisierung möglich, die immer gewaltigeren, globalen Warenströme zu erfassen und zu lenken. Da RFID die Technologie ist, die dies alles wirtschaftlich vertretbar leisten wird, muss sie sich zu allgemein gültigen Normen bekennen.

**Literatur**

[1] Klaus Finkenzeller: RFID-Handbuch. Hanser Verlag, 4. Auflage 2006
[2] Frank Gillert, Wolf-Rüdiger Hansen: RFID für die Optimierung von Geschäftsprozessen. Hanser Verlag 2007

# Teil 2
# RFID und Auto-ID praktisch einsetzen

# 7 Prozessgestaltung und Wirtschaftlichkeit

*Peter Segeroth*

„RFID?! Lohnt sich das denn überhaupt für uns?" So oder in ähnlicher Form lässt sich die Reaktion vieler Entscheider hinsichtlich der Einführung der RFID-Technologie in ihre operativen Prozesse zusammenfassen. Diese Aussage bestätigt sich in Umfrageergebnissen; es überwiegen die Zweifel am wirtschaftlichen Erfolg von RFID. Die Entscheider-Ebene zweifelt demnach generell an der Wirtschaftlichkeit von RFID-Anwendungen in ihrem Unternehmen. Als Hauptargument werden – neben weiteren Faktoren – die hohen Kosten für RFID-Transponder angeführt. Diese – so könne man in Publikationen zum Thema lesen – seien zwar im steilen Sinkflug, doch rechne sich der Einsatz erst ab etwa 0,05 Euro je Transponder.

## 7.1 Die Furcht vor der Fehlinvestition

Das Schicksal, die Einführung neuer Informations-Technologien zunächst primär als Kostenverursacher und weniger als Nutzen bringende Technologie in den Fokus zu rücken, trifft nicht nur die RFID-Technologie. Generell existiert eine relativ geringe Akzeptanz für neue Technologien, was an einer oftmals fehlenden Transparenz des qualitativen und insbesondere quantitativen Nutzens liegt [1]. Kurz gesagt: Der Business Case fehlt.

Eine Wirtschaftlichkeitsbetrachtung (Business Case) dient dem Unternehmer zur Entscheidungsfindung und Investitionsplanung. Es geht um die Beantwortung der Frage: „Was bleibt mir unter dem Strich und wie vermeide ich eine mögliche Fehlinvestition?" Vor einer Investition z. B. in RFID-Technologie ist es für das Unternehmen erforderlich, zunächst seine Ziele und Probleme zu analysieren, mögliche Alternativen zu suchen, die eigentliche Investitionsrechnung durchzuführen und diese Ergebnisse zur Entscheidungsfindung zu nutzen (Bild 7.1) [3].

**Bild 7.1** Der Weg zum RFID-Business-Case

Das Einhalten dieser Schritte verschafft dem Unternehmen die erforderliche Transparenz vor der Einführung von RFID. Spekulationen über hohe Preise für RFID-Transponder und über einen geringen Nutzen werden quantifiziert und determiniert. Der Unternehmer erhält eine fundierte Basis für seine Investitionsentscheidung.

## 7.2 Am Anfang stehen Visionen und Ziele

Die Basis für eine erfolgreiche Durchführung von RFID-Projekten ist die Existenz der Unternehmens-Visionen und -Zielen. In der Regel wurden diese bereits durch die Unternehmen in einem strategischen Planungsprozess definiert oder können mit externer Hilfe – vor der Einführung der RFID-Technologie – definiert werden. Der Definitionsprozess ist abhängig von der aktuellen Situation des Unternehmens. Hinsichtlich der Einführung von RFID-Technologie, die sich auf einen konkreten Einsatzbereich bezieht, ist es ratsam, die relevanten und kritischen Geschäftsfelder und Geschäftsprozesse im Rahmen der Zielanalyse auszuarbeiten und sich auf diese zu konzentrieren. So könnte die Einführung von RFID zunächst z. B. auf die Produktion begrenzt werden. In diesem Falle blieben weitere Geschäftsfelder oder -prozesse unberücksichtigt.

Diese erste Definitions-Phase verläuft in der Regel in folgenden Schritten:

1. Erstellen eines Profils der aktuellen Ist-Situation
2. Definition der Unternehmens-Vision
3. Festlegen der Performance-Ziele
4. Festlegen der Geschäftsprozess-Ziele
5. Identifizieren der Auswirkungen der Vision auf das Unternehmen
6. Priorisieren von Geschäftsfeldern und Geschäftsprozessen

Bei der Erstellung des Profils zur aktuellen Ist-Situation und bei der Definition der Unternehmens-Vision werden u. a. folgende Fragen beantwortet:

- Ist das Geschäft von heute auch das Geschäft von morgen?
- Sind Veränderungen der Kundenbedürfnisse zu erwarten?
- Was muss heute getan werden, um auch morgen erfolgreich zu sein?
- Wie kann die heutige Marktposition ausgebaut und gesichert werden?
- Nutzen wir unsere Marktposition oder liegen Gewinnreserven brach?
- Wo will das Unternehmen in fünf Jahren stehen? (Analyse und Realitätscheck der langfristigen Planung)

Die Festlegung der Geschäftsprozess- und Performance-Ziele umfasst Themen wie z. B.:

- Verbesserung der Geschäftsprozess-Performance
- Nutzung wirtschaftlicher und/oder funktioneller Vorteile neuer Technologien
- Nutzung von Systemen, die optimal auf ihren Einsatzzweck ausgerichtet sind
- Nutzung von Systemen mit hoher Zuverlässigkeit

Aufgabe bei der Priorisierung von Geschäftsfeldern (primäre Geschäftsprozesse) ist schließlich die Analyse und Definition von Geschäftsfeldern (Unterabteilungen), die für den Einsatz von RFID besonders prädestiniert sind.

Dieser Top-down-Ansatz zeigt, dass die Herausforderungen des Unternehmens und die hieraus resultierenden Maßnahmen die Basis für eine Veränderung im Unternehmen sind. Für den Einsatz der RFID-Technologie wird an diesen Analyse-Ergebnissen der einzelnen Geschäftsfelder angeknüpft.

## 7.3 Wie funktioniert das Unternehmen?

Für RFID-Projekte empfiehlt es sich, die Ist-Prozess-Analyse Top-Down (vom Groben zum Detail) durchzuführen. In einer ersten Arbeitssitzung werden die Geschäftsprozesse in einer übersichtlichen

## 7.3 Wie funktioniert das Unternehmen?

Form – z. B. je Geschäftsfeld – von den Entscheidern und Praktikern aus den Geschäftsfeldern moderiert erarbeitet. Das Ergebnis (Bild 7.2) vermittelt den Beteiligten einen Überblick über Input, Output, Beteiligte am Prozess, relevante Applikationen und ermöglicht eine erst Planung des RFID-Szenarios innerhalb des analysierten Geschäftsprozesses.

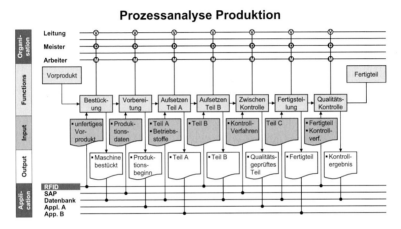

**Bild 7.2**
Beispielhafte Ist-Darstellung des Geschäftsprozesses „Teile-Fertigung"

Im nächsten Schritt erfolgt die Detaillierung der Geschäftsprozesse in einem Prozessfolge-Performancemodell (Tabelle 7.1). Dieses wird unter Berücksichtigung von Zeit, Kosten, Qualität und weiteren Messgrößen (z. B. Kapitaleinsatz, erforderliche Anzahl von Mitarbeitern) erstellt. So werden die aktuelle und die Zielsetzung für die zukünftige Geschäftsprozess-Performance (Soll-Konzept) gegenübergestellt.

Die zukünftige Geschäftsprozess-Performance kann entweder:

- Werte enthalten, die aus der besten Praxiserfahrung (Best Practice von z. B. Konkurrenten oder Geschäftspartnern) stammen oder

- Werte auf Basis der Verbesserung der Geschäftsprozesse durch den Einsatz von RFID-Technologie.

Der Input aus der Geschäftsprozess-Ist-Darstellung und des Geschäftsprozess-Performance-Modells stellen die Basis für den Entwurf eines verbesserten Geschäftsprozesses dar, bei der die RFID-Technologie bereits berücksichtigt ist.

Tabelle 7.1 Beispielhafte Darstellung des Prozessfolge-Performance-Modells

| Event | Result | Process Thread | Time | | Cost | | Quality | | Capital | |
|---|---|---|---|---|---|---|---|---|---|---|
| | | | now | future | now | future | current | future | current | future |
| Customer order merchandise | Ship ticket released to warehouse | Process customer order | 4 days | .25 days | $15/ order | $15/ order | 5% returns | .01% returns | $1500/ clerk | $4000/ clerk |
| Customer returns merchandise | Refund Authorization sent to billing | Process customer return | 10 days | .5 day | $50/ order | $5/ order | .1% error | .1% error | – | – |
| Ship ticket released to warehouse | Merchandise shipped to customer | Ship customer order | 2 days | .25 days | $10/ order | $5/ order | 5% returns | .01% returns | 50 days of inventory ($50M) | 30 days of inventory ($30M) |

## 7.4 Der Business Case für RFID

### 7.4.1 Begriff der Wirtschaftlichkeitsberechnung

Investitionen in neue Technologien sind die Voraussetzung für den technischen Fortschritt der eigenen Produkte sowie für eine Erhöhung der Produktivität und der Wettbewerbsfähigkeit. Sie binden aber langfristig Kapital. Die Entscheidung zur Einführung von RFID in den betrieblichen Ablauf eines Unternehmens ist daher abhängig von der Höhe der zu erwartenden, aus der Investition resultierenden Kapitalrückflüsse. Der Nutzen einer Investition muss daher größer sein als deren Kosten. Allerdings gibt es Gründe, die selbst bei einer Aussichtslosigkeit (Kosten > Nutzen) für die Investition sprechen (z. B. die Notwendigkeit, als Lieferant seine Waren mit RFID-Transpondern ausliefern zu müssen).

In einem Business Case wird die Wirtschaftlichkeit einer Investition berechnet, also eine zahlenmäßige Bewertung geschäftlicher Maßnahmen vorgenommen, die in der strategischen Planung definiert wurden. Hier wird der durch die Investition bewirkte Zusatzerfolg (im Vergleich zu dem Geschäftserfolg ohne diese Investition) beurteilt. Das Ergebnis dieses Business Case dient primär dem Management zur Entscheidungsfindung.

Die wesentlichen Vorzüge eines Business Case sind:

- Erhöhung der Entscheidungssicherheit
- Schaffung von Entscheidungsspielraum: Der Business Case zeigt auch Alternativen auf.

- Schaffung von Übersicht und Transparenz: Alle relevanten Informationen werden bereitgestellt.
- Schaffung von Verbindlichkeit, Klarheit, Nachvollziehbarkeit und Vergleichbarkeit: Kennzahlen, deren Herleitung und Gegenüberstellung werden ersichtlich.
- Schaffung einer Basis zur späteren Beurteilung des Projekterfolges und Unterstützung des Projektcontrollings.

Ein Business Case basiert immer auf Annahmen: Kosten und Nutzen werden geschätzt, die zukünftige Entwicklung des Unternehmens und Art und Umfang der Nutzung der Investition antizipiert. Ein Restrisiko der Ungenauigkeit bleibt auch bei der Erstellung eines detaillierten und konservativ berechneten Business Case bestehen. Dennoch bildet er die beste und unverzichtbare Entscheidungsgrundlage für eine Investition.

## 7.4.2 Vorgehensweise bei RFID-Projekten

Die Ergebnisse der Ziel- und Problemanalyse dienen als Basis für die Beantwortung der Frage, welchen Beitrag die Einführung von RFID-Technologie zur Erreichung der strategischen Ziele des Unternehmens leistet.

Die Erstellung eines Business Case gliedert sich in drei Hauptphasen: Herleitung von Kosten, Herleitung des Nutzens, Durchführung der Wirtschaftlichkeitsberechnung. Die Ermittlung der Werte (Kosten und Nutzen) ist grundsätzlich mit „Unsicherheiten" behaftet, denn es handelt sich um Planwerte als Summe von Annahmen. Dennoch sind die hergeleiteten Werte ausschlaggebend für die Wirtschaftlichkeitsberechnung. Daher besteht die Notwendigkeit für robuste, begründete Zahlen; alle Werte und deren Herleitung sind schriftlich zu dokumentieren.

### Herleitung der Kosten

Die Kosten bei RFID-Projekten werden oft auf die RFID-Transponder beschränkt. Der Transponderpreis ist bei Projekten mit einem offenen Kreislauf relevant. Anders ist es bei Projekten mit einer Wiederverwendung der Transponder: Hier haben die Kosten für Transponder wegen der häufigen Umläufe eine geringere Relevanz. Neben den Transponderkosten sind natürlich alle weiteren Kosten vollständig herzuleiten. Dazu bietet sich eine systematische Erfassung der Kos-

**Tabelle 7.2** Kategorien zur Herleitung der Kosten [1]

| | Investitionskosten (Projektphase) | Betriebskosten (Betriebsphase) |
|---|---|---|
| **Externe Kosten** (für externe Partner)<br>• Software-Kosten<br>• Hardware-Kosten<br>• Dienstleistungskosten | • RFID-Middleware<br>• RFID-Transponder<br>• RFID-Reader und Antennen<br>• Server und PC<br>• Beratungs-/Projektkosten<br>• Implementierung<br>• sonstige | • Software, Up-Dates<br>• Ersatzinvestionen (RFID-Hardware, IT)<br>• Service<br>• Maintenance<br>• sonstige |
| **Interne Kosten** (innerhalb des Unternehmens) | • Kosten von Projektmitarbeitern<br>• Reisekosten<br>• Raumkosten<br>• Hardware und Software<br>• sonstige | • Schulungen<br>• Applikationsbetreuung<br>• sonstige |

ten in vorgegebenen Kategorien an (Tabelle 7.2). Es empfiehlt sich, alle hergeleiteten Kosten in tabellarischer Form zu dokumentieren. Je nach Umfang des Projektes bietet sich eine weitere Detaillierung in Unterkategorien an.

Das erarbeitete Ergebnis dient primär als Input für die Wirtschaftlichkeitsberechnung und wird zudem für die Projektplanung und -budgetierung verwandt.

### Herleitung des Nutzens

Der Hauptnutzen des Einsatzes von RFID liegt in der Steigerung der Produktivität sowie Kostenreduktion durch Prozessoptimierung und

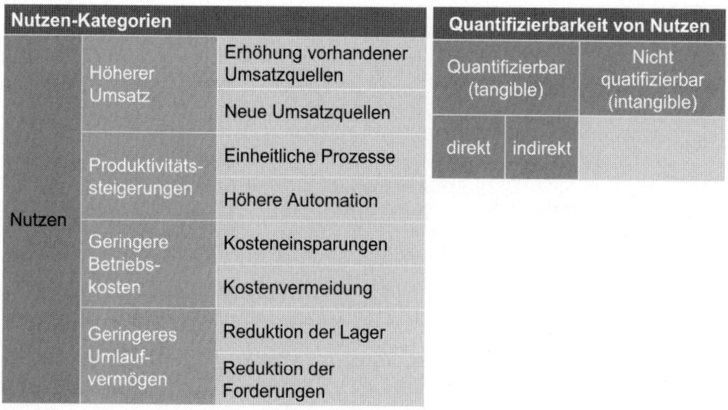

| Nutzen-Kategorien | | | Quantifizierbarkeit von Nutzen | |
|---|---|---|---|---|
| | | | Quantifizierbar (tangible) | Nicht quatifizierbar (intangible) |
| | | | direkt / indirekt | |
| Nutzen | Höherer Umsatz | Erhöhung vorhandener Umsatzquellen | | |
| | | Neue Umsatzquellen | | |
| | Produktivitätssteigerungen | Einheitliche Prozesse | | |
| | | Höhere Automation | | |
| | Geringere Betriebskosten | Kosteneinsparungen | | |
| | | Kostenvermeidung | | |
| | Geringeres Umlaufvermögen | Reduktion der Lager | | |
| | | Reduktion der Forderungen | | |

**Bild 7.3** Herleitung des Nutzens [1]

Rationalisierungseffekte. Zur leichteren Erfassung und Quantifizierbarkeit des gesamten Nutzens einer Investition werden Nutzenkategorien gebildet, die in einem zweiten Schritt detailliert werden (Bild 7.3). Insbesondere die Erfassung der Nutzen durch Produktivitätssteigerungen erfolgt auf Basis analysierter Geschäftsprozesse. Daher besteht die Notwendigkeit, jeden Geschäftsprozess in Form eines Prozessfolge-Performance-Modells zu analysieren und die Potenziale zu ermitteln und zu dokumentieren. Das Ergebnis der Nutzenbetrachtung geht in die Wirtschaftlichkeitsberechnung ein und bietet zudem eine erste Einschätzung hinsichtlich der Nutzenpotenziale der Investition.

**Wirtschaftlichkeitsberechnung**

In der Wirtschaftlichkeitsberechnung werden die Ergebnisse der Herleitung von Kosten- und Nutzen gegenübergestellt und die Wirtschaftlichkeit mit Hilfe von Rechenverfahren ermittelt. In der Praxis werden statische oder dynamische Verfahren angewandt; die Auswahl ist abhängig von den Rahmenbedingungen der Wirtschaftlichkeitsberechnung. Die statischen Verfahren beziehen sich auf zeitunabhängige Einzelwerte und sind daher relativ einfach und schnell anzuwenden. Sie sind dafür aber weniger genau als das dynamische Verfahren. Die dynamischen Verfahren sind bei der Betrachtung der Wirtschaftlichkeit einer Investition über einen längeren Zeitraum (z. B. fünf Jahre) vorteilhaft und wegen der Berücksichtigung der Diskontierung (Abzinsung) der Ein- und Auszahlungsreihen präziser.

## 7.5 Der RFID Business Case in der Praxis

Im Gerätewerk Amberg der Siemens AG werden bei der Produktion von Schaltgeräten RFID-Systeme eingesetzt. Zum Nachweis der Wirtschaftlichkeit des Einsatzes von RFID in der Fertigung in diesem Werk wurde ein Business Case erstellt, der als nachfolgendes Beispiel für die praktische Durchführung einer Wirtschaftlichkeitsberechnung dient.

Die Siemens AG verfolgte mit dem Neubau einer Produktionslinie das Ziel, bei hoher Produktionsqualität die Fertigung einer Vielzahl von Produktvarianten zu gewährleisten. Die Produktion sollte flexibler, qualitativ hochwertiger, aber zu geringeren Kosten erfolgen (Kapitel 9).

Nach der Analyse der Produktionsprozesse wurden als potenzielle Technologien RFID und Barcode geprüft, die Rahmenbedingungen und Annahmen für den Business Case definiert. Eine Analyse und der Vergleich der Nutzen beider Technologien ergab ein positives Ergebnis für die RFID-Technologie; die qualitativen Nutzen von RFID waren größer als die des Einsatzes von Barcode. Der qualitative Nutzen von RFID im Detail:

- Erhöhung der Qualität:
  - Fertigungsdaten werden laufend auf dem RFID-Transponder aktualisiert
  - die RFID-Transponder werden mit Informationen laufender QS-Ergebnisse beschrieben
  - fehlerhafte Baugruppen werden automatisch aussortiert und der Fehler unmittelbar beseitigt
  - Baugruppen werden korrigiert in den Montageprozess zurückgeführt

- Erhöhung der Geschwindigkeit:
  - Erhöhung der Durchlaufgeschwindigkeit – durch „Data-on-Tag" ist kein Datenzugriff („Data-on-Network") erforderlich, dadurch schneller Datentransfer
  - Verringerung der Rüstzeit – durch „Data-on-Tag" (Beschreiben der Transponder mit den Produktionsdaten) wird das Produktionssteuerungssystem direkt angesteuert

- Reduktion des Einsatzes von IT:
  - Verzicht auf die Implementierung einer Datenbank durch den Einsatz von „Data-on-Tag"
  - Fokussierung der Mitarbeiter auf die hohe Verfügbarkeit der Anlage, zeitnahe Fehlerkorrekturen und abschließende Qualitätssicherung

Die sich anschließende Kostenschätzung wurde zur Quantifizierung der Nutzen durchgeführt. Diese wurden im Business Case den Ergebnissen der Kostenschätzung gegenübergestellt. Das Ergebnis des Kostenvergleiches: Die Kosten für die RFID-Technologie waren mit 155.000 € um ca. 35.000 € höher als für die Barcode-Technologie (Tabelle 7.3).

Aufgrund des höheren quantitativen Nutzens von RFID gegenüber der Barcode-Technologie – insbesondere durch die Erhöhung der

## 7.5 Der RFID Business Case in der Praxis

Produktionskapazität der Anlage – konnte die um 35.000 € höhere Investition für RFID durch den daraus resultierenden additiven Gewinn überkompensiert werden.

**Tabelle 7.3** Kosten von Barcode und RFID im Gerätewerk Amberg

| Position | Barcode-Lösung | RFID-Lösung |
|---|---|---|
| Lesegeräte | 50.000 EUR | 60.000 EUR |
| Transponder | – | 40.000 EUR |
| Software (inkl. Integration) | 5.000 EUR | 15.000 EUR |
| Mehraufwand IT, Ausgabegeräte | 25.000 EUR | – |
| Anteilige Projektkosten | 40.000 EUR | 40.000 EUR |
| Gesamtkosten | 120.000 EUR | 155.000 EUR |

Als abschließender Schritt wurde ein Business Case für den Einsatz der RFID-Technologie errechnet. Hierbei wurden die Resultate der Kostenschätzung und quantifizierten Nutzen in einer einfachen (statischen) Amortisationsrechnung für einen Zeitraum von fünf Jahren als Rechenbasis herangezogen (Bild 7.4). Das Ergebnis: Bereits im zweiten Betriebsjahr hatte sich die Investition in RFID-Technologie amortisiert.

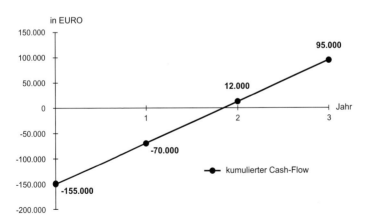

**Bild 7.4** Die Investitionen in RFID haben sich bereits im zweiten Betriebsjahr amortisiert

## 7.6 Technik kann begeistern – aber sie muss „passen"

Vor der Investition in RFID-Technologie bietet sich die Durchführung eines Business Case an. Alle Kosten- und Nutzenkategorien sind vollständig zu ermitteln – RFID-Transponder sind nicht das „Ende der Fahnenstange" bei der Ermittlung der Höhe der gesamten Investition. Die Relevanz der Kosten für RFID-Transponder ist abhängig vom Charakter der Anwendung (Stichwort: offener oder geschlossener Kreislauf).

Technik begeistert und gerade daher darf eines nicht in den Hintergrund rücken: Die RFID-Technologie muss zum Unternehmen passen. Das bedeutet: Die Kenntnis über Visionen, Strategien und die individuellen Herausforderungen des Unternehmens ist die Basis für die erfolgreiche Anwendung von RFID.

### Literatur

[1] Ralph Brugger: Der IT Business Case. Springer Verlag 2005
[2] Charles Poirier, Duncan McCollum: RFID Strategic Implementation and ROI – A Practical Roadmap to Success. J. Ross Publishing, 2006
[3] Günter Wöhe: Einführung in die allgemeine Betriebswirtschaftslehre, Verlag Vahlen 2000

# 8 Einführung von RFID in der Praxis

*Michael Schuldes*

Die Technologie ist verfügbar, Anwendungsszenarien sind formuliert, der wirtschaftliche Nutzen abgeschätzt – wie kann nun die Vision in die Wirklichkeit umgesetzt werden? In vielen Projekten hat sich eine schrittweise Vorgehensweise bewährt, wie in Bild 8.1 gezeigt. Dieses Modell funktioniert unabhängig von einer konkreten Anwendung und Branche. Die ersten Schritte – die Prozessanalyse, Formulierung des Soll-Konzeptes und die Wirtschaftlichkeitsberechnung – wurden bereits im Kapitel 7 behandelt. Nun geht es darum, die analytischen Ergebnisse in der Realität umzusetzen.

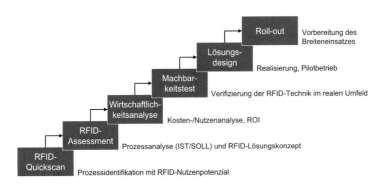

**Bild 8.1** Vorgehensweise bei der RFID-Einführung

Die Umsetzung eines Soll-Konzeptes unter realen Bedingungen kann manche Überraschungen mit sich bringen: Ist bei der Konzeption daran gedacht worden, dass das Wareneingangstor aus Metall besteht oder dass der im Boden verbaute Stahlbeton Auswirkungen auf das Leseergebnis haben könnte oder auch daran, dass Leseergebnisse durch Reflexionen, z. B. durch Förderfahrzeuge oder herumstehende Behälter, verfälscht werden könnten? In vielen Fällen werden inzwischen jedoch Standard-Lösungsbausteine eingesetzt, die die Hersteller von RFID-Systemen entwickeln und austesten. Hier werden z. B. die möglichen Kombinationen von RFID-Transpondern und -Lesegeräten für bestimmte Anwendungen vorab im Labor ausgemessen, erprobt und in praktischen Anwendungen eingeführt. Doch in besonderen Fällen, z. B. bei kritischen physikalischen Gegebenheiten, ist der Erfahrungsschatz nicht ausreichend. Nicht immer gibt es eine RFID-Lösung „out-of-the-box". Daher müssen die im Projektverlauf gewonnenen Erkenntnisse in die nachfolgenden Stufen des Projektes einfließen.

## 8.1 Machbarkeitstest/Feldtest

Das Einstiegsrisiko in die RFID-Technologie lässt sich durch gezielte Beschränkung des Einsatzes auf ausgewählte Produkte, bestimmte Ebenen der Kennzeichnung und vorbestimmte Prozesse beherrschen. Ein Machbarkeitstest oder Feldtest kann auch als Simulation im weitesten Sinne aufgefasst werden. Um schon sehr frühzeitig negative Überraschungen zu vermeiden, ist die Durchführung eines Feld- bzw. Machbarkeitstestes auf Basis des Soll-Konzeptes die nächste Stufe in der erfolgreichen Umsetzung eines RFID-Projektes. Der RFID-Machbarkeitstest/Feldtest dient dazu, die technische Durchführbarkeit eines vorher erstellten RFID-Konzeptes in der realen Umgebung des Kunden zu überprüfen und gegebenenfalls anzupassen.

### 8.1.1 Ziele eines Machbarkeitstests/Feldtests

Falls nicht im Soll-Konzept auf Grund technischer und/oder wirtschaftlicher Aspekte eine Festlegung auf die Technologie bzw. die zu verwendende Hardware erfolgte, werden spätestens beim Machbarkeitstest die entsprechenden Entscheidungen getroffen. Um verlässliche Aussagen zum Einsatz der gewählten Technik sicherzustellen, kann auf das Erproben von RFID mit den eigenen Wirtschaftsgütern und in der eigenen Umgebung nicht verzichtet werden. Die Ergebnisse der Tests gehen in die Definition der zu verwendenden Technologie und der RFID-Komponenten ein und bilden die Grundlage für das spätere Lösungsdesign.

Ein Machbarkeitstest kann bereits vor einer Wirtschaftlichkeitsberechnung durchgeführt werden, da es möglicherweise keinen Sinn macht, einen Return-on-Invest (ROI) für eine später technisch nicht umsetzbare Idee zu erstellen. Während beim reinen Machbarkeitstest nur überprüft wird, ob die RFID-Technologie grundsätzlich in der geplanten Umgebung einsetzbar ist, wird beim Feldtest zusätzlich die dauerhafte Einwirkung der Umgebung auf die geplante Technologie untersucht.

### 8.1.2 Durchführung der Tests

Ein Testkonzept legt Umfang, Zeitraum, Ziele und Ergebniserwartungen genau fest. Bei der Erstellung dieses Konzepts zusammen mit dem Kunden muss auf die Definition bewertbarer Testziele geachtet werden. Da in dieser Phase noch nicht in vorhandene IT-Systeme eingegriffen werden soll, wird eine entsprechende Software zur Verfügung gestellt, auf deren Basis die Auswertung des Tests durchgeführt werden kann.

Je nach verwendetem RFID-System können Umfeldeinflüsse verschiedenste Auswirkungen haben. Ergebnis der Tests ist die optimale Anbringung und Ausrichtung der Transponder an den Objekten sowie die optimale Aufstellung der Leseantennen. Durch Anbringen verschiedener Transponder an unterschiedlichen Stellen des betroffenen Objekts wird der optimale Befestigungspunkt (sweet spot) gefunden (Bild 8.2). Unterschiedliche Befestigungsmöglichkeiten (Schrauben, Kleben, Schweißen u. a.), die Größe der Transponder und geeignete

**Bild 8.2** Umfangreiche Tests zeigen, ob zum Beispiel die auf eine Palette geladenen Metallfässer die Lesbarkeit des Paletten-Transponders beeinflussen.

Einbauorte kommen ebenso in die Auswertung der Tests wie Anwendbarkeit durch die Mitarbeiter und Einflüsse auf die bestehenden Prozesse.

Einige der wichtigsten Aspekte bei der Durchführung eines Machbarkeits- bzw. Feldtests sind:

- Jeder im Soll-Konzept geplante RFID-Standort muss einzeln überprüft werden. Unter Umständen müssen Alternativstandorte in Betracht gezogen werden.
- Gesetzliche und werksinterne Sicherheitsbestimmungen müssen eingehalten werden.
- Bei der Überprüfung der Standorte muss z. B. darauf geachtet werden, dass alle bereits vorhandenen Maschinen, die elektromagnetische Störgeräusche aussenden können, eingeschaltet sind.
- Das Herausfinden der exakten Position des Tags an den zu identifizierenden Objekten ist eine „Trial and Error"-Übung. Jede Position des Transponders am Objekt und jede mögliche Winkelstellung zwischen Transponder und Erfassungsgerät muss überprüft werden.
- Jedes mögliche Verpackungsmaterial muss getestet werden, ebenso wie jedes Objekt (Produkt), das sich im Inneren der Verpackung befinden kann. Die enthaltenen Produkte können Einfluss auf die Lesegüte haben, z. B. bei Kaffeeverpackungen aus Aluminium oder Handys mit Metallschalen.
- Oftmals sind Transponder zu groß, um an kleinen Objekten angebracht zu werden, oder es gibt keine geeignete Stelle zur Befestigung. Dann muss geprüft werden, ob alternative Befestigungsmöglichkeiten vorhanden und praktikabel sind (z. B. Anhänger mit Transponder).

Die Überprüfung der Lesegeschwindigkeit ist bei Produktionsbändern einfach zu ermitteln, indem das Band schneller bzw. langsamer geschaltet wird. Schwieriger ist der Test, wenn Fördermittel mit unterschiedlichen Geschwindigkeiten (z. B. Gabelstapler im Wareneinund -ausgang) in unterschiedlichen Entfernungen an den Lesegeräten vorbeifahren. Hier sind Testreihen über einen längeren Zeitraum angeraten.

## 8.1.3 Ergebnisse des Machbarkeits- bzw. Feldtests

Das wohl wichtigste Ergebnis eines Machbarkeits- bzw. Feldtests ist die Antwort darauf, ob der Einsatz der Technologie im kundenspezifischen Umfeld so wie geplant durchführbar ist, sowohl technisch als auch wirtschaftlich. Der Testbericht gibt Informationen zu Problemstellungen wie:

- Welche RFID-Technologie, welche Hardware-Komponenten sind am besten geeignet, um die Kundenanforderungen aus dem Soll-Konzept zu erfüllen?
- Wo liegen die Messpunkte und welche Datenflüsse sind zu erwarten?
- Wie ist die optimale Anbringung und Ausrichtung der Transponder an den Objekten sowie die optimale Aufstellung der Reader?
- Welche Schreib-/Leseentfernungen können erzielt werden?
- Erfolgt die Erfassung automatisch oder über mobile Handgeräte?
- Welche Auswirkungen hat der Einsatz der RFID-Technologie auf die bestehenden Prozesse und Gewohnheiten?

Da beim RFID-Feldversuch immer auch Probleme der Geschäftsprozesse analysiert werden, ist eine wechselseitige aktive Zusammenarbeit zwischen Kunde und RFID-Dienstleister unerlässlich.

## 8.2 Lösungsdesign und Pilotbetrieb

In der Phase des Lösungsdesigns geht es um die Konzeption und Entwicklung einer umfassenden Lösung für den Kunden. Es geht also darum, die Frage zu beantworten, wie die vom Kunden gestellten Anforderungen in der Praxis erfüllt werden können. Im Unterschied zum Machbarkeits- bzw. Feldtest, der sich in erster Linie auf die Auswahl geeigneter Hardware und deren Standorte bzw. der Befestigung am Objekt konzentriert, wird beim Lösungsdesign vor allem auch die Software-Integration konzipiert. In dieser Phase gilt es, die Prozessregeln in die RFID-Middleware zu integrieren, die Daten entsprechend des Workflows zu filtern, zu selektieren und gezielt weiterzuleiten.

Je nach Aufgabenstellung kann auch ein umfangreicher Pilotbetrieb sinnvoll sein, um die Umsetzbarkeit des RFID-Konzeptes unter Einbeziehung der Erkenntnisse aus dem Machbarkeitstest/Feldtest in der realen Umgebung des Kunden im dauerhaften Einsatz zu überprüfen. Diese Pilotimplementierung verlangt die Installation des kompletten Systems in der realen Arbeitsumgebung. Im Unterschied zum finalen Roll-out werden der Betrieb und die Nutzung des Systems auf überschaubare Teile reduziert, sowie – aus Sicherheitsgründen – noch keine vollständige Integration in die bestehenden IT-Systeme vorgenommen (Parallelbetrieb). Auf diese Weise können auch erste Rückschlüsse auf das Lastverhalten und die Integration der neuartigen Massendaten sowie die Auswirkungen auf die Prozesssteuerung gezogen werden, ohne den betrieblichen Ablauf übermäßig zu stören. Bei Problemen sind die zu überprüfenden Szenarien überschaubarer und es ist somit einfacher, den Fehler zu finden.

Bei der Einführung der RFID-Technologie gibt es eine Vielzahl notwendiger Migrationen zu bewerkstelligen. Wichtige Voraussetzungen sind unter anderem:

- Die Technologie muss robust und verfügbar sein.
- Die Verteilung der Kosten und Benefits muss klar sein.
- Die Systemintegration und die Datensynchronisation muss komplett erfolgt sein.

Eine 100%ige Leserate ist nach dem heutigen Stand der Technik in einigen Anwendungen schwer zu erreichen. Ist die Erfassungsgenauigkeit z. B. im Bekleidungshandel sehr hoch, hängt die Lesequalität in anderen Logistikbereichen stark von der Umgebung und dem zu identifizierenden Objekt ab. Dies hat beispielsweise mit den Grundgesetzen der Physik zu tun, wenn ein Transponder z. B. durch Metall vollständig abgeschirmt ist. Beim Design einer RFID-Anwendung sind hierfür zuverlässige Lösungen zu entwickeln bzw. ist auf den Erfahrungsschatz des Anbieters zurückzugreifen. Da eine komplette RFID-Lösung sich oft aus Komponenten verschiedener Partner (Software, Hardware, Installation, Beratung) zusammensetzt, ist auch ein funktionierendes Projekt- und Partnermanagement ab dieser Projektphase von großer Bedeutung.

Der Aufwand für die Durchführung eines etwaigen Pilotbetriebs hängt stark von der Komplexität und der Anzahl der betroffenen Prozesse ab. Bei einfachen Anwendungen ist oft keine Pilotphase mehr notwendig, da fertige Bausteine zum Einsatz kommen. Im Umfeld beispielsweise eines komplexen Ersatzteilmanagementprozesses mit vielen Randprozessen (Garantieabwicklung, Reparaturzyklen, Verschrottung usw.) kann der Pilotbetrieb hingegen mehrere Wochen oder gar Monate in Anspruch nehmen.

### 8.2.1 Ziele des Pilotbetriebs

In der Pilotphase werden über einen längeren Zeitraum das Erreichen der geforderten Genauigkeit, der Datenfluss und die Performance in der realen Umgebung überprüft und aufgezeichnet. Das Auswerten der Ergebnisse liefert dann auch ein nützliches Troubleshooting- und Trainings-Tool und kann als Dokument zur Wissensübertragung für das Personal dienen. Eine gut vorbereitete Pilotphase eröffnet die Möglichkeit, das spätere Verhalten des Systems im Fehlerfall zu beurteilen sowie geeignete Maßnahmen zu definieren und zu ergreifen.

Konzepte für die geeignete Software können bereits innerhalb des Assessments entwickelt werden, doch der Einsatz erfolgt erst mit dem Pilotbetrieb. Hier können auch die Schnittstellen zu den übergeordneten IT-Systemen getestet werden. Die aufgenommenen Daten werden mittels einfacher Hilfsmittel (z. B. Excel, ASCII-Dateien) überprüft und ausgewertet. Danach werden schrittweise weitere Zulieferer/Kunden bzw. Produkte einbezogen. Dadurch kann leicht festgestellt werden, bei welchen Produkten, Kunden oder Lieferanten möglicherweise Fehler auftreten und warum. Eine enge Zusammenarbeit der beteiligten Organisationen kann die Lösung eines Problems erheblich beschleunigen. Die Lasttests decken jeden Mangel in den Geschäftsprozessen und weitere Anomalien des Systems auf. Dadurch kann z. B. ermittelt werden, bis zu welchen Datenmengen das System stabil funktioniert. Eine Zusammenarbeit mit den beteiligten Partnern ist aus Kompatibilitätsgründen zu gewährleisten.

Um im späteren Roll-out einen sicheren und ungestörten Ablauf der täglichen Arbeit zu gewährleisten, sind Notfallpläne für den Fehlerfall aufzustellen, Work-arounds vorzubereiten und Alarm-Events zu definieren.

### 8.2.2 Ergebnisse des Pilotbetriebs

Aufgabe des Lösungsdesigns ist nicht nur die Konzeption der technischen Lösung des RFID-Systems, sondern auch die Berücksichtigungen von Performance-Anforderungen der beteiligten Software-Systeme. Was nützt es, wenn die Erfassungssysteme die Daten in Echtzeit liefern, die Software jedoch mit der Verarbeitung überfordert ist?

Schwachpunkte können die Komplexität der Daten, finanzielle Einflüsse oder ein unterschiedliches Verständnis darüber sein, wie der Datenaustausch mit den Geschäftspartnern funktionieren soll. Ein kompletter Test berücksichtigt die Prüfung der korrekten Befestigung der Transponder, die Kommunikation zwischen Transponder, Reader und angeschlossenem System, die Datensammlung im RFID-System und die Prüfung der Daten. Die ausgetauschten Daten, welche zwischen den beteiligten Systemen hin- und hergehen, der Datenaustausch mit Hilfssystemen und mit Handelspartnern müssen ebenso überprüft werden. Weiterhin sollten die Workflows zwischen diesen Systemen dem gesamten Prozessablauf folgen, vom Start bis zum Verbrauch der Daten oder des Produktes. Die Schnittstellen müssen eine nahtlose Integration zwischen allen Systemen erlauben. Der Datenfluss muss allen Prozessen folgen und die korrespondierenden Daten sollten in jeder Phase übereinstimmen.

## 8.3 Roll-out

Ist die Transparenz bezüglich des wirtschaftlichen Nutzens und der Auswirkungen auf die Prozesse hergestellt, sind die Tests erfolgreich abgewickelt, und ist die Entscheidung für den Einsatz einer flächendeckenden RFID-Lösung gefallen, folgt als letzter Schritt der Roll-out. Unter Einbeziehung aller Partner sind folgende Teilschritte durchzuführen:

- Systemintegration in die bestehende IT- und Prozesslandschaft des Kunden
- Process Reengineering
- Unter Umständen Einbeziehung weiterer Örtlichkeiten bzw. Produktions-/Logistikeinheiten (Globaler Roll-out)
- Erarbeiten von Wartungskonzepten und Support
- Schulung der Mitarbeiter

Ein Schlüsselelement jeder Implementierung ist die Integration in vorhandene Systeme wie bestehende ERP- oder WMS-Installationen. Nicht zu vergessen ist, dass der Systemadministration eine weitere Ebene hinzugefügt wird im Hinblick auf Datenmanagement, Hardwarezuordnung, Benutzen der RFID-Middleware sowie der Infrastruktur hinter der neuen Ebene (z. B. neue Server, die an die Domäne angeschlossen werden müssen). Die Integration erfordert neue

Schnittstellen, die mit allen Systemen zusammenarbeiten müssen. An dieser Stelle zeigt sich, ob in der Planung, im Design und bei der Auswahl alle Randbedingungen gründlich geprüft und berücksichtigt worden sind.

Ab einer gewissen Komplexität, insbesondere bei der Betrachtung der gesamten Supply Chain, ist abschließend zu überlegen, ob der Betrieb des kompletten RFID-Systems auch über Outsourcing an einen Dienstleister vergeben werden kann.

**Was noch beachtet werden muss**

Noch ein Wort zu einem Thema, welches gerne bei der Einführung einer neuen Technologie bzw. neuer Prozesse vergessen wird: die Mitarbeiter. Über notwendige organisatorische Änderungen aufgrund angepasster oder neuer Prozessabläufe müssen die Mitarbeiter rechtzeitig, plausibel und positiv informiert werden. Die Aufklärung über Nutzen und eventuelle Gefahren sollte offen betrieben werden. Die installierten Prozesse müssen entsprechend den vorgegebenen Randbedingungen gelebt werden, da sich ansonsten der erwartete ROI nicht einstellen wird. Ein wichtiger Teil der Einführungsstrategie ist die Erstellung einer Datenschutzrichtlinie zwischen allen beteiligten Partnern.

Aus der Erfahrung zeigt sich, dass die Installation eines RFID-Systems auch umfangreiche Anpassungsarbeiten erfordert und zum Teil beratungsintensiv ist. In den meisten Fällen sind auch größere Investitionen notwendig, sei es für die Technik oder für notwendige Infrastruktur (Software, Hardware u. a.). RFID wird somit auch in absehbarer Zukunft kein Produkt werden, das vom Endkunden von der Stange bestellt werden kann. Dafür ist die RFID-Einführung zu kostspielig und durch das „Anfassen" kritischer Geschäftsprozesse auch zu anspruchsvoll.

**Literatur**

[1] Dylan Persaud: Are you tuned into RFID? – A how-to guide for RFID Implementations. TEC Technology Evaluation Centers
[2] Software in der Logistik – Schwerpunkt RFID. Huss Verlag 2005

Teil 3

# Applikationen heute – von der Fabrikhalle bis ins Krankenhaus

# 9 Fertigungssteuerung

*Markus Weinländer*

„You can have it in any color as long as it's black" – „Sie können es in jeder Farbe haben, sofern sie schwarz ist": Dieses Zitat, das dem amerikanischen Unternehmer Henry Ford über sein berühmtes „Model T" zugeschrieben wird, kennzeichnet ein wesentliches Element der industriellen Fertigung. Möglichst gleichartige Teile in möglichst hoher Stückzahl zu produzieren, galt als Schlüssel zur Kostenoptimierung und zur Erzielung von Degressionseffekten. Bei Ford konnte durch die Vereinheitlichung der Produktion die Fertigung beschleunigt werden: Man brauchte keine zusätzlichen Lackierstraßen bzw. Umrüstzeiten und außerdem trocknete Schwarz am schnellsten.

## 9.1 Das Dilemma des modernen Wettbewerbs

Doch die Zeiten haben sich geändert. Bei hochwertigen Produkten geben sich die Kunden kaum noch mit einer „one size fits all"-Version zufrieden. Vielmehr gibt es eine Vielzahl von Varianten unterschiedlicher Hersteller auf dem Markt. Anbieter müssen selbst verschiedene Ausführungen eines Produkts auf dem Markt bringen, um unterschiedliche Käufergruppen anzusprechen. So können Autokäufer aus einer Vielzahl von Modellen wählen; auch ein Wechsel des Herstellers ist bei vergleichbarer technischer Reife der Produkte problemlos möglich. Insgesamt hat sich das Marktverhalten grundsätzlich gedreht: vom Verkäufermarkt – bei dem eher der Anbieter das Marktgeschehen dominierte und seine Interessen durchsetzen konnte – hin zum Käufermarkt, bei dem der Konsument im Zentrum aller Bemühungen steht.

Gleichzeitig hat sich der internationale Wettbewerb dramatisch intensiviert. Durch die modernen Kommunikationsmedien wie das Internet hat die Transparenz in den Märkten deutlich zugenommen: Die Kunden können sich umfassend über Leistungen und Preise der Anbieter informieren. Der Wegfall von Handelshemmnissen fördert

## 9.1 Das Dilemma des modernen Wettbewerbs

den Export von Waren. Schließlich haben die Staaten in Asien und Osteuropa auch technologisch aufgeholt: War früher von dort nur einfache Ware zu beziehen, sind die Produkte heute denen aus westlichen Industrienationen durchaus ebenbürtig oder gar überlegen. Der Siegeszug der japanischen Elektronikindustrie ist nur ein Beispiel, das sich heute mit China zu wiederholen beginnt. Für westliche Unternehmen entwickelt sich daraus eine doppelte Herausforderung: schnell und flexibel auf die sich immer stärker differenzierenden Kundenwünsche reagieren und gleichzeitig die Wettbewerbsfähigkeit im Hinblick auf die eigenen Produktionskosten erhalten bzw. steigern.

Ein möglicher Lösungsansatz sind individualisierte Serienprodukte (mass customization). Damit sind Produkte gemeint, die einerseits in einer industriellen Fertigung wirtschaftlich hergestellt werden können (also keine Manufaktur-Erzeugnisse sind), aber andererseits genügend Variationsmöglichkeiten zur Erfüllung der Kundenwünsche bieten. Ein solches Angebot verändert jedoch, wenn es konsequent verfolgt wird, die gesamte Wertschöpfungskette im Unternehmen, von der Entwicklung über die Produktion bis zu Vertrieb und Marketing (Bild 9.1). So sind bei der Konzeption von neuen Produkten bereits ausreichende Konfigurationsmöglichkeiten vorzusehen, die auf Grundmodulen oder austauschbaren Fertigungsschritten beruhen. Im Vertrieb und Marketing müssen entsprechende Katalog- und Bestellsysteme vorgesehen werden. Insbesondere die Produktion wird durch dieses Konzept vor besondere Herausforderungen gestellt, da die klassische „Vorab"-Herstellung von Serien- und Massenware vor der eigentlichen Bestellung mit individuellen Produkten kaum vorstellbar ist.

**Bild 9.1** Spezielle Anforderungen an die Wertschöpfungskette bei konfigurierbaren Serienprodukten

Derartige Angebote finden sich heute in zahlreichen Branchen. Die Automobilindustrie spielt eine Vorreiter-Rolle: Es gibt kaum einen Anbieter, der für seine Fahrzeuge keinen „Konfigurator" im Internet zur individuellen Anpassung an das Wunsch-Automobil bietet. Für die Hersteller lohnt es sich nicht, alle möglichen Varianten vorab zu produzieren – vielmehr werden die Fahrzeuge erst nach Bestelleingang produziert (make-to-order). Der Clou: Bei manchen Herstellern können Ausstattungsdetails noch bis kurz vor dem betreffenden Produktionsschritt vom Kunden geändert werden. Leistungsfähige IT-Systeme machen dies möglich.

Ähnlich ist die Situation bei namhaften Computer-Herstellern. Einerseits werden hier Standard-Serien aufgelegt, die den Massenbedarf decken, doch andererseits gibt es genügend Anwender, die ihr Gerät selbst nach individuellem Bedarf zuschneiden wollen. Auch hier ist eine Vorproduktion aufgrund der hohen Variationsmöglichkeiten und der enormen Kapitalbindung nicht rentabel. Doch in der IT-Branche kommt ein weiteres Risiko hinzu: Würden hier selten nachgefragte Varianten aufs Lager gelegt werden, könnte es aufgrund des schnellen technischen Fortschritts zu einem Preisdruck auf unverkaufte Geräte kommen, sodass diese nur noch mit Verlust abgesetzt werden könnten.

Eher selten sind jedoch Beispiele aus anderen Branchen wie zum Beispiel der Nahrungsmittelindustrie. Einige wenige Variationen bei der

**Bild 9.2** MyMuesli.com produziert rund 566 Billiarden Produktvarianten

Geschmacksrichtung und Packungsgröße sind typisch für das Angebot in dieser Industrie. Doch auch hier halten individualisierte Serienprodukte Einzug. Prominentes Beispiel ist die junge Firma „mymuesli.com" mit Sitz in Passau (Bild 9.2). Die Kunden können auf der Website des Startups ihre persönliche Müslimischung ordern: Rund 70 wählbare Zutaten in jeweils beliebiger Menge führen nach Angaben des Herstellers zu über 566 Billiarden Produktvariationen. Über die „Mix-ID", eine eindeutige Kennzeichnung für jede Mischung, können die Kunden ihre Rezepte nachbestellen und untereinander austauschen. Zum Vergleich: Ein typischer deutscher Supermarkt führt gerade mal rund 20 verschiedene Sorten Müsli.

## 9.2 Produktion von individualisierten Serienprodukten

Wagt ein Unternehmen den Schritt von standardisierten zu individualisierten Serienprodukten, sieht es sich also einem umfassenden Transformationsprozess ausgesetzt, der alle Bereiche des Unternehmens umfasst. Durch die Individualisierung des Angebots steigt die Komplexität aller Prozesse in erheblichem Maße; gleichzeitig müssen die Kostenposition und die Liefermöglichkeiten (Zeit, Ort) wettbewerbsfähig bleiben.

Dieser Transformationsprozess betrifft in besonderem Maß die Entwicklung und die Produktion. Die Entwicklungsabteilung, die bislang auf eine möglichst kostengünstige Herstellbarkeit bei Einhaltung der geforderten Zielpreise und Qualität ausgerichtet war, muss nun auch das Ziel der Individualisierbarkeit erreichen. Aus Kosten- und Zeitgründen scheidet die Möglichkeit zur vollständigen Entwicklung aller bestellbaren Varianten aus. Vielmehr muss die Entwicklung auf standardisierte Module zurückgreifen, die durch Parametrierung oder eine unterschiedliche Kombination der Module eine Adaption ermöglichen. Gewisse Anpassungsschritte werden dann erst in der Produktion, das heißt nach Bestelleingang, durchgeführt.

In der Produktion gibt es eine Vielzahl von Maßnahmen, die eine kostengünstige Herstellung von individualisierten Serienprodukten ermöglichen. So können geeignete Fertigungstechnologien und -maschinen eingesetzt werden, die eine Anpassung an jedes einzelne Werkstück ermöglichen. Ein Beispiel sind CNC-gestützte Bearbeitungsmaschinen, die bei entsprechender Integration in die IT-Steuersysteme sowie einer Verkettung in den Produktionsfluss eine vollautomatische Bearbeitung von Einzelstücken möglich machen.

# 9 Fertigungssteuerung

Eine zweite Möglichkeit bietet den auftragsbezogenen Zusammenbau einzelner Produkte. So ist der Montageprozess, z. B. bei einem kundenspezifisch gefertigten Personal Computer, im Prinzip ähnlich zu allen anderen Computern. Doch durch den Einbau unterschiedlicher Bauteile entstehen sehr spezielle Produkte, je nach Bestellung (z. B. unterschiedlicher Speicherausbau, Grafikkarten oder vorinstallierte Software-Pakete). Hier ist zudem eine auftragsbezogene Materialfluss-Steuerung notwendig, die die individuell benötigten Bauteile für jedes Produkt zum richtigen Zeitpunkt an den Montageplatz bringt.

Um aber eine solche Fabrik zuverlässig, d. h. mit geringer Störanfälligkeit, zu betreiben, sind neue Konzepte zur Steuerung notwendig. Ein solcher Betrieb ist keine starre Maschinerie mehr, sondern eher ein lebendiger Organismus. Inzwischen hat sich die Erkenntnis durchgesetzt, dass die Dezentralisierung der Planung, Steuerung und Kontrolle eine wichtige Strategie darstellt. Dezentralisierung bedeutet, dass Entscheidungen auf einer möglichst tiefen Ebene in der Automatisierungs-Hierarchie, d. h. „vor Ort", getroffen werden. Idealerweise bringt das Werkstück alle Informationen zu seiner Bearbeitung mit, ohne dass zentrale Einheiten zur Einzelsteuerung notwendig sind. Letztlich führt dieses Konzept zu autonomen Fertigungszellen, die einen bestimmten Produktionsschritt möglichst unabhängig von anderen Einheiten durchführen können, und durch ihre Möglichkeit zu lernen sich selbst optimieren.

## 9.3 Autonome Produktionssysteme mit Auto-ID

Bei der Nutzung flexibler Fertigungsstationen ist jedoch eine eindeutige Identifizierung des jeweiligen Werkstücks unabdingbar: Schließlich muss die Maschine ein für jedes Werkstück individualisiertes Programm durchführen. Die theoretische Möglichkeit, jede Warenbewegung per Computer vorherzusagen, ist praktisch kaum realisierbar: Zu groß sind die Abweichungsmöglichkeiten, zu komplex der datentechnische Aufwand.

In der Praxis sind verschiedene Identifikationssysteme im Einsatz. Im einfachsten Fall wird dem Produkt ein Laufzettel mitgegeben, auf dem das Fertigungsprogramm vermerkt ist. Mitarbeiter stellen dann die Maschinen auf das jeweilige Produkt ein. Es liegt auf der Hand, dass diese Methode nicht besonders ausgereift ist. Neben der zeitaufwändigen Bearbeitung ist vor allem das hohe Fehlerrisiko ein Problem. Eine Fehleingabe oder falsche Maschineneinstellung kann zu erheblichen Kosten und Verzögerungen führen. Automatische Identsysteme sind deshalb vorzuziehen. Auch hier kann noch ein Laufzettel verwendet werden, doch das Produkt wird nun per Barcode identifiziert. Aus einer Datenbank werden anhand der gelesenen Identifikationsnummer die relevanten Daten abgerufen. Der Vorteil liegt in der Vermeidung von Eingabefehlern. Zum Produktionsbeginn wird ein Fertigungsauftrag in der Datenbank erstellt. Die Identifikationsnummer wird auf den Laufzettel aufgedruckt, der mit dem Produkt die Fertigung durchläuft. An jeder Station wird die Kennnummer ausgelesen und die Maschine entsprechend den Vorgaben aus den IT-Systemen eingestellt. Doch auch diese Organisation ist noch nicht effizient, da die Erfassung des Laufzettels manuell erfolgt. Für manche Güter, bei denen noch ein hoher Anteil an manuellen Arbeitsschritten notwendig ist, erscheint dies jedoch völlig ausreichend. Als Beispiel dient hier die Montage von Personal Computern, die nicht vollständig automatisiert werden kann.

Sofern aber eine automatisierte Bearbeitung des Produkts machbar ist, sollte auch dessen Identifikation automatisch erfolgen. 2D-Codes und entsprechende Kamerasysteme sind die Mittel der Wahl. Im Gegensatz zum Barcode können die 2D-Codes auch auf dem Werkstück selbst aufgebracht werden, z. B. per Laser (Kapitel 3). Damit kann nicht nur eine Identifikation in der Fertigung, sondern auch über die gesamte Lebensdauer erfolgen – ein wichtiger Baustein für die Produkt-Rückverfolgung (Kapitel 12). Zur Realisierung werden die Code-Leser direkt an die speicherprogrammierbaren Steuerungen (SPS) angeschlossen, die den Produktionsablauf kontrollieren (vgl. Bild 9.3). Wird ein Werkstück über eine geeignete Fördertechnik zugeführt, erkennt der Leser zunächst die Codierung und liefert die gelesene Nummer an die SPS. Diese sendet die Nummer an das IT-System im Hintergrund und erhält die Informationen über das Fertigungsprogramm dieses Werkstücks. Nach Ausführung erfolgt eine Rückmeldung an die Datenbank, um den geänderten Status des Werkstücks zu vermerken. Auch eine manuelle Bearbeitung des Werkstücks ist möglich, zum Beispiel bei einer stichprobenhaften Detailprüfung. Hier kann mit einem Handlese-Gerät am Prüfplatz der 2D-Code erfasst werden und zum Aufruf eines Prüfprogramms genutzt werden.

Als Alternative zu den 2D-Codes kommen RFID-Systeme in Frage. Die Funktechnik ist unempfindlich gegen Verschmutzungen aller Art. Das macht sie interessant für Anwendungen, bei denen raue Umge-

# 9 Fertigungssteuerung

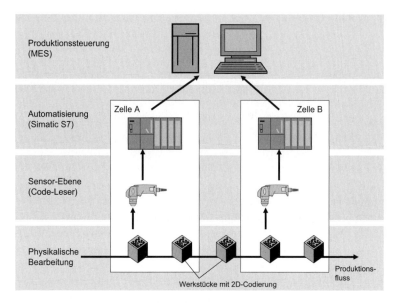

**Bild 9.3** Auftragssteuerung mit 2D-Code-Identifikation. Jedes Werkstück wird mit einem 2D-Code identifiziert; das Bearbeitungsprogramm wird bei jeder Zelle aus der Produktions-Steuerungsebene abgefragt.

**Bild 9.4** Bei rauen Umgebungsbedingungen (z. B. Autolackierung) bietet RFID erhebliche Vorteile vor optischen Systemen (Foto: Dürr AG)

bungsbedingungen unvermeidbar sind. Ein Beispiel sind Lackierroboter und -bäder, wie sie im Automobilbau eingesetzt werden (Bild 9.4). Durch Sprühnebel oder durch das Eintauchen der Karosserie in das Farbbad lassen sich optische Codes nicht mehr erkennen. RFID-Transponder funktionieren hingegen auch, wenn sie voller Farbe sind. Durch entsprechende Gehäuse können die Transponder zudem hitzefest verpackt werden, was einen Einsatz auch in den Trocknungsöfen nach der Lackierung erlaubt. So kann der Transponder die Karosserie nahezu durch die gesamte Fertigung begleiten.

Die Betrachtung der benötigten IT-Architektur zeigt jedoch ein Problem dieses Konzepts auf. Bei jeder Abfrage der Identnummer ist ein Zugriff auf die zentralen Datenbank-Systeme erforderlich. Dies erfordert eine hohe Verfügbarkeit und Antwort-Geschwindigkeit mit entsprechender Komplexität. Schließlich müssen etliche Zugriffe pro Sekunde in maximaler Geschwindigkeit ausgeführt werden. Die Zeitspanne, die zur Bereitstellung der Daten benötigt wird, verstreicht ungenutzt für den eigentlichen Produktionsschritt. Die logische Weiterentwicklung liegt deshalb in der Dezentralisierung der Daten, um auch aus datentechnischer Sicht autonome Stationen zu erreichen.

## 9.4 Dezentralisierung der Fertigungsdaten durch RFID

Neben der Unempfindlichkeit gegen Umwelteinflüsse ist ein zweiter Vorteil von RFID gegenüber optischen Codes die Möglichkeit zum mehrfachen Beschreiben der Datenträger: Ein einmal gedruckter 2D-Code ist unveränderlich. Zusammen mit der hohen Speicherkapazität von RFID-Transpondern (bis 32 KByte) können dezentrale Automatisierungs-Architekturen realisiert werden, die den Aufwand für die zentrale Datenhaltung deutlich reduzieren.

Das Konzept (Bild 9.5): RFID-Transponder mit großem Speicher werden an jedem Werkstück (bzw. am Werkstück-Träger) angebracht und speichern alle benötigten Produktionsdaten wie Materialliste, Produktionsanweisungen, Prüfvorschriften usw. Diese Daten werden am Beginn einer Fertigungslinie aus dem Produktionssteuerungssystem abgefragt und auf den Transponder programmiert. An den einzelnen Fertigungsstationen lesen SPS-Controller diese Daten direkt aus den RFID-Lesern und nutzen sie zur Steuerung des Produktionsabschnittes. Im Idealfall sind keine Abfragen an die Hintergrund-Systeme erforderlich. Nach der Durchführung des Fertigungsschrittes kann die

## 9 Fertigungssteuerung

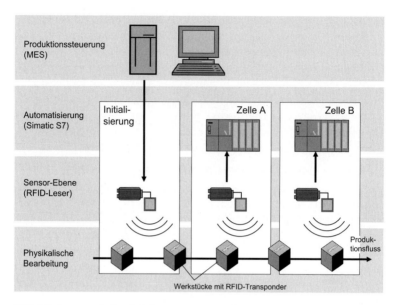

**Bild 9.5** Dezentrale Produktionssteuerung mit RFID

SPS die Status- und Qualitätsdaten auf den RFID-Transponder speichern, bevor dieser zusammen mit dem Werkstück zur nächsten Station transportiert wird.

Ein derartiges Konzept bietet erhebliche Vorteile: Die Einzelstationen können ihren Fertigungsschritt autonom durchführen. Die zentrale Planung und Steuerung ist nur zu Beginn der Fertigungslinie erforderlich, wenn die Transponder initialisiert werden. Somit sinkt die Komplexität in den Automatisierungssystemen und beim Engineering einer solchen Fabrik. Sinkende Komplexität ist gleichbedeutend mit einer sinkenden Störanfälligkeit der Gesamtanlage. Statt eines monolithisch organisierten Blocks entstehen kleine Fertigungsmodule, die leicht in Betrieb genommen, gewartet, optimiert oder ausgetauscht werden können.

## 9.5 Technische Anforderungen

Für die Auswahl von RFID-Systemen zur dezentralen Fertigungssteuerung sind spezielle Anforderungen einzuhalten: Vereinzelung der Lese-Ereignisse, Reichweitenbegrenzung, hohe Speicherkapazität und Lesegeschwindigkeit sowie die spezielle Integration in die Automatisierungslandschaft.

Einer der Hauptunterschiede von Systemen zur Produktionssteuerung zu solchen in Logistikanwendungen liegt in der zwingenden Notwendigkeit zur Vereinzelung. Während bei einer Gate-Anwendung etliche Transponder z. B. einer Warenlieferung gleichzeitig erfasst werden sollen und so ein Vorteil gegenüber anderen Technologien erzielt wird, kommt es in der Produktion darauf an, wirklich nur einen Transponder zu erfassen – nämlich den, der an dem aktuell in der Maschine befindlichen Werkstück befestigt ist. Überreichweiten und Reflexionen sind Gift für derartige Applikationen.

Nicht zuletzt aus dieser Anforderung gilt für die Reichweite der Systeme (maximaler Abstand von Antennen zu den RFID-Transpondern) die Regel: so weit wie nötig, aber so gering wie möglich. So ist es z. B. bei spurgeführten Förderstrecken möglich, RFID-Systeme mit einer Reichweite von wenigen Zentimetern einzusetzen. Damit wird die Möglichkeit ausgeschlossen, auch das nächste auf dem Band befindliche Werkstück zu lesen. Ist eine derart enge Heranführung der Antennen an die Transponder nicht möglich (z. B. in der Endmontage von Automobilen), müssen die RFID-Systeme bestimmte konstruktive Merkmale zur aktiven Begrenzung der Reichweite aufweisen – eine einfache Reduzierung der Sendeleistung ist aufgrund möglicher Reflektionen nicht ausreichend. Um trotz Überreichweiten und Reflektionen nur den unmittelbar vor der Leseantenne befindlichen Transponder auszulesen, ist beim Industriesystem Moby U von Siemens eine aufwändige Signal-Laufzeitmessung (RSSI) realisiert (Kapitel 2).

Ein weiterer Unterschied zwischen Produktion und Logistik ergibt sich aus der benötigten Speicherkapazität der RFID-Transponder. Da in der Produktion ein komplettes Fertigungsprogramm auf dem Transponder gespeichert werden soll, müssen hier Chips mit 2 bis 32 KByte eingesetzt werden. In der Logistik begnügen sich die Anwender – gerade im Umfeld von EPCglobal – mit gerade mal 96 Bit. Gleichzeitig ist eine möglichst hohe Lesegeschwindigkeit notwendig. Das rasche Auslesen der Informationen bleibt ein kritischer Parameter, auch wenn der Zugriff durch ein sinnvolles Speichermanagement auf dem Chip beschleunigt wird (indem z. B. nur fest definierte Teilbereiche statt des gesamten Speichers an einer Station gelesen werden).

Schließlich werden die RFID-Systeme in der Produktion völlig unterschiedlich integriert. Während die Logistikanwendungen von einer IT-Umgebung ausgehen können, beherrschen im Produktionsumfeld die speicherprogrammierbaren Steuerungen wie Simatic S7 das Bild. Die RFID-Lesegeräte müssen so nahtlos in diese Steuerungen integriert werden, dass der S7-Programmierer problemlos über fertige Bausteine auf die RFID-Daten zugreifen kann.

## 9.6 Rechnet sich RFID in der Fertigung?

Der Einsatz einer automatischen Identifikation in der Fertigung ist Bestandteil eines umfassenden Produktionskonzepts. Es fällt deshalb schwer, den eigentlichen RFID/Auto-ID-Anteil an einer solchen Lösung in betriebswirtschaftlichen Kennzahlen zu bemessen.

Ist jedoch die Entscheidung für eine Architektur mit autonomen Elementen gefallen, so bleibt die Wahl zwischen RFID und optischen Codes. Ein Unterschied ergibt sich in den unterschiedlichen Kosten für die Infrastruktur (vor allem Lesegeräte). Von Bedeutung sind zudem die Transponderkosten: Zwar muss auch der optische Code aufgebracht werden, aber im Vergleich zu den Kosten der RFID-Transponder ist dieser Aufwand oft vernachlässigbar. Auf der anderen Seite müssen für optische Systeme unter Umständen höhere Ausfallraten aufgrund von Verschmutzung kalkuliert werden. Anhand eines Beispiels – der Sirius-Fertigung im Gerätewerk Amberg der Siemens AG – wird deutlich, wann sich der RFID-Einsatz rechnet (zur Methodik vgl. Kapitel 7).

Siemens produziert in seinem Werk in Amberg elektrische Schaltgeräte der „Sirius"-Familie. Zahlreiche Parameter ergeben eine große Zahl möglicher Kombinationen: Allein bei der kleinsten Baugröße „S00" gibt es 1.500 mögliche Versionen. Zudem gibt Siemens eine 24-Stunden-Liefergarantie auf diese Geräte. Die Konstrukteure der Amberger Produktionslinie haben deshalb eine „Just-in-Time"-Produktion realisiert, bei der die Schaltgeräte nach Bestelleingang genau in der benötigten Stückzahl produziert werden. Trotzdem ist die Anlage hochautomatisiert und erlaubt so gleichbleibend hohe Qualität bei vergleichsweise niedrigen Kosten. Die RFID-Technologie ist hierzu der Schlüssel.

Die Fertigungslinie ist in rund 60 Bearbeitungsstationen unterteilt, von denen jede jeweils einen Produktionsschritt für die verschiedenen Varianten ausführen kann: z. B. Montage des Spulenkörpers, Aufsetzen der Deckelplatte. Die Geräte werden dazu auf einem Kunststoff-Werkstückträger aufgebaut, den die Fördertechnik durch die ge-

## 9.6 Rechnet sich RFID in der Fertigung?

**Bild 9.6** Die RFID-gestützte Fertigung von Sirius-Schaltgeräten im Siemens-Werk in Amberg

samte Produktion transportiert. Mittels RFID „erfahren" die Bearbeitungsstationen, was zu tun ist: Im Werkstückträger ist ein RFID-Chip integriert, der alle Fertigungsanweisungen und die komplette Stückliste in sich trägt. Dieses Wissen wird am Beginn der Fertigung in jeden Transponder programmiert. Jede Station verfügt über einen RFID-Leser, der die Daten aus dem Transponder ausliest und direkt der Simatic-Steuerungstechnik zur Verfügung stellt (Bild 9.6). Als RFID-System wird Moby I von Siemens mit einer Speicherkapazität von 8 KByte je Transponder eingesetzt. Als Ergebnis ist eine hochflexible Fertigungslinie entstanden, auf der theoretisch sogar Einzelstücke produziert werden können.

Als Alternative wurde auch der Einsatz von optischen Identifikationssystemen und einer entsprechenden Datenbank im Hintergrund überdacht. Eine solche Lösung wäre bei der Erstinvestition billiger gewesen. Doch die laufenden Kosten machen RFID wirtschaftlicher. Zum einen führen die systemspezifischen Nachteile der optischen Codes zu einer höheren Ausfallwahrscheinlichkeit, z. B. durch Verschmutzung der Kamera-Objektive oder der Codes selbst. Dadurch sinkt die maximale Auslastungsgrenze der Linie. Zum anderen sind für die IT-Systeme höhere Aufwendungen sowohl bei der Anschaffung als auch im Betrieb zu veranschlagen. Da für jede Fertigungsstation zunächst abgefragt werden muss, welcher Bearbeitungsschritt durchzuführen ist, müssen die IT-Systeme in Echtzeit und mit höchster Verfügbarkeit die erforderlichen Informationen liefern. Dabei gibt es auch Probleme wie z. B. die Versionierung eines Typs im laufenden Betrieb zu lösen. Das ist zwar möglich, aber letztlich teurer als der Einsatz von RFID. Produktionsexperten von Siemens ermittelten, dass sich die Investition in RFID bereits in weniger als zwei Jahren auszahlt.

**Literatur**

[1] Fritz Klocke, Günter Pritschow: Autonome Produktion. Springer Verlag, 2004

[2] Udo Lindemann, Ralf Reichwald, Michael F. Zäh (Hrsg.): Individualisierte Produkte – Komplexität beherrschen in Entwicklung und Produktion. Springer Verlag, 2006

[3] Milan Kratochvil, Charles Carson: Growing Modular – Mass Customization of Complex Products, Services and Software. Springer Verlag, 2005

# 10 Produktionslogistik

*Heinz-Peter Peters*

Das richtige Material zur richtigen Zeit am richtigen Ort zu haben, ist die Grundaufgabe der Logistik und eine wesentliche Voraussetzung für den wirtschaftlichen Erfolg von Industrieunternehmen.

## 10.1 Logistik und Unternehmenserfolg

Doch was ist Logistik? Die Definition der Bundesvereinigung Logistik (BVL) lautet: „Die Logistik umfasst die ganzheitliche Planung, Steuerung, Koordination, Durchführung und Kontrolle aller unternehmensinternen und unternehmensübergreifenden Informations- und Güterflüsse von Unternehmen und Wertschöpfungsketten (Supply Chain) mit maßgeblichem Einfluss auf den Unternehmenserfolg". Bezogen auf die unternehmensinterne Logistik in produzierenden Unternehmen führt das zum Teilbereich der Produktionslogistik. Deren Aufgabe ist die Planung, Steuerung und Überwachung des Materialflusses vom Wareneingang über den gesamten Produktionsprozess hinweg bis zum Warenausgang sowie auf übergeordneter Ebene die Schaffung einer logistikgerechten optimalen Materialflusssteuerung [1].

Demnach wird der Produktionslogistik der physische Transport von Materialien und Waren, also das konkrete Verpacken, Lagern, Handhaben, Kommissionieren und Transportieren, zugeordnet. Auch die Anwendung moderner Informations- und Kommunikationstechnologien zur Unterstützung der Arbeitsprozesse, z. B. die elektronische Verfolgung von Material auf seinem Weg vom Wareneingang über die Bearbeitung bis hin zum Versand (Bild 10.1) gehört zur Produktionslogistik. Die Herausforderung ist es, den Materialfluss direkt mit dem Informationsfluss zu verknüpfen und so dem transportierten Material die Informationen direkt mitzugeben. In den nachfolgenden Abschnitten wird eine Lösung dieser Aufgabe durch den Einsatz der RFID-Technologie beschrieben.

# 10 Produktionslogistik

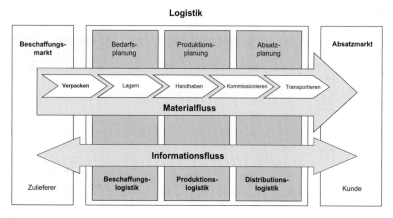

**Bild 10.1** Material- und Informationsfluss in der Logistik

## 10.2 Abläufe in der Produktionslogistik

Die immer gleichen Anforderungen an die Unternehmen sind niedrige Bestände an Rohmaterial, Halbfertig- und Fertigprodukten, kurze Durchlaufzeiten bei hoher Produktivität und flexible Produktionsprozesse bei hoher Qualität. Gleichzeitig werden von den Kunden individualisierte Produkte gefordert, d. h. in der Produktion ist die Fähigkeit zur Losgröße 1 (kleine Mengen) gefordert (vgl. Kapitel 9).

Schnelle Bearbeitung von Aufträgen bedeuten schnelle Produktionsprozesse und diese erfordern effizienten Materialfluss zwischen Wareneingang und Warenausgang. Im Bereich der Produktionslogistik betrifft dies die Produktion selbst und die produktionsnahen Logistikprozesse Wareneingang und Warenausgang, Transport, Handhabung, Kommissionierung und Lagerung (Bild 10.2).

Die Produktionslogistik ist heute oft gekennzeichnet durch manuelle Abläufe wie händische Eingaben und Informations- und Kommunikationssysteme mit zentraler Datenhaltung. Die angelieferte Ware wird im Wareneingang manuell erfasst und durch Lagerarbeiter zu einem Lagerort oder einer Bearbeitungsstation transportiert. Die Bearbeitung wird manuell gestartet und die Ergebnisse werden von Hand dokumentiert. Diese Abläufe sind entsprechend arbeits- und zeitintensiv, es treten häufig Fehler auf und nicht zuletzt entstehen hohe Kosten durch Arbeitsaufwand und Fehlerbehebung. Durch den Einsatz von Barcode zur Datenerfassung wird die Fehlerrate zwar stark reduziert, aber der Arbeitsaufwand bleibt gleich, da die Identifi-

## 10.3 RFID in der Produktionslogistik

**Bild 10.2** Produktionsnahe Logistikprozesse

kation nach wie vor manuell erfolgen muss. Außerdem sind durch die zentrale Datenhaltung komplexe Netzwerke erforderlich, die durch die ständige Kommunikation stark belastet werden. Bei Ausfall des Prozessrechners oder des Netzwerkes kommt es zu einem kompletten Produktionsstillstand.

Eine Verbesserung der Situation ist erst durch organisatorische Maßnahmen möglich, die logistikgerechte Strategien und Strukturen schaffen. Man unterscheidet zwischen bedarfsgesteuerten Logistikstrategien, z. B. Just-in-sequence/Just-in-time (Material wird sequenzgenau bereitgestellt) oder verbrauchsgesteuerte Logistikstrategien, z. B. Kanban (ein an einen Behälter gekoppelter Bedarfsimpuls löst die Bereitstellung aus). Die Umsetzung solcher Lösungen führt zu Prozessverbesserungen und gewährleistet bereits eine Reduzierung der Durchlaufzeiten und Lagerbestände. Dennoch bleibt noch großes Potenzial zur nachhaltigen Materialflussoptimierung durch RFID-basierte Lösungen.

## 10.3 RFID in der Produktionslogistik

Dem physischen Materialfluss der Rohmaterialien, Komponenten, Teilsysteme oder Fertigprodukte steht in der Produktionslogistik immer ein entsprechender Informationsfluss gegenüber. Die aktuellen Informationen über den Auftrag, den Zustand und die Qualität des einzelnen Objektes müssen möglichst zeitnah zur Verfügung stehen. Die effiziente Steuerung des Materialflusses bedingt also eine umfassende Transparenz der Arbeitsprozesse in der produktionsnahen Logistik die Kopplung von Material und Daten. Durch die RFID-Technologie ist es möglich, den bewegten Objekten Informationen mitzugeben und somit den Materialfluss direkt mit dem Informationsfluss zu verknüpfen.

Der Einsatz der RFID-Transponder an Transporthilfsmitteln wie Boxen, Paletten und Gitterboxen, an Werkzeugen oder am Material

## 10 Produktionslogistik

selbst ermöglicht, die Informationen beim Transport in Echtzeit zu erfassen. Die RFID-Transponder übernehmen dabei die Identifikation der Objekte und die dezentrale und mobile Datenspeicherung weiterer Informationen wie Auftragsdaten, Prozess- und Qualitätsdaten. Der zu erwartende flächendeckende Einsatz von RFID in den unternehmensübergreifenden Informations- und Güterflüssen und Supply Chains wird auch zu einer optimalen und effizienten Produktionslogistik führen. Diese RFID-gestützten Logistikprozesse würden über den eigenen Produktionsbetrieb hinausgehen und Zulieferer und Kunden mit einbeziehen. Die mit RFID-Transponder ausgestatteten Waren werden im Wareneingang beim Ausladen des Lkw simultan mit dem Transport automatisch erfasst. Die Informationen werden mit den Bestellungen und dem Lieferavis des Zulieferers abgeglichen. Fehlerhafte oder unvollständige Lieferungen werden sofort erkannt. Anschließend wird in den RFID-Transpondern die interne Transportinformation gespeichert. An den Einlagerpunkten wird über Lesegeräte der Lagerzugang automatisch gelesen. Bei der Auslagerung werden die Teile wieder erfasst und mit Transportinformationen beschrieben. Die zugehörige Verbuchung der Waren erfolgt automatisch.

Im Warenausgang werden im einfachsten Fall beim Beladen des Lkw die aktuellen Lieferdaten automatisch erfasst und in Form von Lieferavis an den Kunden übermittelt. Die Verbuchung im Warenwirtschaftssystem erfolgt ebenfalls zeitgleich. Die in der Versandabwicklung typischen Aufgaben zur Zusammenführung von Kundenaufträgen oder die Aufteilung von Großaufträgen werden durch RFID weiter optimiert.

Durch die dezentrale Datenhaltung werden geringere Anforderungen an die Informations- und Kommunikationssysteme gestellt, die Netzwerke werden entlastet. Möglich wird dies durch die lokale Speicherung der Ziel- und Routing-Informationen auf den RFID-Transpondern, die an den Waren- oder Transporthilfsmitteln angebracht sind. Die Ware kann so mit der Fördertechnik kommunizieren und sich selbst durch Anlagen navigieren. Alle Wege-Entscheidungen werden anhand der lokal verfügbaren Daten direkt auf der Steuerungsebene getroffen: Nicht ein Leitsystem entscheidet über den Weg, sondern die Fördermittel in Kooperation mit den Waren und Transporthilfsmitteln.

Auch bei den bereits erwähnten Logistikstrategien lässt sich die Situation weiter verbessern. Bei der Just-in-time-Strategie (JIT) ist eine enge Abstimmung zwischen Zulieferer und Hersteller erforderlich.

## 10.3 RFID in der Produktionslogistik

Die Materialbestellung wird durch die Produktionsfolge bestimmt, doch die zugehörige Materialanforderung erfolgt extrem kurzfristig und liegt im Stundenbereich. Eine Fehllieferung würde zum Produktionsstillstand führen. RFID ermöglicht die größtmögliche informationstechnische Integration aller Beteiligten. Entscheidungen können schnell und unmittelbar vor Ort getroffen werden. Zur Realisierung werden RFID-Transponder an einem Transporthilfsmittel befestigt und mit Transport-, Fertigungs- und Qualitätsdaten beschrieben. Die jeweils relevanten Daten werden beim Transport an den Entscheidungsstellen ausgelesen. Eingriffe in den Materialfluss sind bis zum Schluss möglich.

**Bild 10.3** Beispiel für eine Kanban-Überwachungstafel: Die Ausrüstung der Tafel mit RFID (links) bietet eine vollautomatische Abbildung in den Automatisierungs- und IT-Systemen (rechts), ohne dass der etablierte Arbeitsprozess verändert werden muss.

Bei der Kanban-orientierten Bereitstellung steuert immer der Kunde oder Abnehmer, was produziert werden muss (Push- oder Holprinzip). Grundelemente von Kanban sind: Es wird nur das Material produziert, das verbraucht wurde und nur in der verbrauchten Menge; die Lieferzeit ist fest definiert und die Ware ist immer in einwandfreiem Zustand. Auch hier würde eine Fehllieferung zum Produktionsstillstand führen. Bei neueren E-Kanban-Lösungen werden die Behälter bzw. die Kanban-Karten mit einem RFID-Transponder versehen. Die Transponder bzw. Karten identifizieren eindeutig den Inhalt des Behälters. Wenn ein Behälter leer wird, wird seine Karte in eine Überwachungstafel mit integrierter RFID-Antenne gesteckt (Bild 10.3). Die Daten werden automatisch ausgelesen und an die Steuerung der Produktionslogistik weitergeleitet. Es erfolgt eine Bediener-unabhängige und schnelle Nachschubsteuerung.

# 10 Produktionslogistik

## 10.4 Anwendungsbeispiele

Da RFID in der Fertigungssteuerung bereits seit mehr als 20 Jahren eingesetzt wird (Kapitel 9), war es ein naheliegender Schritt, die Nutzung auch auf die produktionsnahe Logistik auszudehnen. Nachfolgend werden einige realisierte Projekte aus verschiedenen Branchen und Anwendungen beschrieben.

### 10.4.1 Automatische Auftragszusammenführung erhöht die Effizienz

Auch wenn dieses Beispiel aus der Distributionslogistik kommt, so zeigt es doch sehr deutlich den Nutzen der dezentralen Datenhaltung. Bei der Versandfirma Quelle in Leipzig werden alle logistischen Aufgaben von Wareneingang und Einlagerung bis zum Kommissionieren, Packen und Versand in einem Distributionszentrum abgewickelt. Die hohe Zahl an Kundenbestellungen, in Tagesspitzen 180.000 aus einem Sortiment von 160.000 Artikeln, verlangt ein flexibles, schnell und zuverlässig arbeitendes Logistiksystem. Die Antwort ist eine dezentrale Steuerung der komplexen Materialflüsse von der Kommissionierung über ein mehrstufiges Sortiersystem bis in den Versand mit Hilfe von RFID-Technologie. Jeder Kommissionierbehälter hat einen RFID-Transponder, auf dem die Behälteridentifikation, der Kundenauftrag und zusätzliche Routinginformationen gespeichert sind. Diese Informationen werden vor Ort direkt in den speicherprogrammierbaren Steuerungen (SPS) für Wege-Entscheidungen genutzt. Das RFID-System hat hier zu einer effizienten und flexiblen Lösung geführt.

### 10.4.2 RFID optimiert die Kommissionierung für die Montagebereitstellung

In diesem Beispiel geht es um die Losgröße 1 in der Produktion. Bei dem Hardware-Hersteller Maxdata werden PC-Systeme gemäß Kundenauftrag produziert; es gibt kein Lager für die fertig gestellten Systeme. Die Produktionsprozesse müssen deswegen besonders schnell und zuverlässig ablaufen. Aus diesem Grund werden die Bauteile und Teilsysteme auftragsspezifisch in einem Produktionslager kommissioniert sowie die fertigen Systeme in der Montage aufgebaut, geprüft und versandt. Die Kommissionierbehälter waren bereits mit RFID-Transpondern ausgestattet, die auch für die Materialflusssteuerung in der Kommissionierung genutzt werden. Die Seriennummer wird im RFID-Transponder gespeichert und so der Kommissionierbehälter mit dem Auftrag verknüpft. Für die Kommissionierbereiche wurden so genannte „Bahnhöfe" eingerichtet, in denen Ware ausgeschleust oder auch vorbeigeschleust werden kann. Behälter können sich dadurch zum Vermeiden von Staus überholen. An jedem Ausschleuspunkt wird der Transponder gelesen und die Steuerung vor Ort entscheidet, ob ausgeschleust oder weitergefahren werden soll.

### 10.4.3 Transparente Prozesse bei Mehrweg-Transportgebinden

RFID funktioniert auch unter extremen Umgebungsbedingungen zuverlässig. Bei der Genossenschaft Tnuva in Israel sollte für die Warenverfolgung in dem Lebensmittelbetrieb eine zuverlässige Identifikationslösung realisiert werden. Aus hygienischen Gründen werden für den Transport Kunststoffpaletten mit integrierten RFID-Transpondern als Mehrweg-Transportgebinde eingesetzt. Die Fertigwaren (z. B. Joghurt) durchlaufen verschiedene Prozessschritte wie Wärmelager, Kühltunnel, Qualitätskontrolle und die Lagerung in einem Kühllager bei 4 °C. Im Versand werden die Transponder zur Verwaltung der wiederverwendbaren Paletten ausgelesen. Das RFID-System unterstützt einerseits den Materialfluss in Produktion und Lager. Andererseits lässt sich damit das Tracking der Produkte bis zum Endkunden leicht realisieren.

### 10.4.4 Nachschub gesichert

Eine unternehmensübergreifende Zusammenarbeit, um die Versorgung der Produktion mit Rohmaterial zu sichern, wird in diesem Beispiel dargestellt. RFID erlaubt hier eine verbrauchsorientierte Logistikstrategie im Sinne von Vendor Managed Inventory (VMI).

Finsa, Spaniens größter Hersteller von Span- und Faserplatten, brauchte eine Lösung für die europaweite Materialversorgung seiner zwölf Produktionsstandorte. Zusammen mit DSM, dem Lieferanten des Rohmaterials Melamin, fand man in Orbit Logistics Europe GmbH einen Spezialisten für weltweite Lagerlogistik und VMI. Die realisierte Lösung setzt auf RFID-Technologie für die Kennzeichnung von Bigbags als abgeschlossene Einzelgebinde. Die eindeutige Identifizierung über eine spezifische Nummer im Electronic Product Code (EPC) erlaubt die Rückverfolgung bis zur Fertigungscharge. Durch eine dynamische Lagerhaltung und -überwachung werden die Warenströme automatisiert und eine zuverlässige Materialbelieferung gesichert. Das Warenwirtschaftssystem vor Ort gleicht in regelmäßigen Abständen die Bestandsdaten mit dem Orbit-Logistikrechner ab. Im Orbit-Rechenzentrum werden die Daten verarbeitet, die erforderlichen Bestellungen ausgelöst und die Warenströme verfolgt. Dieser RFID-Einsatz hat zu einer wesentlich verbesserten Lagerhaltung geführt. Fehler wurden reduziert und die Kosten gesenkt.

### 10.4.5 Der passende Sitz zum richtigen Auto

In der folgenden Anwendung geht es wieder um eine enge Zusammenarbeit zwischen Zulieferer und Kunde, hier in der Automobilindustrie. Außerdem ist es ein Beispiel für die bedarfsorientierte Logistikstrategie just-in-time (JIT).

Bei Johnson Controls, einem Hersteller von Pkw-Sitzkomponenten und -systemen, wird im Bochumer Werk bereits seit vielen Jahren die RFID-Technologie erfolgreich eingesetzt (Bild 10.4). Idealerweise gibt es zwei kombinierte Anwendungsmöglichkeiten: die automatische Erfassung der internen Bearbeitungsdaten und die Bereitstellung der Lieferdaten im Wareneingang des Kunden. Für die Lösung ist ein spezifisches Transporthilfsmittel mit einem RFID-Transponder ausgestattet. An den einzelnen Arbeitsplätzen sind RFID-Lesegeräte instal-

**Bild 10.4** Johnson Control steuert die Logistik für Autositze per RFID. Der RFID-Leser ist direkt in der Förderanlage integriert (Kreis) (Foto: W. Geyer)

liert, die sämtliche Fertigungs- und Qualitätsdaten auf dem Transponder speichern. Nach Abruf durch den Kunden werden im Warenausgang die Sitze in die richtige Reihenfolge für die direkte Anlieferung an den Montageplatz beim Automobilhersteller sortiert. Die Lieferdaten werden auf den Tag geschrieben und im Wareneingang des Kunden automatisch übernommen. Zwischen dem Abruf eines kundenindividuellen Sitzes und dem Einbau in das Auto liegen oft nur drei Stunden. Durch den RFID-Einsatz konnte die Effizienz in der Produktion wesentlich optimiert und die Partnerschaft mit dem Kunden gefestigt werden.

## 10.5 Zusammenfassung und Ausblick

Die Vorteile und das Optimierungspotenzial durch den Einsatz von RFID in der Produktionslogistik sind offensichtlich. Eine aktuelle Studie von Industrieanalysten der Aberdeen Group hat aufgezeigt, dass durch die Einführung der RFID-Technologie die besten Unternehmen die Durchlaufzeiten in der Fertigung um 34 % verkürzen und ihre Lieferpünktlichkeit um 6 % verbessern konnten. Außerdem wurden die Sicherheitsbestände um vier Tage und die Umrüstzeit um 28 % reduziert [4].

In einer Welt, in der alle logistischen Objekte mit RFID-Transpondern ausgestattet werden, ist die Grundlage für das „Internet der Dinge" geschaffen. Der nächste Schritt ist die Modularisierung der Mechanik im Materialfluss und entsprechende Programmierung der IT-Systeme im Informationsfluss. Durch die konsequente Dezentralisierung ist die Entscheidungsfindung für neue optimierte Routen des Materials vor Ort möglich. Damit geht die Selbstorganisation der produktionsnahen Logistik einher: Das Material steuert das System. Diese Lösung kann jedoch nur auf der Grundlage entsprechender Informationen funktionieren, die von den RFID-Tags mitgeführt werden.

Der nächste, darauf aufsetzende konsequente Schritt ist dann die flächendeckende Einführung der RFID-Technologie in allen produzierenden Industrieunternehmen. Damit ergibt sich die Chance für unternehmensübergreifende Supply Networks.

### Literatur

[1] Günther Pawellek: Produktionslogistik – Planung-Steuerung-Controlling. Carl Hanser Verlag, 2007.

[2] Werner Franke, Wilhelm Dangelmaier: RFID-Leitfaden für die Logistik – Anwendungsgebiete, Einsatzmöglichkeiten, Integration, Praxisbeispiele. Gabler Verlag, 2006.

[3] Hans-Jörg Bullinger, Michael ten Hompel: Internet der Dinge. Springer-Verlag, 2007.

[4] Aberdeen Group, Inc.: Diverse Studien und Marktuntersuchungen. www.aberdeen.com, 2007.

# 11 Container- und Asset-Management

*Jens Dolenek*

Im heutigen globalen Wettbewerbsumfeld ist nicht nur die Produktqualität und -performance ausschlaggebend für den Erfolg eines Unternehmens, sondern auch die Art und Weise, wie die Produkte ihren Bestimmungsort erreichen. Deshalb sind hochgradig detaillierte und automatisierte Prozess- und Lieferketten (Supply Chains) erforderlich, dank derer die Produkte schnell, effizient und gezielt den gewünschten Bestimmungsort erreichen.

In vielen Geschäftsbeziehungen werden für den Materialfluss wiederverwendbare Transporteinheiten genutzt. Diese „Returnable Transport Items" (RTI) können daher mehrfach für den Austausch von Waren und Gütern in einem logistischen Netzwerk genutzt werden. RTI und die transportierte Ware bilden mit den zugeordneten Informationen eine schlüssige Einheit. Die Transporteinheiten können vom Ursprungsort zum finalen Bestimmungsort eine mehrstufige Weiterverarbeitung und ein dadurch komplexes Liefernetzwerk durchlaufen. Um in solch einem Netzwerk konsistente Daten für die Lieferanten, Sublieferanten, Logistikdienstleister und Endkunden zur Verfügung stellen zu können ist es notwendig, dass jede der Einheiten eindeutig identifizierbar ist. Eine Standort- und unternehmensübergreifende Standardisierung der Datenstrukturen und der entsprechenden Schnittstellen ist erforderlich, um die Informationen der RTI und der transportierten Waren von allen Beteiligten interpretieren und weiterverarbeiten zu können. Über diesen Ansatz ist eine Transparenz der RTI entlang der kompletten Lieferkette möglich.

## 11.1 Anforderungen an das Container-Management

Im Kontext des Container-Managements werden als „Container" im Allgemeinen die zuvor beschriebenen RTIs eines bestimmten Wertes bezeichnet. Die Mehrwegtransporteinheiten können folgende Ausprägungen aufweisen: Paletten, Gas-Flaschen, Fässer, Individual-

# 11 Container- und Asset-Management

**Bild 11.1** Unterschiedliche Formen von Mehrwegtransporteinheiten

Werkstückträger, Wagons, Container, Trolleys, Boxen, Faltboxen u. a. (Bild 11.1). Der Begriff „Asset" drückt die wirtschaftliche Bedeutung der RTI aus und erweitert gleichzeitig den Blick auf Assets wie Werkzeuge oder Anlagenteile.

## 11.1.1 Motivation

Das Hauptziel eines Asset-Management-Systems besteht darin, die Transporteinheiten oder andere Assets möglichst effizient und wirtschaftlich zu nutzen und – im Fall der Spezialisierung als Container-Management – in den dafür vorgesehenen Transport- und Lagerprozessen einzusetzen. Dafür wird eine genaue Aussage über den Status jeder einzelnen Transporteinheit benötigt. In der Gesamtbetrachtung können daraus gezielte Aktionen abgeleitet werden, die zum Funktionieren der kompletten Prozesskette notwendig sind. Reicht zum Beispiel ein vorhandener Ladungsträgerbestand nicht mehr aus, um ein erhöhtes Transportaufkommen zu bewerkstelligen, müssen zusätzliche Ladungsträger in den Prozess eingesteuert werden.

Die durchgängige Verfügbarkeit von Informationen ermöglicht die Steuerung und Optimierung einer Prozesskette unter den Gesichtspunkten Umlaufzeiten, Qualität, Quantität und letztendlich den damit verbundenen Kosten und Investitionen. Die Verbindung von Informationsfluss und physikalischem Materialfluss verhilft zudem zu einer höheren Transparenz der Prozesse, die zur Performance-Steigerung und Kostenreduzierung genutzt werden kann.

### 11.1.2 Ziele

Abgeleitet aus dieser Motivation für das Container-Management ergeben sich Ziele, die unter Einsatz von passenden Technologien erreicht werden können.

Zur Steuerung von Prozessen ist eine umfassende Transparenz erforderlich. Die dazu erforderlichen Statusinformationen zu jedem Container können in folgenden Kategorien zusammengefasst werden:

- Containerzustand und -einsatz
- Bewegungsdaten und -zeiten
- allgemeine Verwaltung und Administration.

Fehlende Informationen über den Einsatzort des Containers, den aktuellen Zustand („beschädigt", „Wartungsbedarf" usw.) oder die genaue Dauer, die ein Container im Umlauf ist, führen zu einem Informationsdefizit innerhalb des Gesamtsystems. Mit der Vollständigkeit der zuvor genannten Statusinformationen von jedem individuellen RTI und deren sofortiger Verfügbarkeit kann somit einem solchen Informationsdefizit entgegengewirkt werden.

Ein weiteres Ziel ist die Speicherung von wichtigen Daten direkt an der physikalischen Einheit (z. B. Qualitätsdaten am Container), um diese im Prozess direkt verfügbar zu haben. Die Kombination von verteilten und zentralen Daten bildet die Grundlage für eine Datenstruktur mit unmittelbarer Anbindung an den eigentlichen Prozess. Durch die flexible Programmierbarkeit von Datenspeichern (Tags) in der RFID-Technologie und deren Beständigkeit in rauer Umgebung kann die Anforderung nach verteilten Daten direkt am Objekt sicher erfüllt werden.

# 11 Container- und Asset-Management

Im Gegensatz dazu bieten konventionelle Ident-Technologien wie Barcode und Data-Matrix-Code keine Möglichkeiten, variable Informationen direkt an der physikalischen Einheit zu speichern.

## 11.1.3 Standardisierung

Standards und gemeinsame Vorgaben sind notwendig, um einen standort- und unternehmensübergreifenden Warenfluss mit mehreren Beteiligten prozesssicher realisieren zu können. Betrachtet man zum Beispiel die unterschiedlichen Verpackungs- und Transportarten von Waren in einer Lieferkette, können diese im vereinfachten Ansatz als eine Architektur betrachtet werden (Bild 11.2), die sich in verschiedene, definierte Ebenen einteilen lässt.

In jeder einzelnen Ebene (Layer) existieren unterschiedliche Anforderungen an das Materialhandling und an die damit verbundenen Daten. So sind z. B. auf Produktebene (Item Layer) nur produktspezifische Daten wie Teilenummer oder Seriennummer von Bedeutung. Auf Transporteinheitenebene (Transport Unit Layer) hingegen sind überlagerte Informationen wie Gebindemenge und Gewicht der Transporteinheit von Relevanz.

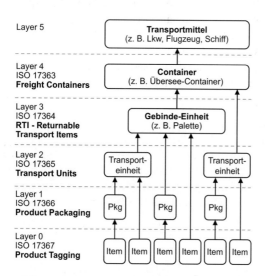

Bild 11.2 Auszug aus den ISO-relevanten Normen in der Supply Chain (Quelle: ISO 17364; International Organization for Standardization)

In Bild 11.2 sind die Supply Chain Layers grafisch dargestellt. Des Weiteren sind aus dieser Darstellung auch die ISO-Normen zu erkennen, in der die Standards für die RFID-Technologie in den verschiedenen Ebenen festgelegt sind (ISO 1736x). Die Layer 0 bis 4 decken die Anwendungen der RFID-Technologie innerhalb der Supply Chain ab. Speziell ist in dem Kontext der wiederverwendbaren Transporteinheiten die ISO-Norm 17364 – Supply Chain Applications of RFID – Returnable Transport Items (Layer 3) hervorzuheben. Wie aus dem Bild zu erkennen ist, müssen – abhängig von den spezifischen Produkten und den damit verbunden Prozessen – nicht immer alle Layer erfüllt sein. So kann zum Beispiel eine Transportverpackung (Layer 2) ohne eine weitere wiederverwendbare Transport-Palette (Layer 3) in einem Frachtcontainer (Layer 4) transportiert werden.

### 11.1.4 Technische Spezifikationen

Der Einsatz der unterschiedlichen RFID-Technologien in den verschiedenen Ebenen wird in den Normen meist nicht eindeutig definiert. Abhängig von den spezifischen Prozessen und den bestehenden Umgebungsbedingungen wird daher auch in der ISO 17364 nicht der Einsatz einer bestimmten RFID-Frequenz vorgeschrieben. Jedoch wird in diversen branchenspezifischen und -übergreifenden Empfehlungen der Einsatz von bestimmten Frequenzbändern vorgeschlagen. Zum Beispiel wird in der VDA-Empfehlung 5501 (RFID im Behältermanagement der Supply Chain/Verband Deutscher Automobilindustrie) der Einsatz von UHF empfohlen, da in den logistischen Prozessen der Automobilindustrie die Performance dieser Technologie die Anforderungen der entsprechenden Prozesse am besten erfüllen kann.

Allerdings können Handelspartner auch bilaterale Vereinbarungen treffen. So können über entsprechende Trading Partner Agreements (TPA) Umsetzungsvorgaben explizit definiert werden. Bei komplexen Supply-Chain-Netzwerken mit universell einsetzbaren RTIs stellt dieser individuelle Ansatz jedoch einen hohen administrativen Aufwand dar und gestaltet sich bei Erweiterungen als unflexibel.

### 11.1.5 Datenstrukturen

Als Voraussetzung für ein Container-Management-System muss sichergestellt werden, dass jeder Container identifiziert werden kann, und dass dieser datentechnisch im Gesamtsystem nur einmal existiert. Um diese Eindeutigkeit zu erreichen, müssen allgemeingültige

## 11 Container- und Asset-Management

und verbindliche Datenstrukturen zur Generierung der Kennungen (Container-Identifier) definiert werden. Die Minimalanforderungen an solch eine Datenstruktur sind eine Firmenkennung (Enterprise Identifier oder Company Identification Number) und eine Seriennummer, die eindeutig innerhalb der Firmenkennung ist. Anwendung finden diese Minimalanforderungen in den folgenden zwei Umsetzungen.

### International Unique Identification of RTIs (ISO 15459-5)

Um die Eindeutigkeit der Firmenkennung sicherzustellen, vergeben diverse Vergabestellen (Issuing Agencies) Nummern für Unternehmen, die nur durch diese Unternehmen verwendet werden dürfen. Issuing Agencies sind z. B.: Odette (OD), Dun & Bradstreet (UN) oder DHL Freight GmbH (ND) (Quelle: ISO – International Organization for Standardization).

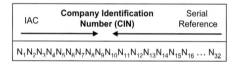

**Bild 11.3** Datenaufbau der eindeutigen Container-Kennung (Auszug) – ISO 154595 (Quelle: ISO 17364)

In Bild 11.3 wird der Aufbau der Datenstruktur mit dem hinterlegten Issuing Agency Code (IAC) und der vergebenen Unternehmenskennung (Company Identification Number, CIN) dargestellt. Somit wird ein Container einem definierten Eigentümer fest zugeordnet. Über eine Seriennummer (Serial Reference) wird jeder Container in dem Unternehmen individuell bezeichnet. Somit wird als Gesamtes die datentechnische Eindeutigkeit jeder Transporteinheit hergestellt.

### Global Returnable Asset Identifier (GRAI)

Analog zu dem vorherigen Konzept wird über die GRAI-Datenstruktur die Firmenkennung (Company Prefix) durch GS1 dem Unternehmen zugewiesen (Bild 11.4). GS1 ist ein Dienstleistungs- und Kompetenzzentrum für unternehmensübergreifende Geschäftsabläufe in der Konsumgüterwirtschaft und ihren angrenzenden Wirtschaftsbereichen. Ergänzend kann noch ein Typ für die Transporteinheit (Asset Type) durch das verwaltende Unternehmen innerhalb der Kennung

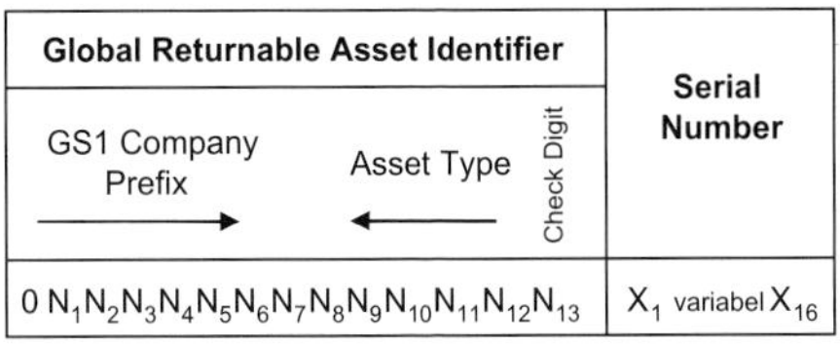

## 11.2 Wirtschaftlichkeit

| Global Returnable Asset Identifier | | | Serial Number |
|---|---|---|---|
| GS1 Company Prefix → | ← Asset Type | Check Digit | |
| 0 $N_1 N_2 N_3 N_4 N_5 N_6 N_7 N_8 N_9 N_{10} N_{11} N_{12} N_{13}$ | | | $X_1$ variabel $X_{16}$ |

**Bild 11.4** Format der GRAI-Kennung (Auszug) (Quelle: ISO 17364)

zugewiesen werden. Somit ergibt sich die Möglichkeit einer Klassifizierung des Assets direkt auf Objektebene, um zum Beispiel Materialflüsse abhängig von dem Verpackungstyp steuern zu können.

Zusammenfassend dienen die beschriebenen Datenstrukturen ausschließlich als Identifikationsschlüssel für eine Mehrwegtransporteinheit. Über diesen Schlüssel können jedoch Aktionen und Informationen an die angebundenen IT-Strukturen gemeldet werden. Zum Beispiel können somit die Eigenschaften, Inhalte und Bewegungen der Objekte auf einer zentralen Datenbank hinterlegt und wieder abgerufen werden. Weiterhin ist es sinnvoll, ergänzende Informationen direkt auf dem RFID-Transponder und somit an dem Objekt speichern zu können.

### 11.1.6 Weitere Randprozesse

Begleitend zu den Identifikationsdaten am Behälter werden im Idealfall die Container- und Materialdaten vorab oder parallel per EDI (Electronic Data Interchange) an den Kunden, Lieferanten oder Logistikdienstleister gesendet. Dies dient insbesondere zur Vereinfachung der Geschäftsprozesse und zur Plausibilitätsprüfung zwischen den geplanten und realen Materialströmen. Bei der Erfassung des Container-Identifiers kann der Warenempfänger somit prüfen, ob er alle bzw. die richtigen Behälter erhalten hat. Bei Abweichungen können die Fehlerzustände mit entsprechenden Fehlermeldungen angezeigt und protokolliert werden.

### 11.2 Wirtschaftlichkeit

Wann zahlt sich der Einsatz von RFID im Container-Management aus? Um diese Frage fundiert beantworten zu können, ist eine genaue Prozessbetrachtung im entsprechenden Anwendungsumfeld notwendig.

## 11 Container- und Asset-Management

Den Investitionen eines RFID-gestützten Container-Managements, die sich aus den Einzelkosten der RFID-Tags an den Objekten, der stationären und mobilen Installationen und der IT-Integration zusammensetzten, stehen die Prozessoptimierungen als Einsparpotenzial gegenüber, die gezielt analysiert werden müssen. Diese können z. B. geringere Fehlerquoten im Prozess und reduzierte Personalkosten durch automatisierte Identifikation sein.

Betrachtet man die stationären Installationen und die IT-Struktur als Einmalkosten und legt die Investitionen der RFID-Tags an den RTIs auf deren durchschnittliche Umlaufzyklen um, kann man die Investitionen für einen definierten Zeitraum ausweisen.

*Beispiel:*

Ein 2 € teurer Datenträger am Container wird pro Umlauf 3-mal gelesen. Der Container hat eine Umlaufzeit von 1 Tag.

Wird die Laufzeit des Containers mit 7 Jahren (je 260 Einsatztage) angenommen, ergeben sich hiermit Kosten von 0,11 Cent pro Umlauf bzw. von 0,037 Cent pro Lesung über den genannten Zeitraum.

Wie aus dem Beispiel hervorgeht, sind die Kosten für den Datenträger nicht als kritisch zu betrachten. Vielmehr sind bei den Investitionen die notwendigen Installationen und die IT-Implementierung die Kostentreiber. Unter Berücksichtigung der Einmalkosten (Installation und IT) ist der Einsatz von RFID im Container-Management vielversprechend, wenn folgende Randbedingungen vorliegen:

1. Geschlossene Kreisläufe (closed loop), bei denen die Datenträger im Prozessdurchlauf wieder verwendet werden können (siehe o. g. Beispiel).

2. Hochautomatisierte Prozesse, bei denen eine automatische Identifizierung der Objekte erfolgen kann (z. B. Installation an einer Fördertechnik).

3. Hohe Anzahl von Mess- /Lesestellen, über die die Kosten pro Lesung reduziert werden (siehe o. g. Beispiel).

Des Weiteren dienen folgende Eigenschaften der Mehrwegtransporteinheiten als generelle Entscheidungsgrundlage zur Einführung eines Management-Systems:

1. Hoher Investitionsaufwand von Spezial-Containern/-Ladungsträgern, die als hochwertige Assets geführt werden.
2. Hohe Verlust- oder Beschädigungsraten, die durch Schaffung von Transparenz analysiert und beseitigt werden können.
3. Wartungsintensive RTI, die während ihrer Lebensdauer eineindeutig identifiziert werden müssen, um Wartungen oder Inspektionen durchführen zu können.

## 11.3 Container- und Asset-Management in der Praxis

Im folgenden Abschnitt werden unterschiedliche Einsatzszenarien für die Identifikation von Mehrwegtransporteinheiten im Container-Management beschrieben. Je nach Prozessanforderungen und Applikationen können hier unterschiedliche Ziele verfolgt werden.

**Container-Inventur und Container-Tracking**

Die automatische oder manuelle Identifikation von Containern dient zur Vereinfachung bei Inventurprozessen. Ist die Prozesskette so durchgängig „aufgebaut", dass alle Bewegungen der Container erfasst werden, kann damit eine kontinuierliche Inventur durchgeführt werden. Dies bedeutet, dass jederzeit ein aktuelles Abbild mit allen Informationen zu den Containern innerhalb der Prozesskette abgerufen werden kann.

Ergänzend kann die Aufgabe einer durchgängigen Verfolgung der Container realisiert werden. Ist auch hier die Anforderung der durchgängigen und lückenlosen Erfassung der Materialströme erfüllt, kann genau bestimmt werden, zu welchem Zeitpunkt welcher Container einen bestimmten Punkt passiert hat oder an welchem Ort er sich befindet. So kann zum Beispiel die Identifikation in einem Wareneingang oder Warenausgang genutzt werden, um die bewegten Container an ein überlagertes System für Warenströme zu verbuchen.

**Container-Steuerung**

In der aktiven Containersteuerung wird die Eigenschaft des wiederbeschreibbaren RFID-Datenspeichers genutzt, um pro Containerumlauf die Zieladresse und weitere umlaufspezifische Daten zu hinterlegen. Mittels der Daten direkt am Container können schnelle und effektive Steuerungen von Materialflüssen realisiert werden.

Beispielsweise werden bei der Kabelbaumfertigung in der Automobilindustrie die hochspeziellen Kabelsätze in wiederverwendbaren Behältern vom Zulieferer zum Automobilbauer transportiert. Hier wird bei der Kabelbaum-Fertigung schon nach der vorgegebenen Sequenz (Just in Sequence, JIS) des Endkunden produziert. Die Herausforderung besteht darin, die Kabelbäume sequenzgenau an den Verbauort zu steuern, auch wenn sich die Reihenfolge oder der Status der Automobile kurzfristig ändert und eine andere Montagesequenz erforderlich wird. Solch hochflexible Anforderungen im Prozess sind mit einer aktiven Container-Steuerung realisierbar, bei der die logistische Feinsteuerung ohne ein überlagertes Materialflusssystem implementiert werden kann.

Im Gegenzug können auch Qualitätsdaten von Zwischenarbeitsschritten des Produktes zur weiteren Verwendung und Materialsteuerung auf dem Datenspeicher des Ladungsträgers/Behälters geschrieben werden.

**Content-/Inhalt-Management**

Nicht nur für die sequenzgenaue Belieferung von Containern ist es notwendig den Inhalt zu kennen. Vielmehr gibt es auch Anwendungen, bei denen nähere Informationen zur Ladung jederzeit verfügbar sein müssen. Im Bereich der Lebensmittelindustrie können zum Beispiel Haltbarkeitsdaten oder Produktionschargen ebenfalls direkt am Container hinterlegt werden. Auch hier werden – aufgrund der Informationen zu dem Produkt – gezielte Schritte und Maßnahmen zur Weiterverarbeitung eingeleitet (z. B. Anwendung des „First In-First Out"-Prinzips bei Produkten mit begrenzter Haltbarkeit). Ergänzend können über Querverweisbeziehungen weitere zentrale Datenquellen (Datenbanken) genutzt werden, um einen umfassenden Datensatz zum Container bzw. Produkt bereitzustellen.

**Container-Zustand**

Das Container-Management-System verspricht vor allem bei wartungsintensiven RTI einen großen Nutzen. Es muss die Möglichkeit geschaffen werden, dass alle Beteiligten innerhalb der betrachteten Prozesskette einen Überblick haben, ob der jeweilige Container zur weiteren Verwendung einsetzbar ist, oder ob dieser z. B. einer Repa-

## 11.3 Container- und Asset-Management in der Praxis

ratur unterzogen werden muss. Randprozesse, die das Ausschleusen oder die Wiederbeschaffung festlegen, können dann an definierten Punkten erfolgen, z. B. bei dem Eigentümer der Mehrwegtransporteinheiten.

Die verteilte Gültigkeit und Verfügbarkeit der Informationen des Container-Zustandes ermöglicht eine effektive Planung und Steuerung für servicebezogene Aktionen. Je nach spezifischen Anforderungen an ein Container-Management-System können die zuvor genannten Einsatzszenarien kombiniert werden. Mit der funktionalen Verknüpfung der Szenarien werden transparente Prozesse geschaffen und somit zeitaufwändige Recherchen zur Informationsbeschaffung von individuellen Containern und Produkten vermieden. Ergänzend können noch weitere Lösungsbausteine eingesetzt werden, die zur weiteren Performance-Steigerung beitragen.

**Praxisbeispiel: Asset-Management bei Siemens Berlin**

Nachfolgend wird ein Anwendungsbeispiel aufgezeigt, bei dem Asset-Management im Zusammenhang mit einer Werkzeugverwaltung in einem produzierenden Betrieb eingesetzt wird. Zwischen kosten- und wartungsintensiven Werkzeugen und ebenfalls hochwertigen Mehrwegtransporteinheiten lassen sich Parallelen in den Lager- und Transportprozessen herstellen. Bei beiden Asset-Typen werden identische Anforderungen gestellt: Kenntnis über den aktuellen Einsatz- oder Lagerort, sowie die Notwendigkeit zur Speicherung von prozessrelevanten Daten direkt am Objekt.

Bei Siemens Power Generation in Berlin (Hersteller für Gasturbinen) wurde mittels RFID-Technologie die Werkzeugverwaltung optimiert. Das System verwaltet den Einsatz und die Lagerung von Präzisionsvorrichtungen, die zur Fertigung von unterschiedlichen Turbinenkomponenten notwendig sind. Auf diesem Wege wird eine erhöhte Transparenz über die Werkzeuge und deren effektive Nutzung erreicht. Um solch eine Qualitätssteigerung zu erzielen, wurde jede der rund 3.500 wartungsintensiven Vorrichtungen des Produktionsstandortes mit einem industrietauglichen RFID-Transponder ausgerüstet (Bild 11.5, links). In diesem Datenspeicher sind ergänzend zu einer eindeutigen Identifikationsnummer und einer Klartextbezeichnung auch Daten über die Vorrichtungsqualität und deren letzten Wartungstermin hinterlegt.

Durch Sicherstellung, dass die Produktionsvorrichtung nur an definierten Ein- und Ausgangspunkten zwischen den verschiedenen Fer-

# 11 Container- und Asset-Management

**Bild 11.5** Werkzeugverwaltung für Präzisionsvorrichtungen bei Siemens PG Berlin (Foto: W. Geyer)

tigungsbereichen bewegt werden können (Bild 11.5, rechts), wird eine verbesserte Bestandsinformation erreicht. Basierend auf diesen Informationen kann die Fertigungsplanung die Werkzeuge effizienter und kontrollierter disponieren. Mit einem überlagerten Verwaltungssystem werden alle Werkzeug- und Bewegungsdaten zentral verwaltet, um daraus weitere Analysen und Prozessoptimierungen ableiten zu können.

## 11.4 Geschäftsmodelle

Durch die individuelle Kennzeichnung der Assets und Container ergeben sich auch neue Möglichkeiten im Hinblick auf die Kostenverrechnung zwischen den beteiligten Partnern. Zur vereinfachten Erläuterung wird im Folgenden von einer bilateralen Geschäfts- und Lieferbeziehung zwischen einem Zulieferer und einem Endkunden ausgegangen.

### 11.4.1 Vermietung

Bei diesem Modell stellt der Eigentümer – meist der Endkunde oder ein Poolbetreiber – seine Mehrwegtransporteinheiten dem Zulieferer für dessen Verwendung (Befüllung mit Material) zur Verfügung. Der Eigentümer ist für den ausreichenden Bestand innerhalb der Prozesskette verantwortlich. Nach Warenvereinnahmung des Leergutes beim Zulieferer wird nach Ablauf einer vereinbarten Bearbeitungszeit eine Mietgebühr erhoben. Wurde der Container zwischenzeitlich schon an den Endkunden zurückgesendet, wird diese nicht zur Zahlung fällig.

Die Abrechnung erfolgt somit nach Verweildauer bei dem Zulieferer oder indirekt nach der Anzahl der Umlaufzyklen.

Mit diesem Geschäftsmodell wird die Zirkulation der Container aufrecht erhalten, da der Zulieferer unnötige Kosten wegen zu langer Lagerung der Mehrwegtransporteinheiten vermeiden wird. Verlust oder Schwund können anhand von geführten Bestands- und Bewegungskonten der Container nachvollzogen werden.

Über die Bestandskonten werden die „ruhenden" Transporteinheiten bei dem Zulieferer oder bei dem Endkunden geführt. In den Bewegungs- oder Transitkonten sind alle Objekte verbucht, die den Warenausgang eines Unternehmens verlassen und den Wareneingang des Ziels noch nicht erreicht haben (d. h. die Objekte, die aktuell durch den Logistikdienstleister transportiert werden). Anhand eines Berichtswesens können Bestände, Verweilzeiten und Umschlagszeiten der Container transparent dargestellt werden.

### 11.4.2 Verkauf- und Rückkaufmodell

Bei dem Verkauf- und Rückkaufmodell existiert kein dauerhafter Eigentümer der Container. Vielmehr werden die Container beim Versenden „verkauft". Bei Warenausgang beim Endkunden erfolgt somit automatisch ein Eigentumsübertritt an den Lieferanten. Wird die Transporteinheit nach Befüllung durch den Zulieferer wieder zurück an den Endkunden verschickt, findet mit dem Rückkauf – analog der Leergut-Belieferung – wieder ein Eigentumsübertritt an den Endkunden statt. Ein Unternehmen (Poolbetreiber) ist als Dienstleister für den Gesamtbestand verantwortlich, ohne dauerhafter Eigentümer der Container zu werden.

Die Einkaufs- und Verkaufsprozesse mit den verbundenen Eigentumsübertritten stellen in diesem Modell die Geschäftsprozesse dar. Bei dem Unternehmen, das verantwortlich für die Logistikaktivitäten ist, wird sich der vereinbarte Rückkaufwert der Container von dem Verkaufswert unterscheiden. Dieser Wertunterschied wird verwendet, um die Logistikkosten abzudecken. Ist der Lieferant z. B. für die Logistikaktivitäten verantwortlich, wird sein Containereinkaufswert geringer ausfallen als der Verkaufswert. Die Abrechnung erfolgt somit immer aktuell pro Umlauf. Die Verkaufs- und Rückkaufwerte sind vertraglich geregelt und können gegebenenfalls weitere beteiligte Unternehmen beinhalten. Der Containerschwund und -verlust kann in diesem Modell nicht verlagert werden und geht direkt zu Lasten des Unternehmens, das zu dem Zeitpunkt des Verlustes Behältereigentümer ist.

## 11.5 Ausblick

Stellt der Einsatz eines RFID-gestützten Container-Management-Systems im einzelnen Prozessschritt auch nur relativ geringe Einsparpotenziale pro Identifikationspunkt und Transportvorgang dar, summieren sich die Einsparungen jedoch über die Lebensdauer einer Mehrwegtransporteinheit. Aufgrund eines teilweise industrieweiten Einsatzes der Transporteinheiten, z. B. Kleinladungsträger (KLT) in der Automobilindustrie, ist eine langfristige und durchgängige Umstellung auf RFID-Technologie an den Transporteinheiten nur auf Grundlage von dafür vorgesehenen Standards möglich [1].

Voraussetzung für eine breite Akzeptanz der RFID-Technologie im Container-Management ist, dass alle an den Prozessen beteiligten Unternehmen bei deren Einführung einen Vorteil für sich erkennen können. Aus diesen Potenzialen können dann unternehmensspezifische Maßnahmen abgeleitet werden, die zu Performancesteigerungen oder Kosteneinsparungen führen und die getätigten Investitionen amortisieren.

### Literatur

[1] Martin Strassner: RFID im Supply Chain Management. Deutscher Universitätsverlag, 2005

# 12 Tracking and Tracing

*Harald Lange*

Tracking and Tracing umschreibt den Wunsch der Hersteller und Verbraucher, die Historie von Produkten festzuhalten. Mit den Zustands- und Ortsveränderungen in der Realität wird gleichzeitig eine digitale Spur erzeugt. Diese führt über jede einzelne Station bis zum Ursprung des Produktes zurück: „Wo ist das Produkt?" „Welche Stationen hat das Produkt hinter sich?" und „In welchem Zustand befindet sich das Produkt?" Um diese Fragen für Fertigprodukte beantworten zu können, müssen die Daten auch für alle Halbfertigwaren oder Zutaten vorliegen. Durch die gezielte Datensammlung eröffnen sich neue Möglichkeiten, die Eigenschaften eines einzelnen Produkts sicherzustellen und nachzuweisen.

Über die Frage der Qualitätssicherung hinaus ist die Erfassung von Ist-Daten eine Möglichkeit, Entscheidungen in der Fertigung direkt zu beeinflussen. Bei der aufwändigen Fertigung komplizierter Produkte ist die Fragestellung nach dem Ort und der Zeit auch mit Fragen wie dieser verbunden: „Welche anderen Waren befanden sich zur gleichen Zeit am gleichen Ort?" Diese Auswertungen erlauben es, z. B. das ungewollte Zusammentreffen verschiedener Chemikalien in einem Raum zu vermeiden.

Allerdings müssen einige Voraussetzungen erfüllt werden, um die zunächst recht einfach klingenden Fragen nach Ort, Zeit und Status lückenlos zu beantworten:

- Jedes Produkt muss zu jedem Zeitpunkt eindeutig identifizierbar sein.
- Jeder Ort, den ein Produkt einnehmen kann, muss bekannt sein.
- Jeder Zustand muss in den gewünschten Parametern erfasst werden können, hierzu zählen auch fehlerhafte Zustände.
- Diese Informationen müssen aggregiert und abgelegt werden, sodass sie für Auswertungen und Entscheidungen zur Verfügung stehen.

# 12 Tracking and Tracing

Die Überwachung und Dokumentation der Herstellung sowie deren Rückverfolgbarkeit wird häufig manuell erstellt und ist damit entsprechend aufwändig. Um die Wettbewerbsfähigkeit zu sichern, müssen zur Aufzeichnung dieser Daten Systeme zur automatischen Identifizierung verwendet werden.

Eine weitere Motivation für Tracking and Tracing ist das Einhalten von bestehenden rechtlichen Regelungen. Die Beachtung unterschiedlicher nationaler und internationaler Vorschriften sind heute notwendige Voraussetzungen, um Produkte am Markt anbieten zu können. Natürlich bedeuten die Maßnahmen zum Einhalten der jeweiligen Vorschriften auch erhebliche finanzielle Aufwendungen für die Produzenten. Hieraus entsteht ein gemeinsames Interesse von Verbrauchern und Herstellern, um die Qualität der Produkte sichtbar zu machen und sich damit auch vor Fälschungen zuschützen. Insbesondere in Bereichen mit hohen Sicherheitsanforderungen wie der Luftfahrtindustrie oder bei überwachungspflichtigen Anlagen anderer Branchen haben detaillierte Tracking-und-Tracing-Systeme ihren festen Platz.

## 12.1 Anwendungsbereiche

### 12.1.1 Diskrete Fertigung

Die diskrete Fertigung ist geprägt von einer Linienstruktur, in der jedes herzustellende Teil nacheinander verschiedene Arbeitsstationen passiert. Die Reihenfolge der Arbeitsstationen wird üblicherweise in einem Arbeitsplan festgelegt. Je nach Komplexität des Produktes verfeinert sich auch die Granularität des Arbeitsplanes.

Zu jedem interessierenden Zeitpunkt im Entstehungsprozess eines Produkts ist immer der genaue Ort wichtig, an dem sich ein Teil gerade befindet. Das kann z. B. in einer Maschine oder vor einer Messstation sein. Gibt man jetzt dem Produkt einen Namen, ist es recht einfach, eine Aufzeichnung über Ort und Zeit anzufertigen. Diese Informationen können sogar in Echtzeit an unterschiedlichen Stellen der Prozesssteuerung genutzt werden. Natürlich ist es von Bedeutung, den Namen eines herzustellenden Produktes möglichst frühzeitig zu vergeben – in der Regel vor dem ersten Bearbeitungsschritt.

Sinnvollerweise legt man neben dem Startpunkt auch einen Endpunkt der Betrachtung fest, um so eine bessere Übersicht zu bekom-

## 12.1 Anwendungsbereiche

men. In einer eingeschwungenen Fertigung, in der jeder Arbeitsschritt genau dem Arbeitsplan folgt und keine Störungen auftreten, könnte man leicht auf diese Art der Verfolgung von Produkten verzichten. Die einzige Größe, die hier eine Rolle spielt, ist die Zeit. Da jedes Produkt nach einer Bearbeitungszeit ab Produktionsstart fertig gestellt wird, könnte man jeden Ort zurückrechnen.

In der Praxis lässt die Eingrenzung über so genannte „Zeitfenster" einer Produktion nur ein recht grobes Beobachten der Produkte in der Fertigungsphase zu. Das Auftreten möglicher Störungen sowie auch immer komplexere flexible Fertigungen lassen eine Ortsanalyse ausschließlich über eine Zeitbetrachtung nicht ausreichend genau zu. Dies macht den Einsatz von ereignisgesteuerten Auto-ID-Systemen notwendig. Auto-ID-Systeme haben hier vorrangig die Aufgabe, eindeutige Namen zu vergeben und zu erkennen. In der Praxis kommen sowohl RFID-Systeme als auch Data-Matrix-Codes zum Einsatz (Bild 12.1).

**Bild 12.1** Identifikation in der diskreten Fertigung: links RFID zur Getriebemontage, rechts DMC an verschiedenen Werkstücken (Foto links: W. Geyer)

Mit Hilfe dieser beiden Verfahren ist es möglich, den einzelnen Produkten im Laufe des Herstellungsprozesses Daten zuzuordnen. Diese Datenzuordnung ist die zwingende Voraussetzung, um die einzelnen Stationen im Lebenszyklus einer Ware aufzuzeichnen. Am Beispiel einer Automobilmontagelinie mit ca. 400 Takten ergibt sich folgender Ablauf: Die Karosserie eines Autos erhält vor dem ersten Bearbeitungstakt eine Identifizierungsnummer. Diese Nummer wird auf einen an der Karosse angebrachten RFID-Transponder geschrieben. Mit der Vergabe dieser Nummer ist die Karosse fest mit dem bereits im Fertigungssteuerungssystem virtuell vorhanden Fahrzeug verbunden. Jetzt kann jeder weitere Bearbeitungsschritt und jedes Teil, welches an die Karosse montiert wird bis das Fahrzeug fertig ist, genau zugeordnet werden. Alle an den Bearbeitungsstationen notwendigen Daten wie z. B. Typ und Ausstattung, sowie auch alle entstehenden Daten wie z. B. Nummern der eingebauten Teile und Uhrzeiten können leicht zugeordnet und gespeichert werden. Damit kann auch die Frage „Wo bist Du?" jederzeit an entsprechenden Punkten beantwortet werden. Am Ende der Montage ist aus dem Fertigungsauftrag ein fertiges Fahrzeug entstanden. Über die zu Beginn der Montage vergebene Identifizierungsnummer ist dem Fahrzeug ein Datensatz zugeordnet. Mit Hilfe dieses Datensatzes ist die Frage „Wo warst Du?" zu beantworten.

### 12.1.2 Prozessindustrie

In den meisten Fällen kann man Produkte in der Prozessindustrie nicht sehen oder anfassen. Der Grund dafür ist der oft geschlossene Fertigungsprozess, d. h. die Produktion findet in Rohrleitungen, Aggregaten oder Behältern statt. Durch z. B. Erwärmen, Kühlen oder Mischen werden die Eigenschaften der Produkte gezielt beeinflusst und verändert. Diese Prozesse laufen entweder kontinuierlich oder diskontinuierlich als Batchprozesse ab. Als typische Branchen sind hier z. B. Chemie, Pharma oder Nahrung- und Genussmittel bekannt.

Um im Laufe der Produktentstehung an bestimmten Zwischenstufen Daten zuordnen zu können, ist die genaue Kenntnis des jeweiligen Ortes und der Zeit erforderlich. Auf Grund des Aggregatzustandes ist eine direkte Bezeichnung des Produktes in vielen Produktionsstufen nicht möglich. Zum Erreichen einer größtmöglichen Nähe der Daten (in der Regel Messdaten) zum Produkt werden diese virtuell in einem Leitsystem oder einer Steuerung dem jeweiligen *Batch* zugeordnet. Bei fest installierten Systemen lässt sich dies über Ventilstellung oder Zeitfenster realisieren. Dann kann man die Frage nach dem Standort eines Produkts ausreichend genau beantworten.

In einer Vielzahl von prozessorientierten Herstellungen ist jedoch keine feste Installation der möglichen Wege vorgesehen. Hier werden die Produkte in Behältern zwischengelagert und von Prozessschritt zu Prozessschritt transportiert. Mit Hilfe von Auto-ID-Systemen ist eine schnelle und sichere temporäre Zuordnung des Produktes zum Behälter möglich. Kennt man so den Ort der jeweiligen Produkte, ist auch hier die Zuordnung von weiteren produktionsrelevanten Daten möglich. Dies ist besonders für die Herstellung von pharmazeuti-

## 12.1 Anwendungsbereiche

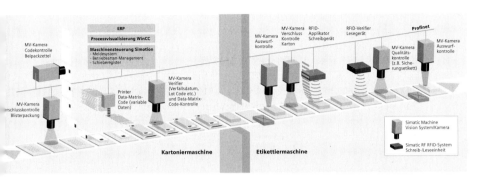

**Bild 12.2** Hybride Identifikation an einer Verpackungslinie für Medikamente

schen Produkten oder auch Lebensmitteln wichtig, da bereits während der Herstellung eine Reihe von Proben und Tests durchgeführt werden. Die gewonnenen Erkenntnisse können schnell der betroffenen Produktionsstation zur Verfügung gestellt werden. Insbesondere das Teilen und Mischen von verschiedenen Chargen sowie die Weiterverarbeitung von Teilmengen führen bei zentralen Ansätzen sehr schnell zu einem komplexen Datenaufkommen. Der Verlauf der festgestellten Orte und deren Zuordnung zum Produkt ergibt eine umfangreiche Produkthistorie. Für die in verschiedenen Ländern geplante Einführung einer E-Pedigree-Lösung in der Pharmaindustrie sind damit wichtige Voraussetzungen geschaffen.

In der Praxis wird neben RFID auch der 2D-Code eingesetzt. Gerade in der Pharmaindustrie werden auch hybride Lösungen diskutiert. So könnte der 2D-Code zur Kennzeichnung einzelner Blister eingesetzt werden, während RFID-Transponder umfassendere Verpackungseinheiten identifizieren (Bild 12.2). Die besondere Herausforderung liegt unter anderem in der hohen Verarbeitungsgeschwindigkeit der Verpackungsanlagen. Um die notwendige Performance sicherzustellen, ist eine unmittelbare Verarbeitung der optischen und Funk-Codes in einer speicherprogrammierbaren Steuerung (SPS) der Anlage erforderlich.

### 12.1.3 Tracking and Tracing in der Logistik

„Just in Time" bzw. „Just in Sequence" sind Begriffe, hinter denen sich komplexe logistische Abläufe verbergen. Das Ziel dieser Strategien ist es, die richtigen Produkte zum richtigen Zeitpunkt an den richtigen Ort zu bringen (vgl. Kapitel 10). Mit Hilfe von Auto-ID-Systemen

## 12 Tracking and Tracing

lassen sich Warensendungen schnell und effizient weltweit verteilen. Für alle führenden Logistikunternehmen ist es darüber hinaus selbstverständlich, ihren Kunden Informationen über Ort und Status der Sendungen in Echtzeit zur Verfügung zu stellen. Die durch Tracking and Tracing entstehende Transparenz erlaubt eine genauere Planung beim Empfänger und ermöglicht so, in allen Stufen der Fertigungs- und Logistikketten die Bestände und damit Kosten zu reduzieren.

### 12.2 Treiber für Tracking and Tracing

#### 12.2.1 Betriebliche Vorteile

Die kontinuierliche Optimierung der Herstellungsprozesse unterschiedlicher Produkte hat heute hocheffiziente Fertigungen entstehen lassen. Ein wichtiger Faktor zur Erschließung von weiteren Potenzialen für die Verbesserung der Kostensituation ist die Transparenz innerhalb der Fertigung. Diese Transparenz ermöglicht es, höchst flexibel auf Störungen oder Auftragsschwankungen zu reagieren, die einer optimalen Fertigung entgegen stehen. Eine lückenlose Erfassung aller wichtigen Daten einer Fertigung und die Nutzung dieser Daten für die direkte Beeinflussung der Produktion in Echtzeit ist ein weiterer Vorteil. Darüber hinaus erhöht die Bereitstellung genauer Statusinformationen im Internet, z. B. über den Fertigungszustand der bestellten Waren, die Planungssicherheit auf Kundenseite. Die mit einer eindeutigen Identität versehenen Produkte bieten diesen Vorteil über die gesamte Logistikkette und über den kompletten Lebenszyklus eines Produktes. So können auch Bereiche wie das Rückrufmanagement oder die Logistik ohne Mehraufwand die bereits am Produkt vorhandenen Identifizierungen nutzen.

#### 12.2.2 Gesetzliche Regelungen, Standards

Für einen internationalen Warenaustausch und eine weltweit verteilte Fertigung ist die Nutzung von Standards z. B. bei Begriffen oder Nummernsysteme erforderlich. Bereits bei der Generierung von Tracking-and-Tracing-Daten ist auf die Einhaltung dieser Standards wie z. B. der EPC-Schemata zu achten. Auf der Grundlage der durch die Vergabe und die Verwaltung von Nummernsystemen durch die GS1-Organisation vorhandenen Erfahrungen wird die EPCglobal-Initiative getragen. Mitglieder sind Hersteller und Nutzer von RFID-Systemen. Ziel dieser Initiative ist die Schaffung von Standards für die weltweite einheitliche Nutzung von RFID.

### 12.2.3 Verbraucherschutz

Als Arzneimittelzulassungsbehörde der USA ist die FDA (Food and Drug Administration) für den Schutz der öffentlichen Gesundheit in den USA zuständig. Alle Hersteller von Medikamenten, die in den USA zugelassen sind, müssen diese auf Anlagen fertigen, die durch die FDA zertifiziert wurden. Dies bedeutet insbesondere die Beachtung und Anwendung von Validierungsvorschriften. Tracking-and-Tracing-Informationen bilden hier eine wichtige Voraussetzung für die Validierungsfähigkeit über den gesamten Herstellungs- und Verteilungsprozess von z. B. Medikamenten.

### 12.2.4 Transparenz für Endverbraucher

Der Wunsch nach gesunder Ernährung hat in den letzten Jahren die Nachfrage nach ökologisch verträglich erzeugten Lebensmitteln anwachsen lassen. Wie bei anderen Produkten auch möchte der Konsument hier sicher sein, dass die angezeigten Produkteigenschaften tatsächlich stimmen. Hier bieten vor allem automatisierte Auto-ID-basierte Tracking-and-Tracing-Systeme ein hohes Maß an Zuverlässigkeit. Über entsprechende Auswerteprogramme kann dem Kunden die Möglichkeit geboten werden, den Produktentstehungsprozess ohne großen Aufwand über das Internet nachzuvollziehen.

## 12.3 Vorteile durch Tracking and Tracing

Eine schnelle automatische Erfassung und Verarbeitung von Informationen ist die Voraussetzung, um detailreiche Informationen über die Fertigungsverläufe direkt zu erfassen und auszuwerten. Insbesondere die automatische Erfassung von Produktionsdaten verbessert die Datenqualität erheblich. Ein Hauptziel dieser Aktivitäten ist es, die vorhandenen Fertigungskapazitäten optimal auszunutzen. Durch die Einführung von Qualitätssicherungsmaßnahmen sollen Fehler vermieden werden, denn jegliche Art von Fehlern an Produkten beinhaltet neben der potenziellen Gefahr für die Nutzer auch das Risiko, dass einzelne Produktionsschritte wiederholt werden müssen (Nacharbeit) oder das Produkt unbrauchbar ist (Ausschuss).

Zunächst versuchte man mit geeigneten Zwischenprüfungen und deren Erfassung (z. B. auf Auftragskarten) Qualitätsabweichungen frühzeitig festzustellen. Mit der Erhöhung des Automatisierungsgrades und der damit stetig steigenden Produktionsgeschwindigkeit war in vielen Branchen eine manuelle Erfassung der Fertigungsverläufe nicht mehr sinnvoll möglich. Erst mit der Einführung von Betriebsdatenerfassungssystemen konnten die wichtigsten Ereignisse in der Fertigung recht zeitnah mitgeschrieben werden. Damit waren genauere Analysen des Ist-Verlaufs in Fertigungen möglich. Erst mit Hilfe von Auto-ID-Systemen lassen sich mit vertretbarem Aufwand die Betriebsdaten direkt den Produkten zuordnen. Nun können aus Betriebsdaten auch Qualitätsdaten gewonnen werden. Dies ist wichtig, da heutige Fertigungsanlagen eine direkte Qualitätskontrolle während der Produktion oft nicht mehr zulassen. Mit dem Tracking von Produkten und dem Tracing von Ereignissen in der Fertigung stehen der Qualitätssicherung neue Strategien zur Verfügung.

### 12.3.1 Reaktives Qualitätsmanagement

Durch das Messen und Bewerten von Qualitätsparametern nach dem Durchlaufen der Produktion oder im Laufe des Produktlebenszyklus können die tatsächlichen Eigenschaften von Produkten festgestellt werden. Kommt es zu Abweichungen vom Sollwert müssen die Ursachen erforscht werden. Mit der Auswertung der vorhandenen produktbezogenen Daten (z. B. Orte, Zeiten oder Ereignisse) stehen sehr komfortable Möglichkeiten zur Verfügung, um gezielt die jeweiligen Fertigungsparameter der laufenden Produktion zu beeinflussen und das Auftreten von erneuten Abweichungen zu verhindern.

### 12.3.2 Proaktive Qualitätssicherung

Als wichtiger Vorteil von Auto-ID-Lösungen erweist sich, dass man individuelle Informationen zu Produkten, Ausrüstungen und Hilfsmitteln direkt vor Ort bereitstellen kann – bei RFID-basierten Systemen direkt am Teil, bei Barcode-Systemen über eine eindeutige Teile-ID als Referenz auf Informationen in einer Datenquelle/Datenbank. So kann z. B. ein falscher Reinigungsstatus oder die Verletzung einer Zeitrestriktion bereits vor der Nutzung des jeweiligen Aggregates erkannt werden. Fehler werden proaktiv verhindert.

## 12.4 Tracking and Tracing in der Praxis

Besonders aus Qualitätssicherungs- und Verbraucherschutzgründen ist die Erfassung von Produkthistorie und Status in der Lebensmittel verarbeitenden Industrie von originärem Interesse. Das nachfolgende Beispiel zeigt anhand einer Eierproduktion, wie sich eine weitestgehend personenunabhängige Tracking-and-Tracing-Lösung aufbauen lässt.

Eine Eier verarbeitende Fabrik der Grupo Leche Pascual in Spanien wird von mehreren Hühnerfarmen mit Eiern versorgt. In den Hühnerfarmen selbst werden die frischen Eier in wiederverwendbare Transportbehälter (Racks) gestapelt. Jeder dieser Transportbehälter ist mit einem RFID-Tag auf der Oberseite ausgestattet. In diesem RFID-Transponder werden alle Daten der im Rack befindlichen Eier wie z. B. Legezeit, Qualität. und Gewicht, übertragen. Die Abholung der Eier-Racks von mehreren verschiedenen Hühnerfarmen erfolgt mit Lkw des Eierverarbeiters. Bei der Verladung der Racks werden die Daten vom Rack an ein am Lkw installiertes RFID-Lesesystem übertragen. Durch GPS ist der Standort des Fahrzeugs bekannt, sodass durch die Kombination der RFID- und GPS-Daten eindeutig der Lieferant für jede Eier-Charge automatisch ermittelt und gespeichert werden kann.

**Bild 12.3**
Lückenlose Rückverfolgung von Eierprodukten per RFID (Foto: Peters)

## 12 Tracking and Tracing

Wenn der beladene Lkw nach Beenden der Tour zur Fabrik zurückkehrt, werden direkt bei der Einfahrt in das Fabrikgelände die Daten der auf dem Lkw befindlichen Ladung an das IT-System übergeben. Nach der Entladung des Lkw wird durch das Wiegen der Racks die Lieferung überprüft. Durch die Identifikation der Lieferung ist auch eine automatische Verrechnung ohne manuelle Eingaben möglich. Gleichzeitig werden aus der Lieferung die notwendigen Laborproben entnommen. Die Lieferung wird nun auf einer Bereitstellungsfläche zwischengelagert. Nach der Auswertung der Proben gibt das Labor die Charge zur Weiterverarbeitung frei. Die Überprüfung der Freigabe erfolgt automatisch vor der nächsten Bearbeitungsstufe. Dort werden die Eier maschinell aufgeschlagen und verarbeitet.

In der gesamten Lieferkette von der Hühnerfarm über Transport bis zum Verarbeitungsbetrieb werden die Statusdaten automatisch erfasst, ohne dass die Mitarbeiter Identifizierungsaufgaben wahrnehmen müssen. Weichen die Statusdaten vom Sollwert ab, z. B. Gewicht, Zeitüberschreitung oder fehlende Laborfreigaben, wird der Bediener entsprechend informiert. Mit Hilfe des hier installierten Systems wird eine hohe Stufe der Produktionssicherheit erreicht, die sich nicht auf die Qualifikation der Mitarbeiter verlassen muss. Alle erforderlichen Daten der Lieferkette werden im Qualitätssicherungssystem des Eierverarbeiters gespeichert und können nach Bedarf den Fertigprodukten zugeordnet werden. Damit ist eine Rückverfolgung vom Endprodukt bis fast zum Huhn gewährleistet.

### 12.5 Ausblick

Mit der Weiterentwicklung der Ident-Technologien wird zukünftig eine schnelle und aufwandsarme Identifizierung vom Produkt bis hin zu sämtlichen produktionsbeteiligten Komponenten möglich sein. Die weitere Verbesserung von Funktionen wie Pulklesefähigkeit bei RFID sowie die verbesserte Erfassung von Informationen über optische Systeme werden an Bedeutung gewinnen. Mit der dauerhaften Integration von maschinenlesbaren Codierungen in Produkten wird die Möglichkeit der Informationsbeschaffung in der industriellen Fertigung deutlich erleichtert werden.

Durch die zu erwartende Verbesserung der Datenbasis in allen Abschnitten des Produktionslebenszyklus gewinnen natürlich die Fragen nach Fälschungssicherheit von Produkten und der Schutz der Fertigungsinformationen eine wachsende Bedeutung. Auch der Um-

## 12.5 Ausblick

gang mit den entstehenden großen Datenmengen erfordert neue Überlegungen. Der nahtlose Übergang von der virtuellen in die reale Welt wird eine noch wichtigere Rolle spielen. Wird z. B. ein geplantes Auto in einer Automobilfabrik zu einem realen Auto aus Karosse, Motor und Rädern zusammengefügt, so entsteht gleichzeitig ein virtuelles Abbild des Autos, bestehend aus Ereignissen, Typen- und Seriennummern. Ob das virtuelle Abbild im realen Auto auf einem mobilen Speichermedium mitfährt oder ob es in der Datenbank der Autofabrik verbleibt, wird sicher nicht zuletzt davon abhängen, wie gut es gelingt, selektive Datenzugriffe zu organisieren und zu autorisieren.

## Literatur

[1] Bundesministerium für Wirtschaft und Technologie: RFID: Potenziale für Deutschland. Stand und Perspektiven von Anwendungen auf Basis der Radiofrequenz-Identifikation auf den nationalen und internationalen Märkten. Berlin, März 2007

[2] Kirsten Drews: Richtig erfasst: Auto-ID mit 2D oder RFID – die Applikation entscheidet. In: Messtec Automation, 15. Jahrgang, Ausgabe 09/2007

# 13 Optimierung von Supply Networks

*Volker Klaas*

Wer heute einen Anzug, einen Festplattenrecorder oder ein Automobil kauft, erwartet von einem guten Fachgeschäft, dass dort ein gut sortiertes Angebot vielfältiger Varianten zu marktgerechten, akzeptablen Preisen zur Verfügung steht. Unter unterschiedlichen Farben, Größen, Ausstattungslinien und technischen Ausbaustufen soll dort ein passendes Produkt für das jeweilige Budget ausgesucht werden können, das kurzfristig oder sofort lieferbar ist. Betrachtet man die Parameter Variantenvielfalt, Preis und Zeit etwas näher, lassen sich mehrere Schlussfolgerungen daraus ableiten.

## 13.1 Steigende Variantenvielfalt

Im Zuge zunehmender Individualisierung der Angebote in hoch entwickelten Märkten unterliegt die Variantenvielfalt der Produkte einem ständigen Wachstum. Da eine entsprechend differenzierte Nachfrage vorliegt, bieten möglichst vielfältige Ausprägungen eines Produktes dem Anbieter eine willkommene Möglichkeit, sich vom Wettbewerb abzuheben. Die Textilindustrie mit ihrer zunehmenden Spezialisierung auf unterschiedliche Zielgruppen mag hier als Beispiel dienen. Noch ausgeprägter gilt dies für die Preisgestaltung. Wer vergleichbare Produkte preislich attraktiver anbieten kann als seine Mitbewerber, hat einen eindeutigen Vorteil in der Marktpositionierung. Gerade in der Werbung für elektronische Konsumgüter kann diese Entwicklung nahezu täglich verfolgt werden.

Voraussetzung für die Wirksamkeit von Preis und Angebotsvielfalt als Differenzierungsmerkmal am Markt ist die Verfügbarkeit der Ware zum vorgesehenen Zeitpunkt am geplanten Ort. Heute ist niemand mehr bereit, auf ein elektronisches Gerät zu warten – zum Zeitpunkt der Kaufentscheidung wollen die Kunden ihre Neuerwerbung sofort mitnehmen. Bei Textilien wird die Verfügbarkeit von Standard- und Saisonartikeln in allen Farben und Größen als selbstverständlich vorausgesetzt. Und selbst bei komplexen technischen Geräten wie Automobilen beeinträchtigen lange Lieferzeiten das Geschäft empfindlich.

Diese kurz dargestellten Anforderungen der Verbraucher an die Anbieter von Produkten haben unmittelbare Auswirkungen auf den Wertschöpfungsprozess und die beteiligten Partner – Groß- und Einzelhandel, Distributoren, Logistiker und nicht zuletzt die Hersteller selbst. Im Mittelpunkt der Betrachtung steht hier das Zusammenwirken dieser Partner in der Supply Chain oder – angesichts der zunehmenden Komplexität und Verzahnung einzelner Supply Chains – in einem Supply Network [1].

## 13.2 Wandel der Anforderungen an Geschäftsprozesse

Die Komplexität von Supply Networks nimmt jedoch ständig zu. Um in dem ständigen Preisdruck mithalten zu können, werden immer mehr Produktionsschritte in Länder verlagert, die durch ein niedriges Lohnniveau die Voraussetzung für eine günstige Kostensituation bieten. Begleitet wird dieser Prozess von einer zunehmenden Spezialisierung, die zu weiteren Kostenvorteilen führt. Beides führt zu einer immer stärkeren, globalen Verteilung der Produktion mit dem Ergebnis, dass die Supply Chain immer seltener in einer Hand liegt.

Gleichzeitig werden Dienstleistungen im Wertschöpfungsprozess an branchenfremde Anbieter ausgelagert. Zum Beispiel werden die Einzelteile von Autotüren vom Logistik-Dienstleister zu funktionsfähigen Einheiten zusammengebaut, Gebrauchsanweisungen und Verpackungen werden ebenfalls vom Logistiker mit dem eigentlichen Produkt (z. B. Mobiltelefon) zu einer Verkaufseinheit zusammengeführt. Im Textilbereich übernehmen häufig Großhändler oder Distributoren das Aufbereiten der Ware, das heißt das Aufbügeln und das verkaufsfertige Zusammenlegen.

Diese Beispiele zeigen einen Trend, der sich in den kommenden Jahren weiter verstärken wird: Zum einen, weil die die Wettbewerbsanforderungen immer härter werden, zum anderen entwickeln sich immer mehr Märkte wie Indien oder China zu einer höheren Komplexitätsstufe. Die Folge davon ist eine immer engere Verzahnung von Herstellung, Veredelung und Distribution von Gütern. Gleichzeitig wächst aber die Abhängigkeit zwischen den Beteiligten. Wenn ein

# 13 Optimierung von Supply Networks

**Bild 13.1** Muster eines komplexen Supply Networks in der Automobilzulieferindustrie

Partner einer Supply Chain nicht richtig „funktioniert", das heißt Falsches zum falschen Zeitpunkt oder gar nicht liefert, ist der Erfolg der übrigen Partner massiv gefährdet.

Die Interaktion zwischen den Supply-Chain-Partnern wird somit immer intensiver (Bild 13.1). Rohstoffe, Halbfertigfabrikate und Produkte müssen zwischen den einzelnen Unternehmen ausgetauscht und termingerecht weiterverarbeitet werden. Dies ist nur möglich, wenn auch die zugehörigen Informationen und Anforderungen „just-in-time" zur Verfügung stehen und zum richtigen Zeitpunkt an den richtigen Partner weitergeleitet werden. Nicht nur die Warenströme selbst, sondern auch die zugehörigen Planungs-, Steuerungs- und Kontrollinformationen werden somit immer komplexer und zeitkritischer.

So müssen in der Elektronikindustrie kurzfristige Nachfrageschwankungen unmittelbar in Produktion, Logistik und Veredelung berücksichtigt werden. Die Schwundquote soll ohne Verzögerung der Logistikprozesse reduziert werden und nicht zuletzt sollen Service- und Rückläuferaktionen effektiver und kundenfreundlicher gestaltet werden. In der Textillogistik sind artikelbezogene „real-time"-Steuerungsinstrumente gefragt, um trotz der Variantenvielfalt und extrem verzweigten Vertriebsstrukturen die gefürchteten „out-of-stock"-Situationen zu vermeiden. Auch die umfassende Dokumentation der einzelnen Stationen ist in Industrien wie Automobil oder Pharma von überragender Bedeutung, nicht zuletzt aufgrund gesetzlicher Vorschriften (vgl. Kapitel 12).

## 13.3 Neue Geschäftsprozesse erfordern neue Technologien

In der Produktion und internen Produktionslogistik ist ein hoher Automatisierungsgrad seit vielen Jahren selbstverständlich. Sobald neue Technologien zur Steuerung und Kontrolle der Produktionsprozesse verfügbar waren, wurden diese oft auch eingesetzt. Allein der Wettbewerbsdruck durch innovative Unternehmen, die sich Marktvorteile durch die Adaption neuer Technologien erwerben, führt dazu, dass mit einiger Verzögerung auch die übrigen Anbieter in einer Branche die technischen Weiterentwicklungen nutzen. So sind Auto-ID-/RFID-Technologien seit Jahren in der Produktionsumgebung selbstverständlich (vgl. Kapitel 9). Manuelle Steuer- und Prüftätigkeiten wurden so bereits frühzeitig durch automatisierte Güter- und Informationsströme abgelöst.

Im Bereich der unternehmensübergreifenden Supply Networks ist dies bis heute kaum der Fall. Warenein- und -ausgänge werden, wenn überhaupt, nur auf der Ebene der Verpackungseinheiten mit Hilfe von Barcodes automatisiert, nicht jedoch auf Artikelebene. Es sind in der Regel aufwändige, manuelle Sortier- und Kommissionierungstätigkeiten erforderlich: Das Vereinnahmen und weitere Kommissionieren eines Standard-Transportcontainers mit Textilien kann heute bis zu zwei Wochen in Anspruch nehmen. Die Logistikstrecke ist dabei alles andere als transparent. Auf dem Wege der Waren vom Hersteller beispielsweise in Asien bis zu einem Logistikcenter in Europa können mehrere Wochen vergehen, ohne dass aktuelle Informationen über den Status der Lieferung vorliegen. Kommt es zu unvorhergesehenen Verzögerungen, können weder die Vertriebsprozesse (z. B. bei Textilien oder Unterhaltungselektronik) noch die Produktionsprozesse (Automobilbau) rechtzeitig angepasst werden. Ähnliches gilt für den Status von Lieferungen, die mehrere Zuliefer- oder Bearbeitungsstufen durchlaufen. Auch hier fehlt dem Auftraggeber die Information über den aktuellen Status seiner Bestellung.

Schließlich trifft mangelnde Transparenz auch auf weite Teile der Shop-Management-Prozesse zu, d. h. auf die Verfolgung von Warenbewegungen auf der Verkaufsfläche. Artikel, die hier falsch verräumt wurden, können nur durch aufwändige, manuelle Nacharbeit oder durch zeitintensive Inventuren wieder aufgefunden werden.

Wie sollte also eine Technologie beschaffen sein, die in den dargestellten Logistikprozessen ähnliche Produktivitätssprünge ermöglicht, wie dies im Produktionsumfeld geschehen ist?

Die wichtigste Anforderung sind zunächst die Investitions- und Betriebskosten. Ist, wie oben dargestellt, die Verfolgung einzelner Artikel oder einzelner Produktkomponenten gefordert, so muss eine solche technische Lösung entsprechend preiswert sein, um Akzeptanz zu finden. Des Weiteren müssen Erfassungsreichweiten von mehreren Metern möglich sein, um die gleichzeitige, automatische Erfassung einzelner Artikel innerhalb einer Versandeinheit, z. B. Palette, während der Standardlogistikprozesse wie Warenein- bzw. -ausgang oder Kommissionierung zu ermöglichen.

Mit der RFID-Technologie auf UHF-Basis und den EPC-Gen2-Standards stehen seit einiger Zeit derartige Möglichkeiten offen. In gleichem Maße wie die Preise für derartige RFID-Labels gesunken sind, ist deren technische Zuverlässigkeit und Einsatzbreite gestiegen. Wenn damit aber die artikelgenaue Verfolgung von Warenströmen in einem Supply Network möglich ist, bedeutet dies nichts anderes, als dass die einzelnen Events (Orts- oder Zustandsveränderungen der Ware) zum Zeitpunkt ihres Eintretens elektronisch erfasst werden und die Information darüber den Beteiligten zeitgleich zur Verfügung steht. Auch in Logistikprozessen ist es somit möglich, eine Verbindung von der realen Welt der globalen Warenbewegungen in die globale Infrastruktur der Informationstechnologie zu schaffen, die eine neue Qualität von Prozessen und Informationen ermöglicht [2].

## 13.4 Vorteile durch übergreifenden RFID-Einsatz

In RFID-gestützten Supply Networks stehen Informationen über geschäftsrelevante Ereignisse den Beteiligten zum Zeitpunkt ihres Entstehens zur Verfügung. Es ist keine aufwändige manuelle Aufbereitung oder Auswertung von Informationen aus der Vergangenheit mehr erforderlich. Standardprozesse können so automatisiert und die Durchlaufzeiten und Kosten drastisch reduziert werden. Zudem wird die Fehlerquote, die bei manuellen Prozessen immer relativ hoch ist, deutlich gesenkt. Insgesamt steigert sich so die Qualität der Logistikprozesse erheblich, was wiederum die Marktposition der beteiligten Unternehmen und die Zufriedenheit ihrer Kunden verbessert.

Unternehmen, die über exakte Informationen über Eingang, Ausgang und Bearbeitungsstatus ihrer Zulieferungen in den einzelnen Stationen der Wertschöpfungskette verfügen, haben die Möglichkeit, bei Ausnahmesituationen rechtzeitig zu agieren. Liegen solche Infor-

## 13.4 Vorteile durch übergreifenden RFID-Einsatz

mationen wie bisher nur mit deutlichem Zeitverzug vor, kann auch nur nachträglich reagiert werden, was meistens nur noch eine Schadensbegrenzung bedeutet. Durch rechtzeitige Information können proaktiv optimale Warenpuffer angelegt werden, die einerseits Lieferverzögerungen ausgleichen, andererseits aber auch die Ressourcenbindung auf das minimal notwendige Maß begrenzen. Bei kurzfristigen, regionalen Nachfrageschwankungen, etwa witterungsbedingtem Zusatzbedarf spezieller Textilien in bestimmten Gebieten, können die entsprechenden Steuerungsinformationen frühzeitig in den Logistikprozess einfließen und die Distribution der neuen Situation anpassen.

Ein weiterer Aspekt betrifft die Kontrolle der Warenströme. Wenn zu jedem Zeitpunkt erkennbar ist, wo die eigenen Güter sein sollten und wo sie tatsächlich sind, kann auf Abweichungen unmittelbar reagiert werden. Solche Abweichungen können Schwachstellen im Prozess sein, die durch RFID offenbar werden und bereinigt werden können. Es kann sich aber auch um kriminell veranlassten Schwund handeln, der aufgrund der vorliegenden Real-time-Information umgehend aufgedeckt und möglichst rasch unterbunden werden kann. Weitere kriminelle Optionen in komplexen Lieferketten sind Produktfälschungen oder verdeckter Einsatz von qualitativ minderwertigen Komponenten. Ist durch die RFID-Technologie auf Artikelebene die Rückverfolgbarkeit der Produkte oder Produktbestandteile sichergestellt, haben derartige Aktivitäten keine Erfolgsaussichten mehr.

Wenn aber schon in innovativen Supply Networks einzelne Artikel mit RFID verfolgt werden können, so sollte die vorhandene RFID-Artikelkennzeichnung ebenso für die nachfolgenden Vertriebsprozesse und das bereits angesprochene Shopmanagement zum Einsatz kommen. Durch die entsprechende Ausrüstung der Verkaufsflächen, etwa mit RFID-Regalen für Liegeware, RFID-Warenträgern für Hängeware oder mobilen Erfassungsgeräten für das Verkaufspersonal, können auch In-Store-Prozesse zu einer bisher nicht erreichten Transparenz gelangen. Alle Warenbewegungen können erfasst und damit gesteuert werden. Auch neuartige Prozesse wie RFID-basierte Informationssysteme sind denkbar: Der Kunde erhält automatisch umfassende Angaben zu dem gewählten Produkt, Hinweise zu Kombinationsmöglichkeiten mit anderen Produkten und vieles mehr (Bild 13.2).

Auf den Vertriebsprozess folgen häufig nachgelagerte Service- oder Kundenbetreuungsprozesse, beispielsweise im Geschäft mit elektronischen Konsumgütern. Bei Gewährleistungsfällen beschleunigt sich die Abwicklung durch die Identifikation des Produktes per eingebau-

# 13 Optimierung von Supply Networks

**Bild 13.2** Sind einzelne Artikel mit Transponder versehen, lassen sich auch die In-Store-Prozesse verbessern: hier ein RFID-basiertes Kundeninformations-System (Foto: METRO AG).

ten RFID-Transponder. Eine RFID-gestützte Produkthistorie vereinfacht auch bei Reparaturfällen von älteren Produkten die Entscheidung für oder gegen eine weitere Instandsetzung. Bei einigen Geschäftsprozessen besteht zudem eine eindeutige Kopplung zwischen Gerät und Anwender, zum Beispiel beim Geschäft mit Receivern für Pay-TV-Programme oder bei vom Anbieter bereitgestellten Geräten wie DSL-Routern oder Set-Top-Boxen für digitalen Kabelempfang. Solche Geräte befinden sich oft in einem kurzlebigen Verleihgeschäft, werden vom Benutzer zurückgegeben und wieder neu in den Kreislauf gebracht. Die RFID-gestützte Zuordnung zum Benutzer und die Verbindung mit der bisherigen Einsatzgeschichte des Gerätes ermöglicht die einfache Abwicklung der zugehörigen Zahlungsaktivitäten und der erforderlichen Wiederaufbereitung. Real-time-Informationen erlauben so eine optimale Kundenbetreuung und steigern deren Bindung an ein Unternehmen.

Für alle dargestellten Einsatzbereiche der RFID-Technologie gilt, dass die zeit- und artikelgenaue Erfassung der tatsächlichen Warenbewegungen natürlich eine deutlich höhere Planungsqualität ermöglicht als die bisher üblichen, vergangenheitsbezogenen Daten. Wenn Durchlaufzeiten und Veränderungen in der Lieferkette stationsgenau bekannt sind, können zukünftige Prozesse anhand dieser Informationen optimal geplant werden. Aus Transparenz und Real-time-Information entsteht letztlich Vertrauen – sowohl in den Partner als auch in die eigene Handlungsfähigkeit [3].

## 13.5 Möglichkeiten der Weiterentwicklung

Auch wenn die Vorteile von RFID-gestützten Supply Networks offensichtlich sind, werden diese bisher lediglich bei einigen besonders innovationsfreudigen Unternehmen implementiert. Gründe dafür sind, dass die benötigte UHF-/Gen2-Technologie erst seit etwa 2006 in einer geschäftstauglichen Form zur Verfügung steht, dass die Kosten häufig noch als zu hoch angesehen werden und dass viele Unternehmen in ganz unterschiedliche Wertschöpfungsketten eingebunden sind. So bedient ein Automobilzulieferer in der Regel nicht nur einen Kunden, sondern eine ganze Reihe von Herstellern. Die meisten Produzenten von Textilien oder elektronischen Geräten liefern an verschiedene Einzelhandelsketten. Deshalb ist es üblich, dass die Anforderungen an die auszutauschenden Informationen in den unterschiedlichen Supply Chains auch unterschiedlich ausgeprägt sind. Wenn ein Unternehmen diese verschiedenartigen Anforderungen umsetzen wollte, würde ein nicht unerheblicher Bedarf an zusätzlichen Kosten und Ressourcen entstehen.

Wenn aber die RFID-Technologie flächendeckend genutzt werden soll, sind Überlegungen gefragt, wie diese Einstiegshürden abgebaut werden können. Eine Möglichkeit ist, dass Unternehmen mit stark ausgeprägter Nachfragemacht ihre Zulieferer mittels mehr oder weniger deutlich formulierter finanzieller Sanktionen zur Teilnahme an RFID-gestützten Logistikprozessen motivieren. Der Vorteil ist, dass damit eine schnelle Umsetzung gelingt. Nachteil ist jedoch das Fehlen einer eigenständigen Motivation zur RFID-Nutzung: Die Lieferanten versehen zwar ihre Ware mit RFID-Transpondern, ziehen aber keinen eigenen Nutzen aus der Technologie.

Eine weitere Möglichkeit, den Einstieg in die neue Technologie zu erleichtern, sind Betreibermodelle für die RFID-Infrastruktur, die von neutralen, das heißt nicht selbst an den betroffenen Supply Chains teilnehmenden Anbietern, zur Verfügung gestellt werden. Vergleichbar dem IT-Outsourcing bietet der Betreiber von der Installation über die Wartung bis hin zu einer Kommunikationsplattform zum Austausch der relevanten Informationen in den gewünschten Formaten den kompletten Betrieb der RFID-Infrastruktur an. Solche Betreibermodelle schaffen optimale Voraussetzungen für den RFID-Einsatz in

# 13 Optimierung von Supply Networks

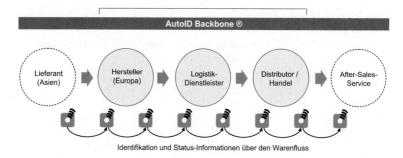

**Bild 13.3** Prinzipdarstellung eines Auto-ID/RFID-Betreibermodelles

komplexen Strukturen. Den einzelnen Partnern wird unabhängig von ihrem IT-Know-how und von den vorhandenen IT-Ressourcen ein einfacher Einstieg in die Technologie ermöglicht, da der Betreiber Implementierung und Wartung inklusive 24-Stunden-Service vollständig übernimmt (Bild 13.3).

Dies bedeutet auch, dass neue Partner, etwa wechselnde Produktionsstandorte oder neue Zulieferer, flexibel und kurzfristig eingebunden werden können. Nachfrageschwankungen oder Kostensteigerungen an einzelnen Produktionsstätten können umgehend berücksichtigt werden. Die geschäftsrelevanten Informationen werden über die gemeinsame Kommunikationsplattform so aufbereitet, dass die einzelnen Unternehmen diese in Echtzeit in ihren IT-Systemen weiterverarbeiten können. Die Beteiligten an einem solchen RFID-Betreibermodell haben jeweils nur einen Partner für die Informationsverteilung und Aufbereitung auch bei wechselnden Kunden oder Lieferanten, sodass hier keine zusätzlichen Abhängigkeiten entstehen.

Nicht zuletzt kann durch ein Betreibermodell auch die Investitionshürde deutlich reduziert werden. Statt hoher Anfangsinvestitionen zahlen die Nutzer des Betreibermodells die Leistungen transaktions- oder stückbezogen. Damit wird das Investitionsrisiko überschaubar und die anfallenden Kosten sind unmittelbar mit der Auslastung der RFID-Infrastruktur verknüpft [4].

## Literatur

[1] Kristian Kluge: Make it real on time – Die Optimierung des unternehmensübergreifenden Informationsflusses in einer logistischen Kette durch Integration der RFID-Technologie nach dem Real-time Business Ansatz; Diplomarbeit 2007

## 13.5 Möglichkeiten der Weiterentwicklung

[2] Helmut Merkel: Future Supply Chain Management; 20. Deutscher Logistik Kongress, Berlin 2003
[3] Herbert Ruile: Gläserne Prozesse – RFID-Einsatz in betrieblichen Abläufen. In: RFID Practice Reports 2007/2008, TradePressAgency 2007
[4] Stroh/Ringbeck/Plenge: RFID Technology: A new innovation engine for the logistics and automotive industry? Studie von Booz-Allen-Hamilton und der Universität St. Gallen; 2004
[5] Christoph Doenges: Die Neuausrichtung der Logistik ist Realität. In: RFID Practice Reports 2007/2008, TradePressAgency 2007

# 14 Fahrzeuglogistik

*Marcus Bliesze, Hans-Jürgen Buchard*

RFID-Anwendungen für die Optimierung der Fahrzeuglogistik verteilen sich zumeist über sehr große Areale. Hier müssen sowohl Personen als auch die mit Datenträgern ausgestatteten Objekte große Wegstrecken zurücklegen. Die Prozesse in der Fahrzeuglogistik sind häufig komplex und enthalten in vielen Fällen zahlreiche Freiheitsgrade. Durch die räumliche und zeitliche Dynamik, der die Abläufe in der Fahrzeuglogistik ausgesetzt sind, wird ein hohes Maß an Transparenz in Echtzeit gefordert. Sind beispielsweise zu jedem Zeitpunkt die Standorte aller Lkw bekannt, die im Dock & Yard-Management auf das Ausladen ihrer Waren an einem Lagerhaus warten, kann die Zuweisung frei werdender Docks so organisiert werden, dass Lkw problemlos rangieren und somit schnellstmöglich den Entladevorgang beginnen können. Transparenz ist auch in festgelegten Prozessen gefragt, um durch statistische Auswertungen von Fahrzeugbewegungen mögliche Optimierungspotenziale zu identifizieren.

## 14.1 Spezielle Anforderungen

In der Fahrzeuglogistik finden sich deshalb deutlich modifiziertere technische Anforderungen an die RFID-Systeme als bei anderen Applikationen. Die Objekte bewegen sich auf freien Flächen und in Indoor-Umgebungen. Freie Parkplatz-Flächen mit verkabelten RFID-Schreib-Lesegeräten auszustatten erweist sich entweder als zu teuer oder ist in vielen Fällen durch fehlende Montagemöglichkeiten an Parkbuchten gar nicht möglich. Eine Erfassung der Parkplatz-Position von Fahrzeugen kann in diesen Fällen nur durch aktive Real-Time-Locating-Systeme (RTLS) erfolgen, deren Infrastruktur um die freie Fläche herum aufgebaut ist.

In der Vergangenheit hat es an technischen Lösungen gefehlt, um ohne menschliche Eingriffe Fahrzeuge innerhalb der Produktion zu verfolgen. Zur Wiederauffindung der auf den ersten Blick vielfach

## 14.2 Technische Grundlagen

identisch wirkenden Fahrzeuge, die den normalen Produktionsablauf verlassen haben, wurden manuelle Buchungen zunächst auf Papier mit der späteren Übertragung in IT-Stellplatz-Verwaltungssysteme vorgenommen. Diese Verfahren waren zeitaufwändig und durch die manuellen Eingaben stark mit Fehlern behaftet. Die Aktualität der Information war immer zeitversetzt. Eine Falschbuchung führte unwillkürlich zur Potenzierung durch Folgefehler, die nur über aufwändige Clearing-Maßnahmen (Inventur) behoben werden konnten. Bedingt durch die sich ergebende Ungenauigkeit der manuell erfassten Informationen und deren fehlende Aktualität war die Akzeptanz der Systeme sehr gering. Als Folge für die Produktion entstanden lange Suchzeiten für Fahrzeuge, die den normalen Bandablauf verlassen hatten. Lange Suchzeiten bedeuten längere Lieferzeiten, unbefriedigende Termintreue und führen unmittelbar zu höheren Kosten.

## 14.2 Technische Grundlagen

Ortungssysteme (RTLS) gehören zur Familie der aktiven RFID-Systeme. Sie bestimmen in regelmäßigen Abständen die Position von Objekten in einem Areal. Die RTLS-Datenträger senden hierzu Signale

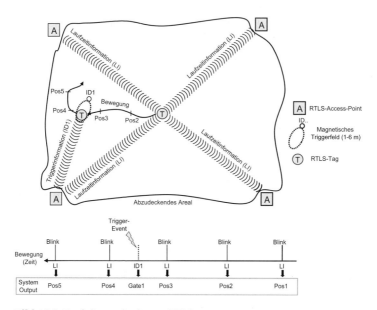

**Bild 14.1** Funktionsprinzip von RTLS

## 14 Fahrzeuglogistik

mit einer einstellbaren Blinkrate an so genannte RTLS-Access-Points, die die fest installierte RTLS-Infrastruktur bilden (Bild 14.1). Die Signale der RTLS-Datenträger ermöglichen den RTLS-Access-Points, Laufzeitinformationen (LI) zu generieren. Diese werden an eine zentrale Recheneinheit weitergeleitet, in der aus den Laufzeitinformationen unterschiedlicher Access Points die Position des RTLS-Datenträgers im vorhandenen Areal (Pos1...Pos5) errechnet wird.

Im Gegensatz zu klassischen RFID-Gates, bei denen eine Erfassung von Objekten nur an definierten Punkten stattfindet, arbeiten RTLS-Systeme flächendeckend. Die Position von Objekten kann an jedem Punkt des abgedeckten Areals bestimmt werden. Es gibt dennoch Anwendungen, bei denen es zusätzlich notwendig ist, nach dem klassischen RFID-Gate-Prinzip zu verfahren. Zu diesem Zweck sind die RTLS-Datenträger in der Lage, ein Magnetfeld zu erkennen, das von so genannten Triggern ausgestrahlt wird. Dieses Feld kann für eine räumliche Ausbreitung von 1-6 m parametriert werden. Um verschiedene Triggerfelder unterscheiden zu können, übermittelt das Magnetfeld eine Trigger-Identifikationsnummer. Erkennt ein RTLS-Datenträger das Magnetfeld eines Triggers, liest der Transponder die Triggeridentifikationsnummer und übermittelt diese gemeinsam mit seiner eigenen Kenn-Nummer sofort an die RTLS-Access-Points. In Bild 14.1 tritt der RTLS-Datenträger zwischen den Positionen drei und vier in ein Triggerfeld ein und setzt sofort eine Nachricht mit der Trigger-ID an das System ab.

Das Trigger-Prinzip wird zum Beispiel bei einer Zufahrtskontrolle eingesetzt. Hier soll in dem Moment, indem sich ein berechtigtes Fahrzeug nähert, eine Schranke geöffnet werden. Eine sofortige Reaktion des Zufahrtskontrollsystems ist notwendig, um das Fahrzeug nicht zum Anhalten zu zwingen.

Durch die beiden Funktionen Ortung und Trigger-Ortsbestimmung ist es möglich, die Blinkrate für die Ortung aus Gründen des Batterieverbrauchs in den RTLS-Datenträgern auf ein Minimum zu reduzieren, während in bestimmten Situationen dennoch in Echtzeit reagiert werden kann. Die Wahl der Blinkrate hängt im Wesentlichen von der Dynamik der möglichen Bewegung der zu ortenden Objekte ab.

Ist die RTLS-Infrastruktur einmal vorhanden und der Datenträger am Objekt befestigt, bieten sich vielfältige Nutzungsmöglichkeiten ohne zusätzliche Kosten. Die ständige Datenübermittlung ergibt ein aktuelles Bild vom Produktionsablauf und einen transparenten Prozess. Auffälligkeiten im Prozessablauf werden erkannt und können verbessert werden.

## 14.3 Anwendungsszenarien

Optimale logistische Prozesse fordern aktuelle Informationen. Real-Time Locating bietet nicht nur aktuelle Informationen, sondern verknüpfen diese mit dem aktuellen Standort eines Objekts. Die Transparenz des Prozesses wird durch die Kenntnis über den Aufenthaltsort der Ware zum aktuellen Zeitpunkt maßgeblich erhöht.

### 14.3.1 Einsatz bei Automobilkonzernen

Zur Verfolgung von Fahrzeugen im Bereich der Endmontage wird in allen Werken eines Automobilherstellers das System Sicalis RTL eingesetzt. Es verfolgt zuverlässig die Fahrzeuge, die die feste Sequenz des Montagebandes verlassen haben, um über verschiedene Prüfstationen und Fertigstellplätze (Elektroprüfung, Rollenprüfstände, Einstellplätze) zur Auslieferung zu gelangen. Sicalis RTL ermöglicht die Erfassung und Visualisierung aller Fahrzeugbewegungen auf den ausgewiesenen Flächen, in der Halle, im Freigelände sowie an den Werkstoren. Durch die hohe Genauigkeit der RTLS-Komponenten des Systems Moby R ist es möglich, die Parkpositionen punktgenau an die weiterverarbeitenden Systeme des Betreibers zu übermitteln.

Fahrzeuge, die zwar das Montageband verlassen haben, aber zur endgültigen Fertigstellung zu einem späteren Zeitpunkt nochmals in die

**Bild 14.2** RTLS-Transponder am Innenspiegel zur Ortung des Fahrzeugs

Produktionshalle müssen, werden mit einem mobilen Datenträger (RTLS-Transponder) versehen. Dieser Transponder wird mit einem Haltebügel am Fahrzeuginnenspiegel befestigt (Bild 14.2). Entsprechend dem logistischen Ablauf wird das Fahrzeug auf einem der möglichen produktionsnahen Parkplätze abgestellt. Wird ein Fahrzeug nun von dem Montage-Finish-System zur Fertigstellung abgerufen, so kann der Standort des Wagens abgefragt oder über einen Web-Browser im Intranet grafisch angezeigt werden.

Der Einsatz von RTLS erspart langwierige Suchvorgänge zum Auffinden des Fahrzeuges. Der Fertigungsmitarbeiter kann direkt auf das abgestellte Fahrzeug zugreifen und dieses zur Fertigstellung bringen. Vor Einführung des RTLS-basierten Systems waren mehrere Fertigungsmitarbeiter allein mit der Suche der Fahrzeuge beschäftigt. Besonders beim Anlaufen der Produktion für einen neuen Fahrzeugtyp entsteht in sehr hohem Maß der Bedarf zur nachgelagerten Fertigstellung einzelner Fahrzeuge, da die Fertigungsprozesse noch nicht vollständig eingeschwungen sind. Da aber bei Neuanläufen mehrere tausend Fahrzeuge für den „Tag X" vorproduziert werden, ergibt sich allein an dieser Stelle ein erhebliches Einsparungspotenzial.

Mit Einführung eines neuen Transporter-Modells setzt auch ein Nutzfahrzeughersteller auf die RTLS-Technik zur Erhöhung der Produktionstransparenz, Verkürzung der Durchlaufzeiten und Verbesserung der Liefertreue. Die Funkinfrastruktur im Werk besteht aus 18 Moby-R-Antennen, 19 Triggern sowie 500 RTLS-Transpondern.

Die Datenträger sind so parametriert, dass sie alle vier Minuten ein Signal (Blink) aussenden. Diese Blinks werden in einer Distanz von bis zu 300 Metern von mindestens drei zeitsynchronen und LAN-fähigen Moby-R-Antennen empfangen und über das vorhandene Netzwerk an die Verarbeitungssoftware weitergeleitet. Aufgrund der Laufzeitunterschiede des Signals zwischen den Antennen ermittelt ein zentraler Server die aktuelle Position des Datenträgers (und damit des Fahrzeugs) und hinterlegt die Informationen in der Datenbank. Die am Ende des Finish-Bandes mit Transpondern versehenen Kleintransporter können auf den Außenparkplätzen mit einer Genauigkeit von etwa drei Metern in Echtzeit geortet werden.

Zum schnellen Wiederauffinden eines Fahrzeuges nutzt der Produktionsmitarbeiter die Sicalis-RTL-Landkartenapplikation auf seinem PC (Bild 14.3). Er erhält so einen Überblick über alle geparkten Fahrzeuge und kann gezielt einen bestimmten Transporter suchen. Mit dieser Information kann der Mitarbeiter dann das Fahrzeug abholen und dem Fertigstellungsprozess zuführen.

14.3 Anwendungsszenarien

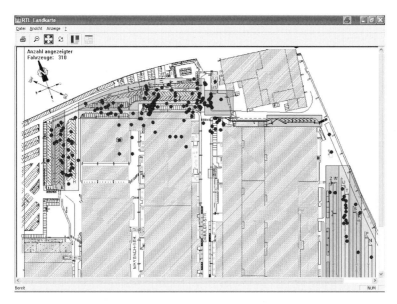

**Bild 14.3**
Sicalis RTL zeigt die Fahrzeug-Positionen grafisch auf einer Landkarte

Da durch Sicalis RTL alle Fahrzeugbewegungen in Echtzeit erfasst werden, verbessert sich die Transparenz des Fertigstellungsprozesses deutlich. Auf diese Weise werden Produktionsengpässe und einzelne „Langläufer-Fahrzeuge" schnell erkannt. Auf die automatisch gewonnene Erkenntnis kann sofort reagiert werden. Durch den Wegfall sämtlicher Fahrzeug-Suchzeiten führt die Einführung des Ortungssystems zu einer erheblichen, zeitlichen Straffung der Prozesse und damit zu bedeutenden Kosteneinsparungen.

**14.3.2 Fuhrparkmanagement im öffentlichen Nahverkehr**

Im öffentlichen Nahverkehr ist das zuverlässige Einhalten des Fahrplans ein wesentlicher Faktor für die Kundenzufriedenheit. Eine gute Organisation des Fuhrparks ist die Basis für Termintreue und zudem eine wichtige Voraussetzung für die Kosteneffizienz einer Flotte. Das zentrale Element beim Fuhrpark-Management ist das Fahrplan-Management (Bild 14.4). Hier wird die Zuweisung von Fahrern zu ihren Linien und Fahrzeugen durchgeführt. Im Instandhaltungsmanagement werden die Fahrzeuge für ihre nächsten Fahrten vorbereitet und gewartet. Es liefert Fahrzeugdaten wie zum Beispiel den genauen

14 Fahrzeuglogistik

**Bild 14.4** Planungskomponenten beim Fahrplan-Management

Standort, Kilometerstand, Tankinhalt und Wartungszyklen als wertvollen Beitrag für das Fahrplan-Management-System. Instandhaltungsarbeiten werden erst dann nötig, wenn das Wartungsintervall auch die Zuweisung auf die kürzeste Route im Fahrplan nicht mehr zulässt. Die Zuweisung der Fahrzeuge zu Linien kann nunmehr gezielt erfolgen.

Der Einsatz eines RTLS-Systems kann die automatisch erstellte Dokumentation mit permanent zur Verfügung stehenden Ortsinformationen der Fahrzeuge auf dem Betriebsgelände ergänzen. So wird es zum Beispiel möglich, frühzeitig Aussagen zu treffen, wann ein Fahrzeug die Instandhaltung verlassen wird und wieder eingeplant werden kann. Aus Langzeitanalysen ermittelte statistische Standzeiten an den einzelnen Arbeitsstationen dienen zur Vorhersage von Durchlaufzeiten durch den Instandhaltungsprozess. Auch mögliche Engpässe im Prozess oder eine ungünstige räumliche Anordnung der Arbeitsstationen werden deutlich. Schließlich wird eine zeitliche Straffung der Instandhaltungsprozesse erreicht, da die automatisierte Parkplatzerfassung ein schnelleres Auffinden geparkter Fahrzeuge ermöglicht. Leerlaufzeiten von Arbeitsstationen können auf diese Weise minimiert werden.

Insgesamt gelingt es durch den Einsatz von RTLS, eine maximale Flexibilität bei der Zuordnung von Fahrern und Fuhrpark bis kurz vor der Ausfahrt zu erzielen. Daraus ergeben sich erhebliche Vorteile:

- minimiertes Ausfallrisiko des zugewiesenen Fahrzeugs
- schnelle Reaktion auf Ausfälle
- höhere Termintreue durch planbare Abholzeiten von Fahrzeugen
- Erhöhung der Wirtschaftlichkeit durch gleichmäßige Auslastung und mögliche Reduzierung des Fuhrparks

## 14.3 Anwendungsszenarien

- gezielte, bedarfsgesteuerte Betankung (statt täglicher Tank-Stopps) durch Zuweisung von Fahrzeugen mit Restfüllstand zu kurzen Linien
- Verringerung von Instandhaltungsarbeiten durch Ausnutzung des kompletten Wartungsintervalls
- automatische Dokumentation von Arbeitsschritten

**Konkrete Implementierung**

Bild 14.5 zeigt das Betriebsgelände eines Busunternehmens. Die Fahrzeuge kommen und verlassen das Gelände über die mit einem Zufahrtskontrollsystem auf RTLS-Basis ausgestattete Ein- und Ausfahrt. Jeder Bus wird im ersten Schritt des Wartungsprozesses in die Waschstraße gefahren.

Im Folgenden können je nach Bedarf die einzelnen Service-Stationen und die Tankstelle angefahren werden. Der Bedarf für Instandhaltung wird durch Heranziehen der Wartungsunterlagen und der Planung im Fahrplan-Management-System ermittelt. Das Parken der fertiggestellten Busse findet bevorzugt in den Parkhallen statt, um auch im Winter sofort einsatzbereite Fahrzeuge vorzufinden. Fahrzeuge,

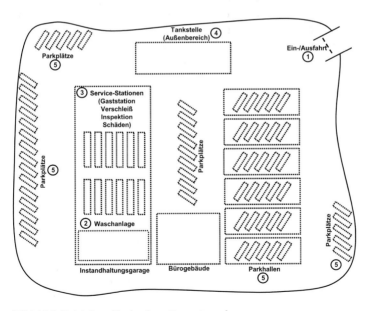

**Bild 14.5** Betriebsgelände eines Busunternehmens

# 14 Fahrzeuglogistik

die auf eine Service-Station warten, werden im Außenbereich abgestellt. Kurz vor Abfahrt eines Busses bekommt der Fahrer im Bürogebäude einen Ausdruck mit Linie, Bus und dem Standort des Busses ausgehändigt und kann auf diese Weise in kürzester Zeit seine Fahrt beginnen.

Als Ortungssystem kommt wiederum Moby R zum Einsatz. Antennen wurden bei der Tankstelle, den Parkhallen und -plätzen und im Außenbereichen montiert. Die Magnetfeld-Trigger kommen bei der Zufahrtskontrolle an der Geländeein- und ausfahrt, bei der Waschanlage und den Service-Stationen zum Einsatz.

### 14.3.3 Dock & Yard-Management

Auch das Dock & Yard-Management kann durch RTLS-Technik optimiert werden. Hierunter werden die Optimierung des Verkehrsflusses auf einem Werksgelände, die Zufahrtskontrolle und die Zuweisung der Ladetore verstanden. Bei einem österreichischen Automobilhersteller muss das Ent- und Beladen von bis zu 1.800 LKW pro Tag gemeistert werden – eine logistische und organisatorische Herausforderung nicht nur für den Wareneingang, sondern auch für den Werksschutz, der jede Ein- und Ausfahrt überwachen und dokumentieren muss.

Durch ein RTLS-basiertes Lkw-Leitsystem werden die Logistik-Disposition und der Werksschutz bei ihren Aufgaben unterstützt. Der Clou:

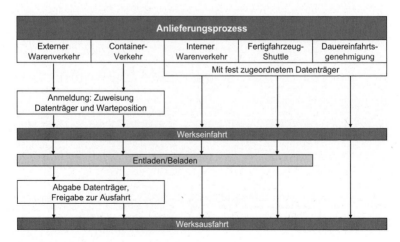

**Bild 14.6** Prozesse in der Werkslogistik

## 14.3 Anwendungsszenarien

Statt Unmengen von Papier und einer nachträglichen manuellen Eingabe von Daten bietet RTLS eine „elektronische Einfahrtsgenehmigung" per Transponder.

Der Logistikprozess ist in Bild 14.6 veranschaulicht: Die Lkw fahren zunächst einen außerhalb des Werks gelegenen Warteparkplatz an, um sich bei der Warenannahme anzumelden. Dort erhalten die Fahrer einen Moby-R-Transponder, der ab jetzt dem LKW fest zugeordnet ist. Ab diesem Zeitpunkt wird die geladene Ware für den Disponenten im Werk sichtbar und kann per Mausklick abgerufen werden. Sobald der Disponent den Lkw anfordert, erscheint dessen Fahrzeug-Kennzeichen und die anzufahrende Entladestelle auf einem Großdisplay. Gleichzeitig wird der Lkw für die Einfahrt in das Werk freigegeben. Erreicht der Lkw das Tor, identifiziert ein Trigger den Transponder, überprüft die Zufahrtsberechtigung und öffnet die Schranke automatisch.

Beim Verlassen des Werkes wird mit Hilfe des Systems sichergestellt, dass der Transponder wieder abgegeben wird. Bei Lkw mit Auslieferungsfahrzeugen blendet das System automatisch die Liste der zu diesem Abholauftrag gehörenden Fahrzeuge samt Detailinformationen auf dem Bildschirm des Werkschutzes auf (Bild 14.7). Der Werkschutz-Mitarbeiter am Tor kann auf diese Weise die tatsächlich aufge-

**Bild 14.7** Zwei RTLS-Trigger (Kreismarkierungen) dienen zur Überwachung der Werksausfahrt

# 14 Fahrzeuglogistik

ladenen Fahrzeuge in Menge, Modell und Ausführung leicht überprüfen. Pendel-Lkw, Dienstfahrzeuge oder Besucher-Pkw mit Dauereinfahrtsgenehmigung erhalten einen persönlichen Datenträger und können direkt ins Werk einfahren.

Das eingesetzte Sicalis-RTL-System erlaubt es, den Lieferstrom gezielt und priorisiert zu steuern: Die vor Einführung des Systems entstandenen Staus am Werkstor gehören der Vergangenheit an. Das Material kommt zum gewünschten Zeitpunkt „Just in Time" an der Entladestelle an. Die Anzahl der sich auf dem Werksgelände befindlichen Lkw wird reduziert. Alle stattfindenden Fahrzeugbewegungen werden durch Sicalis RTL transparent in der Datenbank hinterlegt. Mit den archivierten Transaktionsdaten kann auch eine Schadensersatzforderung von Lieferanten aufgrund angeblicher Verzögerungen bei der Warenannahme mit der tatsächlichen Wartezeit überprüft werden.

## Literatur

[1] Papierlose Steuerung des Verkehrsflusses bei MAGNA STEYR. In: Advance, Ausgabe 3/2004

# 15 RFID am Flughafen

*Regina Schnathmann*

Bei operativen und wirtschaftlichen Überlegungen in der Luftfahrtbranche steht die Optimierung von Prozessen vorrangig in Bezug auf höchste Zuverlässigkeit und Sicherheit bei gleichzeitig konsequenter Kostenoptimierung im Mittelpunkt.

## 15.1 Prozesse in der Flughafenlogistik

Zunehmender internationaler Wettbewerb mit neuen Teilnehmern (insbesondere Billigfluganbietern) und verstärkte Sicherheitsvorschriften bei parallel wachsenden Passagier- und Luftfrachtzahlen haben die Rahmenbedingungen des Marktes in den vergangenen Jahren erheblich beeinflusst. Eine Antwort auf die veränderten Rahmenbedingungen und künftigen Anforderungen geben hier unter anderem innovative Technologien, die sowohl im Bereich der Prozesse als auch auf der Kostenseite nachhaltigen Nutzen erzeugen. Einen wichtigen Betrag leisten Lösungen auf Basis der RFID-Technologie, die mehr und mehr Eingang auch an Flughäfen finden.

RFID spielt vor allem dort seine Stärke aus, wo es um eine große Anzahl von Objekten geht (Bild 15.1). Bei Millionen von Passagieren mit entsprechend großen Mengen an Gepäck sowie dem stetig wachsenden Luftfrachtvolumen bietet sich RFID in vielfältiger Weise für den Einsatz auf Flughäfen und bei Airlines für die Passagier-, Gepäck- und Frachtlogistik an. Die höchsten Optimierungs-Erwartungen innerhalb der Passagierabfertigung liegen beim Passagier-Tracking.

Neueste Zahlen sprechen von einem Volumen beförderter Gepäckstücke von rund 2,25 Milliarden Stück pro Jahr [1] mit steigender Tendenz. Die aus diesem Trend resultierenden Anforderungen werden mit der bislang eingesetzten Technik nicht beherrschbar sein. Gefordert sind innovative Technologien und Systeme, die ein übergreifendes, integriertes und weltweites Baggage Management ermöglichen, dass das Gepäck eindeutig und sicher markiert, leitet,

# 15 RFID am Flughafen

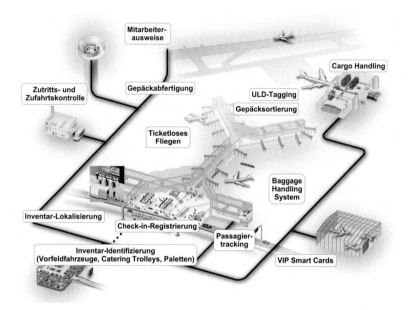

**Bild 15.1** RFID-Technologie im Flughafen-Bereich

verfolgt und ausliefert sowie ggf. schnell ausfindig macht – und das über die gesamte Reise eines Passagiers hinweg.

Durch das Verfolgen von Passagierströmen erhoffen sich die Flughafenbetreiber eine Erhöhung der Sicherheit und bessere Planbarkeit ihrer Prozesse. Damit würde auch eine Minimierung der eingesetzten Ressourcen einhergehen. Dem Fluggast bringt der Einsatz RFID-basierter Tickets und entsprechender Anzeigesysteme mehr und aktuellere Informationen, zum Beispiel zum Auffinden des richtigen Abflug-Gates, über individuelle Flugplanänderungen und zu sonstigen reiserelevanten Daten. Kundenbindung und auch die Zufriedenheit der Kunden können wesentlich erhöht werden. Allerdings bestehen auch Vorbehalte seitens der Passagiere im Hinblick auf den Datenschutz.

Auch im Bereich des Check-in versprechen sich die Verantwortlichen durch die Einführung von RFID eine weitgehende Automatisierung der Teilprozesse: Registrierung, Gepäck-Check-in und Erhalt des Boarding-Passes. Das ticketlose Fliegen nimmt besonders bei Geschäftsreisenden stetig zu. Die Möglichkeit, auch die klassische Bordkarte als Papierdokument im Passagierprozess entfallen zu lassen,

## 15.1 Prozesse in der Flughafenlogistik

macht den Einsatz der neuen Technologie attraktiv. Die notwendigen Daten für den aktuellen Flug könnten zukünftig auf die individuelle Bonus-Karte der Airlines eingespielt werden.

Den anderen großen Einsatzbereich für RFID-Systeme stellt die Gepäckbeförderung mit ihren verschiedenen Teilprozessen dar. Vor allem in Großflughäfen wie Frankfurt, Dubai oder Peking werden die Gepäckstücke auf kilometerlangen Schienensystemen in einzelnen Behältern befördert. Sorteranlagen sorgen für den korrekten Abwurf der Gepäckstücke an der richtigen Stelle. Ein RFID-System besteht hier aus der Kombination einer mobilen oder stationären Lese-Schreib-Einheit und den Transpondern an den Förderbehältern. Eingebunden in das Baggage Management kann das System in allen Abschnitten der Förderung automatisch feststellen, wo und in welchem Status sich der Koffer bzw. der Behälter befindet. So wird der Warenfluss transparent und ermöglicht eine lückenlose Dokumentation sämtlicher Gepäckströme.

Besonders für die Gepäckabfertigung und -sortierung besteht der Wunsch nach einem Ersatz für die herkömmliche Barcode-Kennzeichnung, die beim Check-in am Gepäck angebracht wird. Zwar sind die Anschaffungs-Aufwendungen mit Barcode geringer, bei den Folgekosten ergibt sich jedoch ein Mehraufwand. Vergleichbar mit dem Tragen einer Brille muss der Barcode-Scanner regelmäßig in kurzen Abständen gereinigt werden. Geschieht dies nicht, verschlechtert sich die Leserate und die Kosten steigen. Neuesten Zahlen zufolge kostet das Fehlleiten oder der Verlust von Gepäck die Industrie knapp 24,4 Mrd. Euro pro Jahr. Kostenvorteile entstehen hier durch eine Beschleunigung des Handlings und die vergleichsweise geringen Wartungskosten. Eine oftmals ineffiziente, teure Verfolgung der Gepäckstücke entfällt durch die automatische und lückenlose Überwachung des Warenstroms. So wird der gesamte Durchsatz in der Logistikkette erhöht.

Ein weiterer positiver Effekt ergibt sich im Hinblick auf den Kundennutzen: Der Passagier erhält jederzeit detaillierte Auskunft über den Aufenthaltsort seines Gepäcks. Nachverfolgungsaufträge bei der Gepäcksuche werden einfacher, weil es viel leichter nachzuvollziehen ist, wohin das Gepäck transportiert wurde. Damit sollte das Warten auf ein versehentlich falsch eingechecktes Gepäckstück am Zielflughafen bald der Vergangenheit angehören. Denkbar für die Verwendung von RFID-Lösungen sind aufgrund der gestiegenen Sicherheitsvorkehrungen auch Transponder an Koffern beim Betreten des Flughafengeländes. Unbeaufsichtigtes Gepäck könnte mit Hilfe von

# 15 RFID am Flughafen

RFID schnell und zuverlässig entfernt oder dem Passagier wieder zugeordnet werden.

RFID-Systeme halten derzeit am häufigsten bei innerbetrieblichen Anwendungen Einzug. Kontaktlose Mitarbeiterausweise kommen an vielen Flughäfen im Rahmen der Zutritts- und Zufahrtskontrolle zum Einsatz. Daneben werden RFID-Transponder zur Lokalisierung und Identifizierung von Inventar verwendet. Beispiele sind das Auffinden von Rollwagen (Trolleys) im Flughafengebäude oder die Verfolgung von Vorfeldfahrzeugen.

Wie jedes andere RFID-Projekt muss auch bei Flughafen-Anwendungen zunächst die Wirtschaftlichkeit durch Einsparungen in den Prozessabläufen bewiesen werden. Daneben haben aber Sicherheitsaspekte ein hohes Gewicht bei der Investitionsentscheidung. Da die Geschäftsabläufe in der Flughafenlogistik branchenspezifisch sehr übersichtlich sind, können sie schnell durchleuchtet werden. Hauptaugenmerk liegt auf dem Optimierungspotenzial durch nachhaltigen Einsatz neuer Technologien und deren Einführung in mehreren Phasen, um den laufenden Betrieb sicherzustellen oder Systemübergänge problemlos zu gestalten.

## 15.2 RFID-Einsatzgebiete in der Flughafenlogistik

### 15.2.1 Prozessoptimierung auf Air- und Landside

Auf Flughäfen finden Prozesse in unterschiedlichen Bereichen statt: hier wird zwischen Airside und Landside unterschieden. Der Airside-Bereich umfasst alle Prozesse, die hinter der Sicherheitskontrolle stattfinden und auf den Bewegungsflächen für die Flugzeuge. Die Zutrittsberechtigungen sind hier begrenzt. Die Landside-Prozesse sind dort, wo diese Beschränkungen nicht bestehen. Dort, wo sich das Terminal befindet, alle öffentlichen Straßen sowie die Geschäfte und Hotels. Nun wird in mehreren Einsatzgebieten bereits die RFID-Technologie genutzt: Innerhalb des Flughafens kommt sie beispielsweise bei der Verwaltung der Catering-Trolleys zum Einsatz. Aber auch bei der Frachtbeförderung wird mehr und mehr auf RFID zurückgegriffen. Im so genannten Airside-Bereich müssen verschiedene Güter und Maschinen verfolgt werden. Und schließlich werden für die Wartung hochwertiger Komponenten innerhalb der Fördersysteme ebenfalls RFID-Systeme eingesetzt. Die eingesetzten Transponder müssen von der Federal Aviation Administration (FAA) oder der Luftfahrtbundes-

## 15.2 RFID-Einsatzgebiete in der Flughafenlogistik

behörde zertifiziert und freigegeben sein. Neben der Gepäckabfertigung können auch die Gepäcksortierung, der wichtige Gepäck-Passagier-Abgleich sowie die Gepäckverlustbegrenzung mit RFID-Systemen durchgeführt werden.

Einige Beispiele für realisierte Systeme und Anwendungen an internationalen Flughäfen bzw. bei Airlines:

- Cincinnati International Airport – Real-time-Fluginformationen werden benutzt, um die Ground-Support-Funktionen zu verbessern.

- Newark International Airport – Airside-Wagen werden „getrackt", um einen Zugriff von nicht autorisierten Personen in den geschützten Bereichen zu vermeiden.

- Fluglinie Air Canada – Das Catering-Equipment wird real-time verfolgt, um Verlust und Diebstahl zu vermeiden sowie die Auslastung zu verbessern.

- Hong Kong International Airport – Auf dem Hong Kong International Airport werden im Fracht-Bereich die Ladeeinheiten mit Transpondern ausgerüstet.

- Zaventem Brussels & Arland Stockholm – Hier erfolgt die Gepäckbeförderung in „getagten" und wiederverwendbaren Kisten, die automatisch zu den richtigen Ladepunkten geleitet werden.

- Toronto & Vancouver Airports – Lieferanten und Personal gelangen nur durch Smart-Card-Zugangskontrollen zu Gebieten mit beschränktem Zutritt.

- Swissair/Sabena – Zürich Airport – Um das Einchecken und den Zugang zur VIP-Lounge zu erleichtern, besitzen rund 70.000 „frequent fliers" auf dem Flughafen Zürich Smart Cards. Emirates Airlines bietet Ihren Vielflieger-Kunden die Möglichkeit mit Hilfe der Vielfliegerkarte die E-Gates im Flughafen Dubai bei der Ein- und Ausreise zu benutzen.

Der Hauptanwendungsbereich von RFID-Systemen liegt auf der Landside, die im Weiteren hauptsächlich betrachtet wird.

### 15.2.2 RFID an Behälterförderanlagen

Die derzeit gängige Ausstattung von Logistiksystemen mit RFID erfolgt an den Behältern der Förderanlage selbst. Anstelle einer Barcodekennung ist die RFID-Technologie installiert. An den Trays sind kleine Module mit dem Transponder installiert. Auf dem Schienensystem befinden sich Leser, Antenne und Interface-Modul. Der Transponder beinhaltet die Daten mit der Beschreibung, Ausgangs- und Zielpunkt.

RFID sollte keineswegs nur als „moderner Barcode" angesehen werden – RFID leistet deutlich mehr: Im Vergleich zur konventionellen Technik, bei der die Information, wohin der Behälter fahren soll, von der übergeordneten Steuerungsebene ins System gegeben wird, ist diese Information bei RFID bereits direkt an jedem einzelnen Behälter vorhanden. Somit kann sich der Behälter schneller und sicherer im System bewegen. Aber auch im Fall von kurzfristigen Änderungen, beispielsweise eines Gate-Wechsels, ist ein RFID-Transponder durch seine Wiederbeschreibbarkeit überlegen (Bild 15.2). Mit RFID wird mehr Effizienz im Gepäckmanagement geboten. Zudem kann auf den Einbau von Scanner-Gates verzichtet werden. Schließlich ist die Leserate wesentlich höher als bei herkömmlichen Barcodesystemen. Dadurch wird die Summe an fehlgeleitetem Gepäck reduziert und die Kosten im Baggage-Handling gesenkt. RFID-Reader sind einfacher zu installieren, zuverlässig, fehlerresistent und widerstandsfähiger in einer „rauen" Umgebung.

**Bild 15.2** RFID-Technologie in einer Behälterförderanlage (Foto: W. Geyer)

## 15.2.3 RFID BagTag

Die neuesten Entwicklungen betreffen die Identifizierung der Gepäckstücke, direkt an den Koffern. Basis dafür ist eine Bandförderanlage, auf der die Gepäckstücke lose liegen und jeweils mit einem so genannten „BagTag" versehen sind. Damit sind alle wichtigen, relevanten Informationen direkt am Gepäck angebracht. Die hierbei eingesetzten Systemkomponenten basieren auf den IATA-Empfehlungen RP1740c (International Air Transport Association). Hier werden die Gepäckstücke mit UHF-Transpondern versehen. Die Daten werden in Echtzeit gelesen, verarbeitet und dem übergeordneten Gepäckmanagementsystem bereitgestellt.

Mit Simatic RBS hat Siemens eine Lesestation für die neue Art der Gepäckkennzeichnung entwickelt (Bild 15.3). Das neue System wurde bei ausführlichen Langzeittests unter Realbedingungen im Siemens Airport Center in Deutschland geprüft, um die Funktionssicherheit und den Durchsatz für die Praxis sicherzustellen. Eine der ersten Anwendung läuft auf dem Flughafen Wuhan, China. Die eingesetzte Technik lässt sich einfach in vorhandene Gepäckfördertechnik integrieren. Dies vereinfacht die Installation und Inbetriebnahme, ermöglicht die exakte Planung der dafür anfallenden Zeiten und stellt von Anfang an die Zuverlässigkeit des Systems sicher.

Das auf die Anforderungen im Gepäck-Handling zugeschnittene System für Flughäfen steigert die Effizienz im Gepäckmanagement und lässt sich leicht integrieren. Die Leserate ist im Vergleich zu herkömmlichen Barcode-Systemen wesentlich höher: Sie liegt bei über 99% unter realen Bedingungen.

Geht man hier weiter in die Technologieentwicklung, könnte auch die Wiederverwendbarkeit der Transponder eine akzeptable Lösung sein. So würden die RFID-Transponder nicht wie bisher nach Gebrauch abgerissen und zerstört, sondern mehrfach verwendet werden. Eine weitere Lösung besteht in der kompletten Integration des Transponders in den Koffer. Enthielte der Transponder bereits sicherheitsrelevante Informationen, dann könnte das Second Screening eingespart werden, weil bereits bekannt ist, was der Koffer enthält. Allerdings spielt hier der Datenschutz eine wichtige Rolle. Es wird vorgeschlagen, die Daten mit Verlassen des Flughafenbereiches gänzlich zu löschen. Damit könnten Zugriffe auf die gespeicherten Informationen verhindert werden.

# 15 RFID am Flughafen

**Bild 15.3** RFID-BagTag: links der RFID-Transponder im Gepäckanhänger, rechts die Lesestation Simatic RBS (Foto links: W. Geyer)

## 15.2.4 RFID-gestützte Wartung

Bei den Einsatzgebieten Wartung und Instandhaltung wird mit Hilfe von RFID-Systemen unter anderem der Wartungs-Lebenslauf im Transponder der jeweiligen Objekte gespeichert. Eine solche Kennzeichnung lohnt sich auch an hochwertigen Einzelkomponenten in einer Gepäckförderanlage. Die Sicherheit bei High-Value-Produkten rechtfertigt also auch den Einsatz von RFID-Technologie. Zu wichtigen Anwendungsgebieten zählen weiterhin: Prozesse der Instandhaltung und des Inventarmanagements sowie Ortung von Betriebsobjekten wie beispielsweise Brandschutzklappen, Gepäcktrolleys, Ersatzteile oder Fahrzeuge.

Auf dem Frankfurter Flughafen werden beispielsweise seit mehreren Jahren die Brandschutzklappen per RFID gewartet. Der Gesetzgeber hatte die Wartung mit langjähriger Nachweispflicht belegt. Die damit verbundene Erstellung von Auftragsblättern stellte eine Herausforderung in Bezug auf Archivierung und das Auffinden beim Erfüllen der Nachweispflicht dar. Auch entstand durch einen Medienbruch eine hohe Fehlerquote: Die Auftragsdaten mussten nachträglich manuell in die Datensysteme eingepflegt werden. Weiterhin konnten an den Brandschutzklappen keine Informationen über die durchgeführten Wartungen abgelegt oder angebracht werden. Ein Nachweis, ob eine Wartung ordnungsgemäß durchgeführt wurde, war daher schwierig. Mit dem RFID-System wird nun direkt bei der Wartung vor Ort der Ausweis des Servicemitarbeiters erfasst. Die Auftragsdaten werden dem Mitarbeiter über ein Handheld-Gerät mitgeteilt, damit verbunden ist die Protokollierung und mobile Zurückmeldung. Auch die Ausweis-Zuordnung und Abrechnung erfolgt über RFID. So können Aufträge direkt eingeordnet werden, ohne Medienbrüche, ohne Datenverluste, da die Daten einmalig erfasst werden. Eine Wartung kann erst gebucht werden, wenn der Transponder an der Anlage eingelesen wurde: Somit wird automatisch der Nachweis für die tatsächliche Durchführung der Arbeiten gewonnen.

### 15.2.5 Verbesserung im Catering-Bereich

Das Handling der Trolleys für das Catering der Passagiere ist ein weiterer Einsatzbereich der RFID-Technologie. Wie die IATA in einer Studie festgehalten hat, beläuft sich das gesamte Einsparungspotenzial in diesem Bereich jährlich auf rund US $ 470 Millionen. Was sind die relevanten Indikatoren dieser Anwendungen?

Der Bereich umfasst sowohl die Trolley-Nachverfolgung, die Wagen-Wartung sowie das Bestandsmanagement – die Datensammlung über die Inhalte der Servierwagen. Trolley-Nachverfolgung bedeutet, dass bekannt ist, wo sich der Servierwagen gerade befindet, entweder jederzeit oder an Schlüsselpositionen des Gesamtprozesses. Zum Bestandsmanagement der Trolleys gehören neben der Information, was sich im Wagen befindet, auch Daten auf den Transpondern, wann ein Wagen zu einem Flug muss und wann er wieder zum Lieferanten, zum Caterer oder zum Fluglinien-Depot zurückgebracht wird. Hier gilt es, eine schnelle Kontrolle über gelieferte Speisen und Getränke zu haben. Zumindest bei den traditionellen Carriern, die üblicherweise einen Vertrag mit den Caterern haben, muss sichergestellt sein, dass sie immer bedient werden und jeder Flug adäquat ausgestattet ist. Ein anspruchsvolles Angebot an Speisen und Getränken bedingt eine reichhaltige Vorhaltung an sehr unterschiedlichen Positionen. Traditionelle Carrier verdienen an dieser Stelle kein „Extrageld" durch den Verkauf von Speisen. Ganz im Gegenteil dazu die Billigfluglinien: Inhalt- und Wagen-Nachverfolgung und Trolley-Wartung werden von den Geschäftspartnern unterschiedlich gewichtet.

Auf den Transpondern wird zum Beispiel eine erforderliche Reparatur des Wagens gespeichert. Darüber hinaus kann aber auch die vorausschauende, durch die Nutzungshäufigkeit gesteuerte Wartung auf den Transpondern vermerkt werden. Airlines und Caterer sehen hier ihren größten Vorteil in der verbesserten Nachverfolgung. Die Inhaltsnachverfolgung steht bei Behörden und Flugzeug-Betreibern im Vordergrund der Überlegungen. In allen drei Prozessbereichen werden also kurzfristige Vorteile durch RFID-Kontrolle der Trolley-

Wartung, Inhalts- und Nachverfolgung gesehen. Projektbeispiele gibt es z. B. bei KLM und Lufthansa. Auch die IATA selbst hat im Catering-Bereich genaue Prozessanalysen betrieben.

### 15.2.6 RFID in Cargo Logistics

Die aktuellen Luftfrachtzahlen der Arbeitsgemeinschaft Deutscher Verkehrsflughäfen (ADV) steigen stark an. Ähnlich wie bei den Fluggastentwicklungen verzeichnet auch das Frachtvolumen eine enorme Steigerungsrate. Allein in Deutschland stieg das Luftfrachtvolumen beispielsweise bis Juli 2007 um 4,3 % auf fast zwei Millionen Tonnen. Dieser Trend gilt auch für den Weltmarkt. Um genau zu bestimmen, wo die Waren sind, finden RFID-Systeme im Cargo-Bereich ihre sinnvolle Verwendung. Transponder werden an Unit Load Devices (ULD) befestigt. Der Einsatz von RFID im Gesamtbereich der Logistik und Lagerhaltung geht jedoch über die Luftfahrtbranche hinaus, da in diesem Zusammenhang auch externe Beteiligte (z. B. Logistik-Dienstleister) in der Prozesskette stehen.

Bei einer Waren-Produktion, bei der es von der Produktionsstätte über einen Landversand, dann Flugversand und wiederum Landversand bis hin zum Werk des Anwenders eine durchgängige Informationskette gibt, macht der durchgängige RFID-Einsatz mit standardisierten Protokollen und Formaten Sinn. Im Cargo-Bereich ergeben sich Inventarmanagement, Instandhaltung und das Handling selbst als Anwendungsmöglichkeiten für die Technologie. So haben Luftfrachtunternehmen häufig täglich mehrere tausend Sendungen pro Transport. Da ist es ein wichtiger Vorteil, zu wissen, wo sich welche Waren befinden.

### 15.2.7 Vorteile durch RFID

Die Barcode-Lesetore sind in der Anschaffung im Vergleich zu RFID-Readern zwar preiswerter, verursachen aber aufgrund ihrer mechanischen Komplexität höhere Wartungskosten. Darüber hinaus weisen Sie eine geringere Lesegeschwindigkeit im Vergleich zu RFID-Systemen auf. Im Bereich des Gepäckmanagements sehen Experten daher erhebliche Kostenvorteile für RFID-Systeme bei der Gesamtbetrachtung der Prozesse.

Welche Vorteile bieten die Systeme für die Kunden? Für den Passagier kann ein Gepäcksystem mit RFID sicherer sein, weil der Koffer gegebenenfalls nicht abhanden kommt. Gerade im Hinblick auf die neuen

Großflugzeuge wie den Airbus A380 wird die zügige Abfertigung von Passagier und Fracht wichtiger. Während der Passagier bei der Passkontrolle mit einem E-Passport schneller abgefertigt wird und damit Zeit zum Einchecken spart, werden Gepäckstücke mit RFID-Label schneller und sicherer verladen. Ein konkretes Anwendungsbeispiel für den zunehmenden Komfort, den die Systeme den Passagieren bieten, zeigt die Emirates Airline. Inhaber der Vielfliegerkarte „Skywards Gold" können einen schnellen E-Gate-Zugang am Flughafen Dubai nutzen.

Auch die Flughafenbetreiber profitieren von der RFID-Einführung. Durch die automatische Überwachung des Gepäckstroms kann der Durchsatz in der Logistikkette entscheidend erhöht und der Aufwand für die manuelle Rückverfolgung gesenkt werden. Mit Hilfe von RFID könnte der Verbleib des Gepäckstückes für den Passagier transparenter werden. Schließlich trägt ein solches System durch die höhere Transparenz auch zur Kundenbindung bei.

Die zunehmende Verflechtung von Märkten fördert den Einsatz von RFID-Systemen. Dabei geht es im Kern um das Erschließen von Wettbewerbsvorteilen durch die systematische Erfassung und Steuerung der komplexen logistischen Zusammenhänge im Wertschöpfungsnetz. Aus rein wirtschaftlicher Sicht unterstützt der verschärfte Kosten- und Wettbewerbsdruck auf internationalen Märkten den breiteren Einsatz von RFID-Systemen. Vor allem in Anwendungen und Branchen lassen sich Chancen ausmachen, in denen Produktivitätsfortschritte durch eine verstärkte Automatisierung erzielt werden sollen. Insgesamt wird durch den Einsatz von RFID die Transparenz der Supply Chain erhöht und die Transaktionskosten für die Unternehmen verringern sich.

## 15.3 Perspektiven

Bei der Weiterentwicklung von RFID im Flugverkehr steht der nachweisbare Nutzen im Fokus. Für viel versprechende Anwendungen entwickelt die IATA spezielle Analysen, Standards und Business Cases. Unterstützt werden die Analysen durch Anwendungsbeispiele. Sieht man auf die unterschiedlichen Größen der Flughäfen, wird deutlich, dass der höchste Handlungsbedarf bei den großen Hubs liegt. Hier liegt ein Schwerpunkt bei der Gepäckabfertigung und -sortierung, da das Gepäck- und Frachtaufkommen jährlich um etwa 5-6% weiter ansteigt. Um dieses Volumen zu beherrschen, ist die Verringerung von Fehlleitungen oder gar Gepäckverlusten von größter Bedeutung. Ein weiterer Vorteil: Flugverzögerungen werden durch schnellere Gepäckidentifikation bei No-Show eines Passagiers wesentlich reduziert.

Auch beim Passagier-Tracking wird RFID eine entscheidende Rolle spielen. Gepäck- und Frachtverfolgung und schnellstmögliche Abwicklung können erst dann effizient eingesetzt werden, wenn auch die Passagier-Liste vollständig ist und Gepäck und Passagier abgeglichen sind (Reconciliation). Prozessunterstützend könnte hier eine elektronische Bordkarte mi RFID-Transponder sein.

RFID ist nicht nur eine neue Technologie zur Verbesserung der Sortierleistung und -genauigkeit. Vielmehr wird das gesamte Potenzial der Technologie freigesetzt, wenn entlang der gesamten Wertschöpfungskette bzw. dem Leistungsbereich eines Systems nicht nur die Kernprozesse, sondern auch die unterstützenden Applikationen betrachtet werden. RFID ist somit der Schlüssel für kreatives Design neuer Anwendungen und effizienter Abläufe.

**Literatur**

[1] SITA: 4th Annual Baggage Report, 2008

# 16 Postautomatisierung

*Dr. Norbert Bartneck*

Postdienste gehören zu den weltweit größten Logistikdienstleistungen, wenn man die Anzahl der transportierten Güter – Briefe, Großbriefe und Pakete –, deren Abholung, Sortierung, Transport zwischen den Sortierzentren sowie die Zustellung betrachtet (Bild 16.1). Die Prozesse müssen mit großer Geschwindigkeit, hoher Qualität und zu günstigem Preis ausgeführt werden, was eine optimierte Automatisierungstechnik erfordert. Neben den Sendungen als zentrale Güter existieren die Behälter als weitere Objekte in der Postlogistik, deren automatische Identifikation zentrale Bedeutung für die Automatisierung hat.

Bis vor wenigen Jahren waren es vor allem die operativen Prozesse, auf die sich die Automatisierung fokussierte. In jüngster Zeit spielen zunehmend überwachende und planerische Funktionen eine wichtige Rolle, mit deren Hilfe die Transparenz und Effizienz weiter gesteigert werden kann. Beispiele dafür sind die Verwaltung der Lagerbestände von Transportbehältern, die Kontrolle eingegangener Sen-

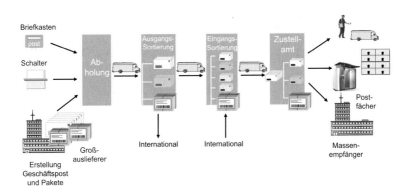

**Bild 16.1** Operative Prozesse der Postlogistik

dungsmengen auf Vollständigkeit, das Prüfen der abgehenden Sendungsmengen auf korrekte Versandrichtung, sowie die Überwachung der Lkw auf dem Betriebsgelände. Für diese Funktionsgruppen bietet RFID neue Möglichkeiten, die erforderliche Information über die Objekte effizient zu erfassen.

## 16.1 Auto-ID in der Postlogistik

Ein zentraler Punkt bei der Logistikautomatisierung ist die Kennzeichnung und Identifikation (Auto-ID) der zu bearbeitenden Objekte. Über automatische Identifikation wird entschieden, um welches Objekt bzw. welche Klasse von Objekten es sich handelt und wie es zu bearbeiten ist, z. B. welche Richtung es nehmen soll. Eine solche Identifikation kann zwei unterschiedliche Ausprägungen haben: als menschenlesbare Information (z. B. Anschrift) oder als maschinenlesbare Kodierung (z. B. Barcode). Die maschinelle Erkennung erfolgt über optische Systeme oder über Funksysteme (RF-lesbar), sollte aber in Prozessen, in denen manuelle Arbeitsschritte erforderlich sind, auch für den Menschen lesbar sein.

Beim Inhalt der Auto-ID sind zwei Formen zu unterscheiden: Zum einen die Identifizierung über eine eindeutige Nummer, zum anderen die Ablage zugehöriger relevanter Daten (z. B. die Adresse eines Briefes).

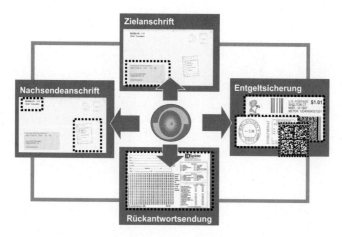

**Bild 16.2** Verschiedene Auto-ID-Verfahren auf Sendungsebene

## 16.1 Auto-ID in der Postlogistik

In der Postlogistik kommen verschiedene Auto-ID-Varianten zum Einsatz (Bild 16.2):

- *Textinformation* wie z. B. die Adresse als Logistikinformation zur Steuerung der Postbearbeitung oder textlich aufgebrachte Zusatzvermerke wie Absender oder Vorausverfügungen. Die Textinformation kann über optische Erkennungssysteme automatisch gelesen werden.

- *Linearer Barcode* mit der Adresse als codierte Logistikinformation (AdressCode) oder mit einer Sendungs-ID, die über optische Lesesysteme erfasst werden

- *2D-Barcode*, der aufgrund seiner zweidimensionalen Struktur eine größere Datenmenge beinhalten kann (z. B. Wertzeichen)

- *Fingerprint*, eine innovative Methode, bei der charakteristische visuelle Merkmale einer Postsendung für deren Identifizierung verwendet werden (z. B. Lage und Inhalt von Adressfeld und Wertzeichen)

- RFID-Transponder mit passiver oder aktiver Technologie

Jede der aufgeführten Technologien hat ihre ganz spezifischen Stärken. So können ausschließlich Textinformationen auch von Menschen ohne zusätzliche technische Geräte gelesen und aufgebracht (geschrieben) werden. Barcodes hingegen sind einfacher maschinenlesbar, vielfach auch sehr günstig aufzubringen. Address-Codes erlauben die Verarbeitung ohne Zugriff auf zentrale Server, während über ID-Codes eine Adresse mehrstufig ermittelt werden kann (z. B. zunächst der Zielort, danach Straße und Hausnummer). Der Fingerprint kommt wiederum ohne zusätzlich angebrachte Kodierungen aus, was vor allem für gewerbliche Sendungen oder Printprodukte einen erheblichen Vorteil bedeutet. Schließlich bietet RFID spezifische Vorteile wie die Erfassung im Pulk, die Beschreibbarkeit und das Lesen ohne Sichtverbindung. Praktisch werden deshalb alle Auto-ID-Technologien in verschiedenen Anwendungen eingesetzt.

**Postsendungen**

Während Briefe und Großbriefe von privaten Versendern oder kleinen Unternehmen ihre Information überwiegend als textlich aufgedruckte oder handgeschriebene Adressen enthalten, verfügen Sendungen von Großausliefern und Pakete oft über zusätzliche Information via Barcode (linear und 2D-Code). Für die Sortierung wird die

# 16 Postautomatisierung

klarschriftlich aufgebrachte Adresse decodiert und an die Sortiermaschine übertragen. Da jede Postsendung mindestens zweimal sortiert werden muss, setzt man zur Vereinfachung der nachfolgenden Identifikation eine zusätzliche Codierung ein. In Anwendungen, in denen das nachträgliche Anbringen eines Barcodes technisch aufwändig oder störend ist, kommt der Fingerprint zum Einsatz (der ganze Brief wird fotografiert). Dies gilt vor allem bei Großbriefen (Flats), für die es auf Grund der sehr unterschiedlichen Umschlaggestaltung teuer ist, einen Barcode nachträglich aufzubringen.

**Transportbehälter**

In bisherigen Lösungen zum Behältertransport wird die notwendige Information (Richtung, Postart) auf Etiketten (Label) vermerkt, die an den Behältern befestigt werden. Für automatisierte Lösungen, in denen die Behälter über automatische Fördersysteme zu den Bearbeitungsstationen transportiert werden, wird diese Information zusätzlich als Barcode aufgebracht. Innovative Ansätze zum automatischen Behältermanagement setzen auf RFID-Technologie, da deren Stärken (Pulklesen, kein Sichtkontakt erforderlich) hier gut genutzt werden können und die Kostennachteile gegenüber einem Barcode durch die Wiederverwendbarkeit der Transponder weniger zum Tragen kommen.

**Lkw**

In bisherigen Lösungen sind Lkw und Ladeeinheiten entweder durch ihr Nummernschild, das offizielle Kfz-Kennzeichen, oder eine Transportnummer identifiziert. Ähnlich dem Behältermanagement setzen innovative Ansätze zum automatischen Betriebshof- und Transportmanagement verstärkt auf RFID-Technologie, da die große Reichweite von RFID erhebliche Verbesserungen im Prozess ermöglicht.

## 16.2 RFID – die innovative Auto-ID-Technik

Während in der Postlogistik der Barcode seit vielen Jahren erfolgreich eingesetzt wird, gewinnt die RFID-Technologie erst in den letzten Jahren an Bedeutung. Bedingt durch die Kosten für die Transponder liegt der Schwerpunkt der RFID-Anwendungen auf Behältern und Transportfahrzeugen. Da bei diesen Anwendungen die RFID-Transponder mehrfach eingesetzt werden, spielt die Kostenfrage hier eine gerin-

## 16.2 RFID – die innovative Auto-ID-Technik

gere Rolle als bei Postsendungen, für die die Transponder nur einfach verwendet werden können. In der Postautomatisierung hat sich die UHF-Technologie mit passiven Transpondern, Lesereichweiten bis zu zehn Metern und robusten Pulkleseraten durchgesetzt. Die einfachste Form der Transponder, so genannte Smart Labels, kosten weniger als 0,20 Euro und sind zur Identifizierung der typischen Kunststoffbehälter gut geeignet. Auf metallischem Untergrund, wie er häufig bei Containern zu finden ist, ermöglichen spezielle Transponder eine ausreichend gute Lesbarkeit. Für Anwendungen, die eine größere Reichweite erfordern, kommen aktive Transponder zum Einsatz. Hier sind Tags im 2,45- bzw. 7-GHz-Bereich einsetzbar, die Reichweiten von 50 Metern oder mehr erreichen.

Die Erfassung der Information des RFID-Tags in Postlogistikanwendungen erfordern unterschiedliche Systemkonfigurationen, abhängig von den definierten Anforderungen und dem existierenden Umfeld.

### Erfassung von Einzelsendungen in Sortiersystemen

Bei den Sortiersystemen wird zwischen den auf hohen Durchsatz ausgelegten Sortiermaschinen für Standard- und Großbriefe und fördertechnischen Sortiersystemen für Pakete und Behälter unterschieden. Bei den Sortiermaschinen für Briefe und Großbriefe spielt RFID aus Kostengründen heute praktisch keine Rolle. Für die Erfassung entlang der Fördersysteme werden spezielle Scan-Tore oder RFID-Tunnel eingesetzt, die die RFID-Tags auf den Objekten lesen bzw. beschreiben. Diese werden über der Förderstrecke installiert und können aufeinanderfolgende Objekte mit hoher Zuverlässigkeit trennen.

### RFID-Gates

Im Gegensatz zu kleinen Behältern, deren Transport über automatische Förderstrecken abgewickelt wird, werden die großen Transportbehälter (Rollcontainer, Paletten) manuell oder über Flurförderfahrzeuge transportiert. Für Anwendungen, bei denen der Transport der Behälter durch definierte Tore erfolgt, eignen sich stationäre Erfassungstore (RFID-Gates), die die RFID-Transponder bei der Durchfahrt erfassen (Bild 16.3). Die Antennen werden entweder direkt in die Ladetore an den Rampen der Sortierzentren integriert oder mit eigenen Toraufbauten realisiert. Zur Bestimmung der Transportrichtung werden diese Tore mit zusätzlicher Sensorik ausgestattet. Häufig sind dies einfache Lichtschranken, mit denen bestimmt werden kann, in

16 Postautomatisierung

**Bild 16.3** Bei dieser Gate-Anwendung konnten die RFID-Antennen dank großer Reichweite oberhalb der Durchfahrttore installiert werden – ein aufwändiger, mechanischer Rammschutz entfällt.

welcher Richtung sich ein Objekt durch ein Tor bewegt. RFID-Gates ermöglichen die gleichzeitige Erfassung eines großen Transportbehälters und der darauf transportierten Briefbehälter.

**RFID-Lokalisierung**

Anwendungen, die eine permanente Bestimmung des Aufenthaltsortes von Behältern innerhalb eines Raumes oder eines Geländes ermöglichen, erfordern eine aktive Lokalisierung (RTLS). Zum Einsatz kommt hier aktive RFID-Technologie (Kapitel 14). Bei einfachen Lösungen genügt die Auswertung der Information, dass sich das gesuchte Objekt im Empfangsbereich einer Leseeinheit befindet. Leistungsfähigere Systeme erlauben durch den Einsatz mehrerer Empfangseinheiten eine genaue Lokalisierung des Objekts. Erzielbare Reichweiten dieser Ortungssysteme liegen heute bei 50-100 m im Innenbereich und bei 100-200 m im Außenbereich, bei einer Genauigkeit von etwa einem Meter.

**Erfassung über mobile Leser**

Eine häufige Erfassungsmethode im Logistikbereich ist die Erfassung mit mobilen Lesern. Die Information über das Objekt (Paket oder Behälter) wird durch Mitarbeiter mit einem RFID-Handheld-Leser erfasst und zusammen mit weiteren Informationen (z. B. Messposition, Arbeitsplatz, Zeit) an das zugehörige System übertragen.

### 16.2.1 RFID-basierte Anwendungssysteme

Auf der Ebene der Behälter und Ladeträger findet die RFID-Technologie zunehmend Eingang in die Anwendungen, von denen im Folgenden die wichtigsten dargestellt werden.

**Assetmanagement (Asset-Tracking & Management-System)**

Als Assets von zentraler Bedeutung im postalischen Umfeld sind die zum Transport der Postsendungen eingesetzten Behälter wie Rollcontainer, Paletten oder die für den Lufttransport verwendeten ULDs (Unit Load Devices, Paletten und Container zur Beladung von Großraumflugzeugen) zu nennen. Diese Behälter stellen mit ihrer großen Anzahl einen bedeutenden Wert für die Postgesellschaften dar. Ohne eine systematische Kontrolle unterliegen die Behälter einem kontinuierlichen Schwund mit erheblichen Folgekosten. Eine zeit- und ortsgerechte Verfügbarkeit der Behälter ist für eine effiziente Ausführung der Transportvorgänge von entscheidender Bedeutung.

Das Asset-Management stellt Funktionen zur Verfolgung, zum gezielten Ausgleich und zur Wartung dieser Assets zur Verfügung, mit einem umfassenden Berichtswesen und einem leistungsfähigen Eventmanagement. Basis dieser Funktionen ist eine kontinuierliche Erfassung der Assetbewegungen und die damit mögliche, stetige Inventur auf RFID-Basis. Standardmäßig bewegen sich die Behälter auf definierten Wegen vom Lieferkunden bis zum empfangenden Endkunden. Zentrale Punkte auf diesen Wegen sind Ein- und Ausgangstore in den Sortierzentren oder den Betriebshöfen, an denen eine automatische Erfassung der aus- und eingehenden Assets mittels RFID-Gates erfolgen kann. Die Assets werden dazu mit passiven UHF-Transpondern versehen. Erfordern die Anwendungen zusätzlich die Erfassung von Assetbewegungen innerhalb großer Hallen oder im Freigelände, so sind Lokalisierungslösungen erforderlich.

**Dock & Yard-Management**

Der Transport der Sendungen zu und zwischen den Sortierzentren erfolgt mit LKW-Zügen, bestehend aus Zugmaschinen und verschiedenen Ladeträgern (Trailer). Die korrekte und effiziente Koordination und Überwachung dieser Ladeträger zu und auf den Betriebshöfen erfordert eine umfassende Systematik – mit RFID als Informationsträger. Dazu gehören die Überprüfung der Zufahrtsberechtigung, eine Zuordnung der Rampenbelegung, die Zuordnung der Warte- und Parkpositionen sowie die Bereitstellung leerer Ladeträger. Zur Automatisierung dieser Vorgänge spielt RFID eine wichtige Rolle. Ein umfassendes Dock & Yard-System erfordert sowohl eine Erkennung der Transporteinheiten an definierten Positionen (z. B. Betriebshofeinfahrt bzw. Be- und Entladerampen) als auch eine Lokalisierung im gesamten Gelände des Betriebshofes. Zur Realisierung werden die Ladeeinheiten mit passiven UHF-Transpondern ausgestattet, die von Lesern an der Zufahrtsschranke und an den Rampen erfasst werden. Für eine Lokalisierung der Trailer auf dem Gelände des Betriebshofes werden die Ladeeinheiten zusätzlich mit aktiven Transpondern zur Ortung ausgestattet.

**Arrival & Dispatch-Management**

Ein weiteres Anwendungsfeld, bei dem die RFID-Technologie seine Vorteile zur Geltung bringt, ist der An- bzw. der Auslieferungsprozess in den Logistikzentren. Während bei der Anlieferung die Überprüfung der korrekten Zusammenstellung der Lieferung von Interesse ist, soll bei der Auslieferung ein fehlerhaftes Transportziel vermieden werden. Bei der Anlieferung wird die zur Vorankündigung der Sendungsmenge häufig bereitgestellte Auflistung der anzuliefernden Briefbehälter genutzt und mit der beim Eingang in das Sortierzentrum per RFID erfassten Informationen der Behälter abgeglichen. Dabei kann festgestellt werden, ob eine Lieferung vollständig und korrekt ist.

Bei der Auslieferung der Sendungen besteht ein Risikopotenzial in einer Versendung an das falsche Ziel (Misrouting). Misrouting verursacht direkte Kosten durch den erforderlichen Zusatztransport und indirekte Kosten durch die Unzufriedenheit der Kunden. Mit der vorliegenden Information über die vorgesehene Richtung eines Transports wird diese mit der den Behältern zugeordneten Richtung abgeglichen und ein Misrouting verhindert. Für eine RFID-gestützte Lösung werden die Transportbehälter, die heute überwiegend aus Kunststoff sind, mit UHF-Labels oder metall-tauglichen Transpondern ausgestattet. An den Ein- und Ausgangstoren installierte RFID-Gates dienen zur Erfassung der Behälterdaten, die beim Passieren der Gates im Pulk erfasst und über die Middleware und die Integrationsplattform der Anwendungssoftware übergeben werden.

## Sendungsverfolgung auf Einzelsendungsebene

Obwohl die RFID-Technologie auf Sendungsebene aus Kostengründen generell noch keine Rolle spielt, kommt ihr auf der Ebene der Qualitätskontrolle bereits eine große Bedeutung zu. Zur Sicherstellung der Qualität der Prozesse und zur Identifikation möglicher Schwachstellen ist es erforderlich, die Laufzeiten der Sendungen auf den einzelnen Teilstrecken zwischen Absender und Empfänger zu überwachen. Für diese Aufgabe werden zwei Lösungskonzepte genutzt: Zum einen ein sensorbasiertes Messsystem, das Beschleunigungsdaten auf einem elektronischen Testbrief speichert und durch Auswertung dieser Daten am Ende des Transports Rückschlüsse über die Verweildauer in den einzelnen Stufen (z. B. Briefkasten, Abholer) erlaubt. Dieses System kommt ohne netzwerkweite Infrastruktur aus, erfordert aber technisch aufwändigere Testbriefe. Eine zukünftige Erweiterung des Testbriefes um eine Navigationskomponente erlaubt neben der Messung der Verweildauer auch eine exakte geografische Nachverfolgung.

Das zweite Konzept nutzt RFID-basierte Testbriefe, die an fest definierten Messstellen erfasst werden. Ein solches System, das im Wesentlichen aus historischen Gründen noch auf einer vergleichsweise teuren semipassiven HF-Technologie aufsetzt, wird von der Internationalen Postorganisation (IPC) zur Bestimmung der Brieflaufzeiten zwischen den nationalen Postgesellschaften eingesetzt. Durch die Weiterentwicklung der UHF-Technologie und der Standardisierung in diesem Bereich ist es inzwischen möglich, eine netzwerkweite Verfolgung von mit einfachen UHF-Smart-Labels ausgestatteten Testbriefen durchzuführen.

## 16.3 Ausblick

Unter den in der Entwicklung befindlichen Innovationen sollen drei Themen angesprochen werden, von denen für die Postautomatisierung ein hohes zusätzliches Anwendungspotenzial erwartet wird.

### 16.3.1 Druckbare Transponder in Polymertechnologie

Eine wesentliche Hürde bei der Einführung der RFID-Technologie auf Sendungsebene ist der Transponderpreis. Ein großer Fortschritt wird hier durch die Polymertechnologie erwartet, mit der es gelingen wird, RFID-Chips im Massendruckverfahren herzustellen und somit die funktionalen Stärken der RFID-Technologie mit den Preisvorteilen des Barcodes zu verknüpfen. Kapitel 18 beschreibt Einzelheiten dieser Technologie.

### 16.3.2 RFID-Transponder mit visuell lesbarer Information

Da der Mensch in der Prozesskette der Postlogistik eine wichtige Rolle spielt, muss die relevante Steuerinformation für ihn zugänglich sein, ohne dass zusätzliche technische Geräte erforderlich sind. Beim Barcode als Informationsträger wird dies erreicht, indem auf die Labels neben dem Barcode die Klartext-Information gedruckt wird. Beim kontaktlosen Beschreiben der RFID-Transponder sind alternative Technologien erforderlich, um eine visuelle Lesbarkeit zu erreichen. In verschiedenen Forschungsprojekten wird an Technologien gearbeitet, die die relevante Steuerinformation aus dem Informationsträger visuell sichtbar machen.

### 16.3.3 „Internet der Dinge"

Eine Zukunftsvision der Logistik, für die RFID als Informationsträger eine zentrale Rolle spielt, stellt das „Internet der Dinge" dar (Kapitel 21). In Analogie zum Internet der Daten wird angestrebt, Warenströme höchst flexibel und mit lokaler Intelligenz vom Ausgangspunkt zum Zielpunkt zu schleusen. Damit sind die Transportsysteme nicht mehr auf ein zentrales Steuerungssystem und ein vernetztes Informationssystem angewiesen, da die Objekte die Informationen lokal speichern. Der Transportprozess kann sich autonom und flexibel an sich verändernde Situationen anpassen. In großen Forschungsprojekten unter Führung des Fraunhofer-Instituts für Materialfluss und Logistik (IML) und mit Beteiligung von Industriepartnern wie Siemens, wird an den dezentralen Steuerungskonzepten, Softwarearchitekturen und RFID-Technologie gearbeitet.

### 16.3.4 RFID in der Postlogistik der Zukunft

Liberalisierung und Dezentralisierung der Postdienste werden die Anforderungen an die Postlogistik hinsichtlich Produktivität, Qualität und Flexibilität weiter erhöhen. Postdienstleister bieten neue Services an (3PL: Third Party Logistics, firmenexterne Logistikdienstleister), und die Bearbeitung der Postsendungen wird vermehrt durch

## 16.3 Ausblick

ein Netz von Dienstleistern ausgeführt werden. Dies alles erfordert eine hohe Transparenz und Kontrollierbarkeit der Prozesse. Es müssen klare Schnittstellen bezüglich der Verantwortungs- und Kostenübernahme geschaffen werden. Hier liegen die Chancen für leistungsfähige RFID-Lösungen, die einen erheblichen Beitrag leisten müssen, um die Herausforderungen an die Postlogistik der Zukunft zu meistern.

# 17 RFID im Krankenhaus

*Thomas Jell*

Schlagzeilen wie „OP-Schere im Bauch vergessen" oder „Babys nach Geburt vertauscht" tauchen immer wieder in den Medien auf. Daher wundert es nicht, dass Ärzte und Kliniken verstärkt mit der Forderung nach mehr Patientensicherheit konfrontiert werden. Hinzu kommen die zunehmenden Ansprüche der Patienten bezüglich ihrer Versorgung, welche die Gesundheitsbranche in Zeiten knapper Budgets zusätzlich herausfordern. Ob zur Identifizierung von Patienten, zur Dosierung von Medikamenten oder zum Tracking von OP-Utensilien und Personal – mit moderner IT und Radio Frequency Identification (RFID) ist eine deutlich verbesserte Sicherheit und Pflege der Patienten möglich. Ein weiterer Punkt, der für die Funktechnologie spricht: Kosteneinsparungen sowie eine schnellere, einfachere und trotzdem sichere Verwaltung der Patientendaten.

## 17.1 Potenzial von RFID im Gesundheitssektor

Viele Entscheider können sich nur schwer vorstellen, dass ein Austausch von Daten via Funk ausreicht, um Patienten ausreichend und korrekt zu versorgen. Dennoch wird ihnen zunehmend bewusst, dass der Einsatz moderner IT in Kliniken die Patientensicherheit erhöht oder gar Menschenleben rettet. Auch die Ergebnisse von RFID-Pilotprojekten in den USA und Deutschland zeigen bereits heute das große Potenzial der winzigen Chips für den Gesundheitssektor auf.

Ein Beispiel dafür ist die Ortung von Fremdgegenständen, so genannten „Alien Objects", die trotz rigoroser manueller Kontrollen bei einer Operation mit einer durchschnittlichen Wahrscheinlichkeit von 1:3.000 bis 1:5.000 im Körper von Patienten vergessen werden. Hinzu kommt, dass diese Häufigkeit mit den oftmals unvorhersehbaren Abläufen steigt. So werden Gegenstände bei atypischen Operationen viermal öfter vergessen, bei Notfallsituationen ist das Risiko neunmal so groß. Ein konsequentes Tracking von OP-Utensilien mit Hilfe von

RFID-Transpondern, wie es derzeit im Klinikum rechts der Isar in München getestet wird, kann dieses Risiko erheblich verringern.

Die Ergebnisse einer Studie des Aktionsbündnisses Patientensicherheit von 2007 sprechen ebenfalls für einen verstärkten RFID-Einsatz in Kliniken: Denn von den jährlich etwa 17.000 Todesfällen in deutschen Krankenhäusern wäre jeder tausendste vermeidbar gewesen. In den USA sterben pro Jahr sogar 44.000 bis 98.000 Patienten durch falsche Behandlung oder ungenaue Arbeit. Lösungen wie die im Klinikum Saarbrücken verwendeten RFID-Armbänder oder die von der US-Organisation MedicAlert eingesetzte Patientenkarte mit RFID-Chip erlauben den Ärzten hingegen eine eindeutige Identifikation der Patienten und liefern wichtige Informationen zu Krankengeschichte oder Allergien. Verwechslungen von Daten oder gar Menschen kann ebenso wie Medikationsfehlern auf diese Weise effizient vorgebeugt werden. Auch vor wirtschaftlichen Schäden und drohendem Imageverlust aufgrund folgenschwerer Irrtümer oder medizinischen Fehlern können sich die Kliniken mit Hilfe von RFID zumindest teilweise schützen.

## 17.2 Referenzprojekte

### 17.2.1 Jacobi Medical Center und Klinikum Saarbrücken

Im New Yorker Jacobi Medical Center startete 2004 erstmals ein RFID-Pilotprojekt zur Patientenidentifikation. Dank der Funkchips können Ärzte und Pflegepersonal die Kranken schneller und leichter identifizieren und auf die elektronischen Patientendaten leichter und sicherer zugreifen. Heute testet das Klinikum Saarbrücken erfolgreich dieselbe Lösung, für die das amerikanische Krankenhaus bereits 2005 den Preis für die beste medizinische Innovation vom Health Care Research & Innovations Congress (HCRIC) erhielt.

In Saarbrücken nehmen ausgewählte Patienten der Station für Innere Medizin am Projekt teil. Sie tragen ein Armband mit integriertem RFID-Chip, auf dem eine mit einem Strichcode vergleichbare Nummer gespeichert ist. Per mobilem Endgerät, etwa einem RFID-fähigen PDA, Tablet-PC oder mobilem Scanner, lesen Ärzte und Pflegepersonal sekundenschnell diese Nummer aus und erhalten umgehend für die Medikationssicherheit wichtige Informationen wie Alter, Gewicht und Größe des Patienten, aber auch dessen Krankengeschichte sowie zu Mess- und Laborwerten (Bild 17.1). Während der Behandlung kön-

# 17 RFID im Krankenhaus

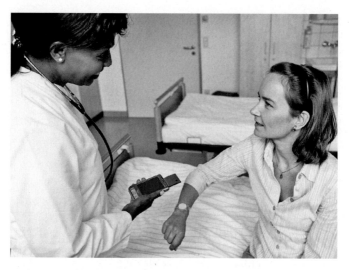

**Bild 17.1** Patientendaten mit RFID-fähigem PDA sekundenschnell auslesen.

nen dann die Klinikangestellten diese Daten aktualisieren. Das erlaubt eine genauere und schnellere Ein- und Weitergabe der Diagnose, reduziert die Fehlerquellen, erspart die fehleranfällige Schreibarbeit und bietet mehr Zeit, sich um die einzelnen Fälle zu kümmern. Schutz vor unbefugtem Zugriff gewährleistet dabei modernste Verschlüsselungstechnik.

Eine Datenbank mit einer Software zum Auswerten, das elektronische Verordnungssystem von RpDoc Solutions, überprüft zudem auf Basis der gespeicherten Informationen die richtige Zuteilung der Medikamente. Dies stellt sicher, dass der richtige Patient das richtige Medikament zur richtigen Zeit in der richtigen Dosis und korrekten Verabreichungsart bekommt. Bei einem Fehler schaltet es auf Rot und erklärt den Grund. Dadurch kann der intelligente Helfer Leben retten – etwa bei Krankheiten wie Niereninsuffizienz, bei der schon geringe Fehldosierungen tödlich sind. Neben der erhöhten Sicherheit bietet das Expertenprogramm einen weiteren Vorteil: Es kennt die genaue Zusammensetzung der Verordnung und berechnet den exakten Preis, der für die Medikamente eines Patienten pro Tag anfällt. Nach Möglichkeit schlägt das System dann günstigere, aber dennoch gleichwertige Generika vor, um Kosten zu sparen.

Ein weiterer Nutzen für die Patienten liegt darin, dass sie sich selbst schlau machen können. Beispielsweise fragen sie ihren Gesundheitszustand via Informationsterminal direkt ab. Hierzu zählen Blutdruckwerte, Gewicht, Behandlungs- und Entlassungstermine. Des Weiteren haben sie die Möglichkeit, sich über die diagnostizierte Krankheit und die gängigen Therapieformen zu informieren und dies in vielen Sprachen.

### 17.2.2 MedicAlert

Um die Notfallversorgung von Patienten zu verbessern, erprobt Siemens IT Solutions and Services mit MedicAlert in den USA den Einsatz von RFID. Die gemeinnützige Organisation ist ein zuverlässiger Partner für die sichere Verwaltung von Krankenakten und ermöglicht den Austausch medizinischer Informationen zwischen Patienten und Leistungsträgern. Bisher trugen die etwa vier Millionen Mitglieder eine Halskette mit einem Metallanhänger, auf dem die Identität des Besitzers eingraviert war. Über eine 0800-Telefonnummer hatten z. B. die Erstversorger dann Zugriff auf die wichtigsten medizinischen Daten.

Seit Ende 2006 sind etwa 3.500 Mitglieder von MedicAlert mit einer Plastikkarte mit integriertem RFID-Chip ausgestattet. Damit kann der Zugriff auf die wichtigen Informationen wie etwa den allgemeinen medizinischen Zustand, die Krankengeschichte oder Allergien noch reibungsloser erfolgen. Dies ist insbesondere für die Versorgung der Patienten im Notfall von zentraler Bedeutung. Auch Angaben zum behandelnden Arzt und zu engsten Angehörigen können bei Medic Alert online hinterlegt werden. Rettungskräfte können die Personen über einen PDA mit RFID-Lesegerät sogar durch die Kleidung oder Geldbörse in Sekunden identifizieren. Einer optimalen und sicheren Versorgung am Unfallort steht damit aus informationstechnischer Sicht nichts mehr im Weg.

Bei der Einlieferung ins Krankenhaus der California State University, Stanislaus, passiert der Patient zwei am Eingang der Notaufnahme installierte RFID-Lesegeräte. Nachdem diese die RFID-Karte ausgelesen haben, stellen sie automatisch einen gesicherten Zugang zur umfangreichen Datenbank von MedicAlert her. Dem Krankenhauspersonal stehen dadurch ebenfalls sofort umfassende Informationen zur Verfügung, um den Patienten zu versorgen. Aus technischer Sicht ist die Patientenkarte von MedicAlert mit der deutschen Gesundheitskarte vergleichbar, wobei ihre Einführung in den USA um ein Vielfaches schneller erfolgte. Während in der Bundesrepublik noch immer Vor- und Nachteile sowie datenschutzrechtliche Bestimmungen abgewogen werden, hat der Nutzen der RFID-Chipkarte viele Amerikaner bereits überzeugt: Der unkomplizierte Zugriff auf die Patientenakten beschleunigt die Diagnose, vermeidet Wiederholungstests für bereits diagnostizierte Erkrankungen, verbessert die Chancen, versteckte Krankheiten zu erkennen und erhöht Pflegequalität und Sicherheitsstandards. Die datenschutzrechtlichen Bedenken wurden einfach gelöst: Über ein Web-Portal tragen die Patienten selbst die Daten für ihre Akte ein, die Karte übernimmt zuverlässig die Identifikation. Ein Arzt steht bei Bedarf beratend zur Seite.

### 17.2.3 Klinikum rechts der Isar

Das Klinikum rechts der Isar der Technischen Universität München untersucht aktuell gemeinsam mit Siemens das Potenzial der RFID-Technologie auf unterschiedlichen Ebenen – vom Tracking der Bauchtücher bis zum übergreifenden OP-Management, das auch Zulieferer einbezieht. Die Ziele sind vielschichtig: Neben einem höheren Sicherheitsniveau für die Patienten strebt das Krankenhaus eine genauere Planbarkeit der Ressourcen und OP-Abläufe sowie eine optimierte Logistik an. Dafür hat die Arbeitsgruppe „Minimal-invasive interdisziplinäre therapeutische Intervention" (MITI) nach zweijähriger Vorarbeit im März 2007 offiziell ein RFID-Pilotprojekt gestartet, das bis 2010 läuft.

Im Operationssaal der Zukunft stehen zwei Aspekte im Vordergrund: das Leid der Patienten so gering wie möglich zu halten sowie sämtliche Arbeitsabläufe zu verbessern und zu beschleunigen (Bild 17.2).

Im ersten Schritt untersuchen MITI-Leiter und Chefarzt Prof. Hubertus Feußner und seine Kollegen, wie sich die eingesetzten Bauchtücher während der Operation verfolgen lassen. Dazu wird jedes Bauchtuch mit einem Transponder bestückt, der aus einem Mikrochip mit Kupfer- oder Aluminium-Antenne besteht. Die zum Auslesen der Chips benötigten Lesegeräte (Reader) befinden sich direkt unter der Instrumentenanrichte, unter dem OP-Tisch und im Auffangbehältnis für die abgeworfenen Tücher. Die Bauchtücher lassen sich über den Chipcode eindeutig identifizieren.

Vom Einsatz der Funkchips profitiert das Klinikum rechts der Isar gleich mehrfach: Einerseits kann jedes der bis zu 20-mal verwendbaren Tücher nach der vorgegebenen, maximalen Anzahl von Reinigungs- und Desinfektionsvorgängen automatisch aussortiert und ersetzt werden. Dieses Life Cycle Management wird Aufgabe der Wä-

17.2 Referenzprojekte

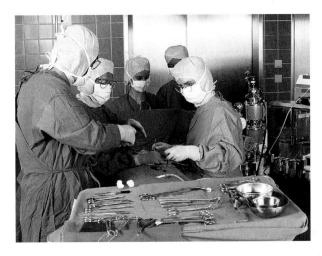

**Bild 17.2** RFID könnte schon bald das Fehlerrisiko bei OPs verringern

scherei sein und soll 2008 in den Praxisbetrieb umgesetzt werden. Andererseits lässt sich damit während der OP automatisch überwachen, wie viele benutzte Tücher im dafür vorgesehenen Auffangbehältnis und wie viele noch auf der OP-Anrichte liegen. Weicht diese Zahl von der anfänglichen Zählung ab, schlägt das System über einen OP-Monitor Alarm. Üblicherweise zählen und kontrollieren immer zwei Mitarbeiter sämtliche OP-Utensilien vor und nach einer OP von Hand. RFID kann also künftig hier noch einen zweiten Sicherheitsfaktor einfügen und das Fehlerrisiko verringern.

In einem zweiten Projektschritt stattet das MITI-Team das OP-Personal mit Transpondern aus, um deren Bewegungen am Arbeitsplatz genau zu verfolgen. Dadurch wird eine Workflow-Prediction erreicht, die zu einem Höchstmaß an Effizienz und Sicherheit führt. Das RFID-System könnte beispielsweise erkennen, wenn sich eine Operation dem Ende zuneigt und dann automatisch weitere Prozesse anstoßen: OP-Personal und Anästhesist werden informiert, dass der nächste Patient für die Operation vorzubereiten ist. Aber genauso könnte dieses System unvorhergesehene Verläufe feststellen und Unterstützung alarmieren. Szenarien wie diese dienen sowohl der Patientensicherheit als auch einer optimalen Auslastung der Ressourcen und wirken sich positiv auf das Kostengefüge des Klinikums aus.

Für das entsprechende Tracking der Anwesenheit und der Rollen legen Ärzte und OP-Personal vor der chirurgischen Händedesinfektion einen Ausweis mit einem RFID-Transponder im Frequenzbereich 868 MHz an. Auf der Karte sind keine Personendaten gespeichert, sondern nur rollenbezogene Informationen wie „Operateur" oder „Anästhesist". Dadurch ist potenziellen Kritikern in punkto Datenschutz bereits vorab der Wind aus den Segeln genommen. Im Raum verteilte Antennen registrieren die Bewegungen des OP-Personals und übermitteln die Daten an das Lesegerät. Nach Abschluss der Operation gibt jedes Teammitglied seinen Ausweis zurück. Das Erfassen jedes Akteurs beim Betreten oder Verlassen des OP-Saals liefert wertvolle Hinweise auf die einzelnen Ablaufphasen des Eingriffs.

Um die Sicherheit der Patienten bei Operationen weiter zu erhöhen und unnötiges Leid zu ersparen, hat das MITI-Team für die Zukunft noch weitere Visionen: die Bestückung der OP-Instrumente wie beispielsweise der Nadeln, Scheren und Klemmen mit Tags. Hier gilt es aber abzuwarten, bis geeignete Chips (annehmbare Größe, Temperaturbeständigkeit u. a.) auf dem Markt sind. Auch aus finanzieller Sicht rechnet sich der RFID-Einsatz für das Klinikum: Entstehen doch im Schnitt für ein vergessenes Bauchtuch Kosten in Höhe von 90.000 US-Dollar, wenn Patienten Regressansprüche geltend machen.

## 17.3 Der wirtschaftliche Nutzen von RFID

Was den RFID-Einsatz im Umfeld von Patientenprozessen betrifft, gibt es sicherlich von technischer Seite stets Verbesserungspotenzial. Dennoch ist heute ein Entwicklungsstand erreicht, der einen weltweiten Vertrieb der RFID-Lösungen im Gesundheitssektor erlaubt. Die Herausforderung liegt darin, die Verantwortlichen in den Kliniken vom wirtschaftlichen Nutzen der Funktechnologie sowie vom erreichbaren Return on Invest (ROI) zu überzeugen. Experten gehen davon aus, dass durch die Reduzierung von Medikationsfehlern mittels RFID die Kliniken mit Einsparungen im einstelligen Millionenbereich rechnen können. Auch das Tracking and Tracing von Bauchtüchern und OP-Personal kann neben einer gesteigerten Patientensicherheit die Wirtschaftlichkeit von Kliniken verbessern und die Mitarbeiter entlasten. Mit Blick auf all diese Aspekte könnten sich die nicht unerheblichen RFID-Investitionen in absehbarer Zeit amortisieren.

Auch Krankenhäuser mit Entbindungsstationen kommen in Zukunft aus wirtschaftlichen Gründen nicht mehr um die Einführung der RFID-Technologie zur sicheren Identifikation von Neugeborenen herum. Um die werdenden Eltern als Kunden zu gewinnen, müssen diese von der Qualität der Versorgung ihres Nachwuchses in der Klinik überzeugt sein. Dazu gehört auch, das Risiko eines Babytausches so gering wie möglich zu halten – und dies macht RFID möglich.

## 17.4 RFID in der Zukunft

Doch nicht nur die bereits genannten RFID-Projekte im Gesundheitssektor klingen im Hinblick auf verbesserte Patientenprozesse vielversprechend. Für die geplante Einführung eines RFID-Vollbetriebs zur Identifikation, aber auch zum Tracking von Personen beispielweise im Imaging Science Institute (ISI) in Erlangen im Jahr 2008 entwickelt Siemens zusammen mit Partnern neue Lösungen zur Verbesserung der Patientensicherheit. Zudem optimieren alle Beteiligten stetig bereits erfolgreich eingesetzte Lösungen.

### Funkreichweiten

So verbessert das Unternehmen beispielsweise sukzessive die Funkreichweiten. Derzeit funktioniert das Auslesen der Standard-Funkchips mit einer Frequenz von 13,56 MHz und mobilen Lesegeräten bis zu einer Reichweite von 15 Zentimetern sehr gut. Funkradien von bis zu einem Meter wären aber seitens der Anwender wünschenswert. Denn nur dann können auch die RFID-Chips von etwa hoch infektiösen Patienten problemlos und ohne Ansteckungsgefahr beschrieben und ausgelesen werden.

### Medikamentendosierung

Auch zur Verbesserung der Medikation und damit der Patientensicherheit setzen die Münchner auf Innovation. Um Fehlerquellen bei der Dosierung der Medikamente zu reduzieren, könnte ein an das Expertensystem gekoppelter Unit Dose Automat – ein Dosierungsautomat – eingesetzt werden. Dieser füllt für jeden Patienten die exakte Ration an Medikamenten in ein mit RFID versehenes Tütchen ab. Bei der Verabreichung der Dosis werden die Daten auf dem Päckchen mit denen des Empfängers ein letztes Mal abgeglichen. So ist sichergestellt, dass jeder Patient wirklich richtig versorgt ist. Aufgrund der für diese Anwendung noch relativ hohen Transponderpreise ist der effiziente Einsatz dieser Lösung aber derzeit noch nicht möglich. Die Verwendung von kostengünstigen Polymerchips (vgl. Kapitel 18) könnte den Durchbruch bedeuten.

## Überwachung von Blutkonserven

Bei der Entwicklung einer neuen Lösung für Blutbeutel auf Basis von RFID-Chips profitieren verschiedene Siemens-Bereiche sowie ein Konsortium aus Wissenschaftlern und Technologen von den Ergebnissen des Pilotprojekts. Dort wurden bei Blutkonserven mit RFID-Tags versehen. Das System überwacht das Blut entlang der gesamten Transfusionskette „von Vene zu Vene" – also von der Spende über die Verarbeitung, Verteilung, Lagerung bis zur Transfusion. Ausgestattet mit aktiven Transpondern kann die Funktechnologie den Weg eines Blutprodukts verfolgen und Verwechslungen nahezu ausschließen.

Zusätzlich verfügen die RFID-Etiketten über einen Temperatursensor, der die Kühlkette ständig und lückenlos überwacht. Produktspezifische Mängel eines Blutprodukts können über eine Web-basierte Anwendung durch das medizinische Personal sofort an das Meldesystem, das Hämovigilanz-Register, übermittelt werden. Das Register dokumentiert alle gemeldeten Zwischenfälle mit gewonnenen und hergestellten Blutprodukten.

Besonders komplex ist die Temperaturüberwachung, denn innerhalb der Transfusionskette sind unterschiedliche Temperaturprofile einzuhalten. Die hier eingesetzte RFID-Technologie muss unterschiedlichen Produktionsprozessen wie der Pasteurisierung oder Zentrifugierung standhalten. An der Universitätsklinik für Blutgruppensero-

**Bild 17.3** Blutbeutel mit RFID-Chips

logie und Transfusionsmedizin der Medizinischen Universität Graz wurden passive RFID-Etiketten zum ersten Mal einem Härtetest unterzogen. An Blutbeuteln angebracht, mussten die Chips einen Sterilisations- und Pasteurisierungsprozess sowie eine Zentrifugierung mit bis zu 5000-facher Erdbeschleunigung überstehen. Im Anschluss daran wurden die Blutbeutel an die Blutbank geliefert und dort in einer Routineherstellungs- und Krankenhausumgebung verwendet.

Für den Einsatz der RFID-Transponder mit Temperatursensoren sind unter anderem erprobte und zuverlässige Chip-, Sensor- und Batterietechnologien erforderlich, die von der Schweizer Electronic AG in Schramberg entwickelt und getestet wurden. Die aus den Testphasen resultierenden aktiven RFID-Etiketten werden gegenwärtig von dem Blutbeutelhersteller MacoPharma unter bestimmten Gesichtspunkten, die für die Blutbank entscheidend sind, überprüft. Nach Ende des Projekts in der Blutbank der Universität Graz, das für Ende 2008 geplant ist, wird die Zulassung durch die nationalen und internationalen Gesundheitsbehörden geprüft.

### RFID-Überwachung von Risikopatienten

Für die Zukunft plant Siemens, mit RFID-Armbändern die Lebensqualität von Risikopatienten wie etwa Demenzkranken zu erhöhen. Alternativ zu geschlossenen Stationen und Einrichtungen bieten sich die speziellen Armbänder an, die dann bei Verlassen eines bestimmten Areals Alarm auslösen. Die Patienten könnten sich also frei bewegen, das Heimpersonal wird aber rechtzeitig informiert, wenn es darum geht, einen „Ausreißer" wieder sicher in sein Zimmer zurück zu bringen.

## 17.5 Fazit

Mit Blick auf bereits realisierte RFID-Projekte zur Patientensicherheit ist festzustellen, dass aus technischer Sicht die Qualität der Behandlung von Kranken und deren Sicherheit bereits heute groß geschrieben werden. Da die Entwicklung der RFID-Technologie für den Gesundheitssektor aber noch am Anfang steht, kann die Branche in den nächsten Jahren mit zahlreichen Neuerungen rechnen.

### Literatur

[1] Informationsforum RFID (Hrsg.): RFID im Gesundheitswesen, 2007

Teil 4
# Wie geht es weiter?

# 18 RFID – gedruckt auf der Rolle

*Wolfgang Mildner*

In einem Gemeinschaftsunternehmen mit dem Namen PolyIC der Siemens AG mit der Leonhard Kurz Stiftung & Co. KG wird RFID in Zukunft auf neuartige Weise hergestellt: Durch ein Rolle-zu-Rolle-Verfahren entsteht auf schnelle und effiziente Weise gedruckte Elektronik. Die Elektronik wird dadurch dünn und flexibel und lässt sich so einfach in Produkte integrieren (Bild 18.1). Der neuartige Herstellungsprozess verspricht deutlich niedrigere Kosten der entstehenden RFID-Transponder. Die zugrunde liegende Technologie der gedruckten Elektronik ermöglicht durch Anwenden neuer Materialien und neuer Herstellungsverfahren den Einsatz von Elektronik (und insbesondere von RFID) an Stellen, an denen dies bisher aus Kosten- oder Platzgründen undenkbar schien.

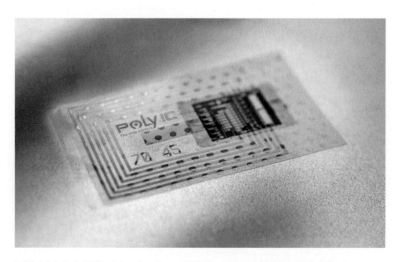

**Bild 18.1** PolyID®, ein gedruckter RFID-Transponder (Foto: PolyIC)

## 18.1 Markenschutz mit gedruckter Elektronik und RFID

Gedruckte Elektronik schafft neue Lösungen für eines der drängenden Probleme im Konsumgütermarkt: Die ständig steigende Zahl von gefälschten Produkten kann durch elektronische und optische Identifikation und Authentifizierung besser bekämpft werden. Im Prinzip scheint alles ganz einfach zu sein: Hersteller und Vertreiber von Qualitätsprodukten aller Art wollen interne Prozesse optimieren, Kosten minimieren und durch tadellose Ware ihre Reputation und Marktposition festigen. Endverbraucher erwarten für ihr gutes Geld vor allem einwandfreie und authentische Produkte, denen sie in jeder Hinsicht vorbehaltlos vertrauen können.

Leider sieht die Realität zuweilen anders aus. Kaum ein Tag vergeht, an dem nicht in den Medien von dreisten Produktfälschungen oder Gefahren durch schlechte Lebens- und Arzneimittel berichtet wird. Das eine verursacht wirtschaftliche Schäden in kaum mehr zu beziffernder Höhe, das andere gefährdet darüber hinaus die Gesundheit, wenn nicht gar das Leben der Betroffenen. Am Beispiel der Pharma- und Lebensmittel-Industrie soll nachfolgend gezeigt werden, welche Anforderungen die Wirtschaft heutzutage an eine optimale Produktions- und Distributionskette stellt.

### 18.1.1 Markenschutz für makellose Mixturen

Der Fortschritt in der Medizin ist nicht zuletzt an der Vielzahl von Medikamenten erkennbar, mit denen heute auch solche Krankheiten erfolgreich bekämpft werden können, die noch vor wenigen Jahrzehnten unweigerlich zum Tode des Patienten führten. Je spezieller das Medikament und je größer dessen Entwicklungsaufwand, desto höher muss letztlich auch der Preis des Heilmittels ausfallen. Leider wirken sich aber teure pharmazeutische Produkte nicht nur auf die Gesundheit der Patienten, sondern auch auf die Profitgier von Geschäftemachern aus, die mit billig hergestellten Plagiaten in den lukrativ erscheinenden Markt einzudringen suchen.

Mit in mehrfacher Hinsicht gefährlichen Folgen: Wirkstoff- und damit wirkungslose Präparate können sich genauso fatal auswirken wie unter- oder überdosierte Rezepturen. Gefahr besteht, wenn der Patient oder der behandelnde Arzt ein auf den ersten Blick einwandfrei aussehendes „Heilmittel" nicht rechtzeitig als Fälschung erkennen kann. Der Hersteller des richtigen Produktes erleidet Umsatzverluste und läuft obendrein Gefahr, für entstandene Schäden durch die gefälschten Medikamente verantwortlich gemacht zu werden. Für ihn ist es essentiell wichtig, auf dem langen Weg von der Produktionsstraße bis hin zum Endverbraucher Manipulationsmöglichkeiten weitestgehend auszuschalten. Aufwändig gestaltete Verpackungen und optische „Echtheitssiegel" reichen dazu alleine nicht mehr aus.

### 18.1.2 Ohne Reue zubeißen können

Auch im Lebensmittelsektor ist eine lückenlose Rückverfolgbarkeit der Distributionskette in hohem Maße wünschenswert, sei es, um verunreinigte Chargen restlos aus dem Verkehr zu ziehen, sei es, um Verkäufern verdorbener Ware rasch das Handwerk legen zu können. Darüber hinaus ist es bei verderblichen Gütern wichtig, durch Qualitätskontrollen eventuell auffallende Mängel sofort ursächlich eingrenzen und am Entstehungsort abstellen zu können. Jede Investition, die hier wirksam zur Lokalisierung bislang unerkannter Problemstellen beiträgt, wird sich in kürzester Zeit rentieren.

### 18.1.3 Identifizierbarkeit schafft Klarheit in der Supply Chain

Was für Delikatessen sinnvoll ist, kann auch für andere Branchen sehr nützlich sein. Von der Bekleidungsindustrie bis zum Fahrzeugbau haben letztlich alle Produzenten ein vitales Interesse daran, ihre Qualitäts-Marken zu schützen (Brand Protection) und sich gegen Trittbrettfahrer zu wehren (Anti-Counterfeit). Keiner kann und will heute mehr auf die zweifelsfreie Identifizierbarkeit der Erzeugnisse sowie eine lückenlose Qualitätskontrolle verzichten! Darüber hinaus wird allerorten nach wirkungsvollen Optimierungsmöglichkeiten in der kostenintensiven Logistik gesucht, um weiterhin im Wettbewerb bestehen zu können (Supply Chain Automation).

Diese ebenso hohen wie legitimen Anforderungen lassen sich nur durch ein sozusagen „intelligentes" Gütesiegel erfüllen, welches einerseits wenig kostet, anderseits nur mit unattraktiv hohem Aufwand nachzumachen wäre. Wenn nämlich die einzelne Tablettenschachtel und die einzelne Lachsfiletpackung eindeutig als original identifizierbar sind, können Manipulationsmöglichkeiten weitgehend unterbunden und Qualitätslücken aufgedeckt werden.

Noch ist die technische Evolution hier im Fluss: Am Ende dieser letztlich dem Endverbraucher zugute kommenden Entwicklungskette kann jedoch nur die individuelle Nummerierung auf Einzelteilebene

18.2 Technologische Grundlagen

**Bild 18.2** Weinflaschen mit integriertem PolyID®-Tag (Foto: PolyIC)

stehen, also das „Item Level Tagging" mit dem eindeutigen Electronic Product Code (EPC). Wo ein nahezu hundertprozentiger Echtheitsnachweis erbracht werden oder gar eine glasklare Rückverfolgbarkeit in der Produktionskette gewährleistet sein soll, da geraten bewährte Verfahren wie Barcodes und Hologramme inzwischen an ihre prinzipbedingten Grenzen: Neue Technologien müssen jetzt den Weg in die sichere Zukunft ebnen (Bild 18.2).

## 18.2 Technologische Grundlagen

Die beschriebenen Möglichkeiten der gedruckten Elektronik und damit gedruckter RFID entstehen durch die Verwendung neuartiger Kunststoffe, so genannter organischer Halbleiter (ein Beispiel ist P3HT – Poly-3-hexylthiophen). Diese Halbleiter sind löslich und damit für die Verwendung in einer Druckmaschine geeignet. Weitere, passende Materialien sind notwendig für leitfähige und isolierende Strukturen, um in einem entsprechenden Schichtaufbau Transistoren und andere Standardkomponenten wie Dioden, Kondensatoren usw. aufzubauen. Die neuen Halbleiter sind im Vergleich zu dem üblichen Silizium zwar einfach zu verwenden, aber in ihrer Leistungsfähigkeit deutlich eingeschränkt (etwa um einen Faktor 1.000 gerin-

**Bild 18.3** Labordruckmaschine für gedruckte Halbleiter (Foto: PolyIC)

ger). Damit können die Schaltungen nicht so performant und auch nicht so komplex sein wie bei konventioneller Elektronik. Es entsteht also eine eher einfache Elektronik, die aber dafür günstiger und als Massenware zu erhalten ist (Bild 18.3).

Mit diesen Grundelementen werden Schaltungen aufgebaut, die dann die RFID-Funktion implementieren. Hier war es PolyIC, die die ersten auf dieser Basis funktionsfähigen Schaltungen demonstrierten und in der Zwischenzeit auch in einem Rolle-zu-Rolle-Prozess produzieren konnte.

Der dabei verwendete Produktionsprozess setzt sich aus einer Kombination mehrerer verschiedener Prozesse zusammen, die die jeweils notwendigen Schichtspezifikationen (Schichtdicken, Auflösung der Strukturen, Registriergenauigkeit usw.) realisieren. Diese erste Generation eines Produktionsprozesses wird in Zukunft noch weiter vereinfacht und optimiert werden, entspricht aber bereits durch Mindestgeschwindigkeiten von 20 Metern pro Minute einer effektiven Herstellungsmethode.

## 18.3 Mögliche Lösungen mit gedruckten RFID

Die Technologie wird Polymerelektronik oder organische Elektronik genannt, weil Polymere oder organische Materialien verwendet werden. RFID ist dabei nur eine der vielen Möglichkeiten, die man mit gedruckten Schaltungen realisieren kann. Andere Schaltkreise für den Anschluss von Sensoren oder von Anzeigen eröffnen interessante zukünftige Anwendungen für intelligente Verpackungen, die sich selbst überwachen und das Ergebnis der Überprüfung auch noch anzeigen können. So wird z. B. die intelligente Milchtüte, die ihre Haltbarkeit überwacht oder den Verbleib in der Kühlkette kontrolliert, in Zukunft zu mehr Verbrauchersicherheit führen.

## 18.3 Mögliche Lösungen mit gedruckten RFID

Die Lösung für die geschilderten Probleme und Anforderungen heißt RFID. Wo bislang Menschen optische Lesegeräte an jedes zu erfassende Produkt halten müssen, können zukünftig RFID-Systeme aus größerer Distanz und bei Bedarf auch durch das Produkt hindurch weit umfangreichere Daten (oder auch nur die Botschaft „ich bin echt") aus den applizierten „Tags" auslesen (Bild 18.4). Und das erheblich schneller, fehlerfreier und manipulationssicherer als je zuvor!

Dabei sei hervorgehoben, dass sich auf der Grundlage gedruckter Polymer-Elektronik hergestellte Printed RFIDs und Smart Objects in kei-

**Bild 18.4** Beispiel für eine Eintrittskarte mit gedruckter Anzeige – ein so genanntes „smart object" (Foto: PolyIC)

235

nerlei Konkurrenz zur bewährten Silizium-Technologie befinden. Die produktionsspezifischen Eigenschaften machen Printed RFID und verwandte Produkte vielmehr zur idealen Ergänzung der „harten" Chips:

- Flexibel verformbare und zudem sehr dünne Schaltungen ermöglichen das Anbringen auch auf weichen Gegenständen, die bisher als nicht etikettierbar galten.

- Automatisches Einbringen in industriellen Fertigungsstraßen wird nachrüstbar.

- Minimale Stückkosten ermöglichen das Erschließen neuer Märkte, z. B. auch und gerade bei geringwertigen Massengütern.

- Hohe Universalität, kundenspezifische Anpassung an jeden Anwendungsbereich (auch bei billigen Give-aways und Einmal-Testgeräten).

Mit modernen Printsystemen können heute aktive und „intelligente", gleichwohl fast kostenlose Schaltkreise produziert werden. Johannes Gutenberg hätte nicht zu träumen gewagt, dass fünfeinhalb Jahrhunderte nach seiner bahnbrechenden Erfindung des Buchdrucks mit beweglichen Lettern eine neue Druck-Revolution im Begriff ist, die Welt zu erobern und unser aller Leben zu verbessern.

## Literatur

[1] Hari Singh Nalwa: Handbook of Organic Conductive Molecules and Polymers, Volume 2: Conductive Polymers: Synthesis and Electrical Properties. John Wiley, 1997

# 19 RFID und Sensorik

*Georg Schwondra*

Bei der Betrachtung von RFID-Applikationen, die die Bewegung eines Objektes z. B. durch die Lieferkette verfolgen (vgl. Kapitel 12), ergibt sich immer wieder die Anforderung nach der Erfassung und Speicherung zusätzlicher Umgebungsparameter. Damit lässt sich beispielsweise die Einhaltung von Temperatur-Grenzwerten auf dem Zeitstrahl klar darstellen. Die Verknüpfung mit den Bewegungsdaten erlaubt es, auf den jeweils Verantwortlichen in der Supply Chain zu schließen.

## 19.1 Motivation

Als Umgebungsparameter bzw. -einflüsse, die in Kombination mit RFID erfasst werden können, sind unter anderem Temperatur, relative Luftfeuchte sowie Druck anzuführen. Wenn man Luftfeuchte überwachen will, macht dies nur gemeinsam mit Temperatur Sinn, da die Luftfeuchte von der Temperatur abhängt. Einzelereignisse, die zu einer mechanischen Beschädigung von Industriegütern führen können, werden durch die Überwachung der Parameter Beschleunigung oder Vibration detektiert. In jedem Fall ist im Vorfeld zu definieren, in welchem Bereich die Parameter mit welcher Genauigkeit zu verfolgen sind. Auf Basis dieser Anforderungen erfolgt dann die Sensorikauswahl.

Durch die erforderliche Komplexität im Aufbau sind „RFID-Sensoren" teurer als einfache, passive RFID-Chips. Die Anwendung ist immer dann attraktiv, wenn eine Wiederverwendung möglich ist, da dann der höhere Transponderpreis über die Anzahl der Wiederverwendungen abgeschrieben werden kann. Für den Rücklauf der Transponder muss in offenen Kreisläufen ein Anreizsystem (z. B. Pfand) für alle an der Supply Chain Beteiligten geschaffen werden.

Von besonderer Bedeutung ist die Definition des Identifikationspunktes, an dem die RFID-Sensoren aufgebracht und wieder vom zu überwachenden Produkt getrennt werden. Dabei ist im Prozessdesign besonderes Augenmerk darauf zu legen, dass diese Prozessschritte möglichst wenig Mehraufwand erzeugen.

Durch die Implementierung von Lösungen mit RFID-Sensoren lassen sich neue Geschäftsmodelle gestalten. Es ist dadurch beispielsweise möglich, einen Schaden dem Verursacher eindeutig zuzuordnen. Dadurch lassen sich u. a. Versicherungszahlungen einsparen (führt langfristig zu einer Reduktion der Versicherungsprämie) bzw. es kann der Verursacher haftbar gemacht werden.

## 19.2 Technische Grundlagen

Grundsätzlich sind zwei Gruppen von RFID-Sensoren zu unterscheiden:

- Sensorik-Transponder mit internem Speicher zur dezentralen Speicherung der Umgebungsdaten

- Sensor-Transponder ohne internen Speicher zur zentralen Speicherung der Umgebungsdaten

### 19.2.1 Schematischer Aufbau von RFID-Sensoren

RFID-Sensoren werden durch einen diskreten Aufbau als Mikrocontroller, Field Programmable Gate Array (FPGA-), oder ASIC-Implementierung realisiert. In jedem Fall benötigt die Sensorik für den Betrieb eine Energieversorgung (Batterie oder Akkumulator). Bild 19.1 zeigt den schematischen Aufbau.

Über das Analog- und Digital-Frontend wird die Kommunikation über die Luftschnittstelle mit dem RFID-Reader realisiert. Der Mikrocontroller verwaltet den EEPROM-Speicher, steuert den Sensor, und wertet die Sensorikdaten entsprechend der Parametrierung aus. Ein Quartzelement wird benötigt, wenn im System über lange Zeitspannen eine genaue Zeitbasis gefordert ist. Die Batterie dient zur Spannungsversorgung des Mikrocontrollers sowie der Sensorik. Das Frontend funktioniert üblicherweise auch bei entladener Batterie. Als RFID-Leser kommen vorzugsweise Standard-Geräte zum Einsatz, um hier von teuren Eigenentwicklungen abzusehen und etwaige bestehende Infrastrukturen zu nutzen. Die RFID-Sensoren werden vom Lesegerät über so genannte Custom-Commands, das heißt vom Standard vorgesehene, eigene Erweiterungen des Transponder-Protokolls

19.2 Technische Grundlagen

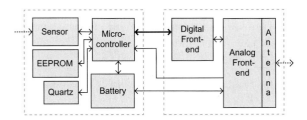

**Bild 19.1** Schematische Darstellung eines RFID-Sensors

angesprochen. Diese Custom-Commands sind heute noch von Sensor zu Sensor unterschiedlich.

### 19.2.2 Dezentrale Speicherung der Sensorikdaten

RFID-Sensoren dieser Kategorie haben einen EEPROM-Speicher, in dem die gemessenen Umgebungsdaten mit Zeitstempel abgelegt werden. Über die Funkschnittstelle kann der RFID-Sensor wie folgt initialisiert werden:

- Im Falle einer zyklischen Wiederverwendung wird der Speicher gelöscht.

- Es wird der Logging-Modus definiert (es kann üblicherweise zwischen Aufnahme einer Vollkurve, Out-of-Rangekurve oder Flächenintegral gewählt werden).

- Es wird das Logging-Intervall definiert.

- Es werden die User-spezifischen Anfangsdaten gespeichert und das Logging gestartet.

Nach diesem Schritt beginnt der RFID-Sensor mit der periodischen Messung und gegebenenfalls einer Aufzeichnung der Umgebungsparameter (abhängig vom gewählten Logging-Modus und gemessenen Umgebungsdaten). Diese Daten können dann an den Identifikationspunkten ausgelesen und mit Daten aus dem Zentralsystem abgeglichen werden. Auch die Anpassung der Logging-Parameter ist möglich.

### 19.2.3 Verfügbare Systeme

Als Beispiele für heute verfügbare Ansätze werden drei Produkte verschiedener Anbieter vorgestellt.

239

## SEAGsens

Der SEAGsens, ein Produkt der Schweizer Electronic AG (http://www.schweizerelectronic.ag), wurde in seiner ursprünglichen Ausprägung für das Temperaturmonitoring von Blutbeuteln „von der Vene bis zur Vene" entwickelt (Bild 19.2).

**Bild 19.2** SEAGsens-Transponder (Foto: SEAG)

Das diskret aufgebaute Sensoriksystem wurde von der Schweizer Electronic AG gemeinsam mit Siemens als Plattform entwickelt, um kurzfristig Produktdiversifikationen hinsichtlich anderer Sensoren

**Tabelle 19.1** Plattformspezifikation des SEAGsens

| Eigenschaften | SEAGsens |
|---|---|
| RFID-Technologie | 13,56 MHz, ISO 15693 kompatibel |
| Mehrfachverwendbarkeit | Ja, > 5 Jahre |
| Stromversorgung | Knopfzelle CR 2430, 270 mAh, |
| Abmessungen | 69 × 58 × 6,3 mm |
| Messbereich | -30°C to +60°C |
| Erfassbare Parameter | Temperatur, relative Luftfeuchte, Druck, Beschleunigung, Vibration... |
| Auswertungsmodi | Vollkurve, Überschreitungskurve, Flächenintegral unter der Überschreitungskurve |
| Speicherkapazität | 64 KByte = > 15.000 Messwerte |
| Messintervalle | Frei wählbar: 5 Sekunden bis 4 Stunden |
| Messgenauigkeiten | Temperatur: Toleranz ±0,5°C (zwischen 0°C und +70°C) rel. Luftfeuchte: Toleranz ±2% (zwischen 10% und 90%) |

und unterschiedlicher Produktgeometrien Rechnung tragen zu können. Das Elektronik- und Schaltungsdesign wurde von dem Institut für Angewandte Forschung der Hochschule Offenburg entwickelt. Tabelle 19.1 zeigt die wichtigsten Kenndaten.

**VarioSens**

Der KSW-VarioSens®, ein Produkt der KSW Microtec AG (http://www.ksw-microtec.de), ist eine ASIC-Implementierung eines Sensor-Transponders (Bild 19.3). Das Produkt ist als flexibles Label mit integrierter Temperatursensorik im Kreditkartenformat erhältlich. Als Energieversorgung kommt eine papierdünne umweltfreundliche Batterie zum Einsatz. Der KSW-VarioSens® kann bis zu 720 Temperaturwerte speichern und verfügt zusätzlich noch über einen Speicherbereich für Nutzerdaten. Da aufgrund der ASIC-Implementierung auf einen Quartz verzichtet wurde, liegt die Timergenauigkeit bei etwa 5%.

**Bild 19.3** KSW-VarioSens (Foto: KSW)

**Jilg Parkettsensor**

Der „Jilg Parkettsensor" wurde von der Firma Jilg gemeinsam mit Tricon entwickelt und ist derzeit als Prototyp verfügbar. Jilg produziert und verlegt Parkettböden und will künftig über Auswertung der Umweltdaten Gewährleistungsansprüche ihrer Kunden managen. Bei einem Parkettboden mit Fußbodenheizung ist beispielsweise die Vorlauftemperatur der Heizung zu begrenzen, da sich der Parkettboden sonst „wirft". Der Sensor wird bei Verlegung des Parkettbodens mit eingebaut und bei Bedarf (Kundenreklamation) ausgewertet.

Durch den Einbau dieses Sensors in den Parkettboden kann Jilg im Falle eines Gewährleistungsanspruchs nachvollziehen, ob der Schaden durch die Überschreitung der zulässigen Heiztemperatur oder durch einen Materialmangel entstanden ist. Des Weiteren wird es durch den Einbau dieses Sensors möglich festzustellen, ob ein durch Feuchtigkeit beschädigter Holzboden durch zu hohe Luftfeuchtigkeit (Baufeuchtigkeit) von oben oder durch aufsteigende Feuchtigkeit (Diffusion) vom Untergrund beschädigt worden ist.

### 19.2.4 Zentrale Speicherung der Sensorikdaten

Systeme dieser Kategorie zeichnen sich dadurch aus, dass beim Sensor-Transponder der EEPROM-Speicher fehlt; die Daten werden zum Zeitpunkt der Messung über die Funkschnittstelle an das Zentralsystem übertragen. Dies setzt voraus, dass sich der RFID-Sensor stets im Empfangsfeld eines Lesegeräts befindet. Transponder dieser Kategorie sind üblicherweise günstiger zu realisieren, da die Anforderungen an den benötigten Mikrocontroller wesentlich geringer sind.

Ein Beispiel ist das Kooperationsprojekt ZOMOFI, das die Entwicklung eines aktiven 2,45-GHz-Systems verfolgt. Mit ZOMOFI sollen im Freien Reichweiten von bis zu 160 m und in geschlossenen Räumen von bis zu 80 m erzielt werden (Tabelle 19.2). Als Sensoren sind z. B. Transponder mit Temperatur- oder Beschleunigungssensoren denkbar (Bild 19.4).

**Tabelle 19.2** Auszug aus der Spezifikation von ZOMOFI

| Eigenschaften | ZOMOFI |
|---|---|
| RFID-Technologie | 2,400 GHz ~ 2,483 GHz |
| Speicherkapazität | 112 bytes |
| Batterie-Lebensdauer | typ. 20.000 Schreibzyklen oder 1 Jahr (maximale Lebensdauer ist abhängig von den konkreten Anwendungsbedingungen) |
| Arbeitstemperaturbereich | IEC 60068-2-14 (Na) <br> – Betrieb: -10 °C – +55 °C <br> – Lagerung: -20 °C – +70 °C |
| Abmessungen Transponder | Credit Card: 54 × 85,5 × 4 mm <br> Domino: 31 × 90 × 10,5 mm |

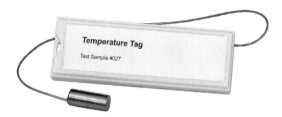

**Bild 19.4** Transponder mit abgesetztem Temperatursensor (Labormuster)

## 19.3 Erste Anwendungen

### 19.3.1 Temperaturüberwachung von Blutkonserven

Blutkonserven (Erythrozytenkonzentrate) sind auf Grund der sinkenden Spendebereitschaft und zunehmender Ausschlusskriterien (Alterspyramide, verbesserte Diagnostik usw.) eine immer rarere Ressource mit begrenzter Haltbarkeit. Die Blutkonserven müssen ab der Spende in kontrollierten Temperaturbereichen gelagert werden (Bild 19.5).

Kommt es zu einer Abweichung von diesen Vorgaben, ist die Blutkonserve zu vernichten. Allein in Österreich werden wegen falschen Handlings oder fehlender Überwachung der Kühlkette jährlich Blutkonserven im Wert von einer Million Euro verworfen, wobei der Preis einer Blutkonserve in Westeuropa bis zu 120 Euro beträgt. Hinzu kommt der ethische Aspekt, dass ein u. U. lebensrettendes Produkt verworfen werden muss, für das regelmäßig durch Spenderaufrufe geworben wird.

Die Produkte werden heute auf Kühlschrank- bzw. Großgebindeebene mit Temperaturloggern bis zur Anlieferung und Lagerung in das Blutdepot (Lager im Krankenhaus/Spital) überwacht. Ab dem Zeitpunkt der Ausgabe des Produktes an die Station oder den OP endet die Überwachung und die Produkte können, falls sie nicht verbraucht wurden, auch nicht mehr zurückgenommen werden.

Zur Lösung wurde von den Firmen Schweizer Electronic AG, Maco-Pharma International GmbH und Siemens AG ein Konsortium gegründet, das gemeinsam mit der Universitätsklinik für Blutgruppenserologie und Transfusionsmedizin in Graz einen Temperatur-Monitoring-Transponder und eine klinische Anwendung entwickelt. Sie erfüllt die folgenden Anforderungen:

## 19 RFID und Sensorik

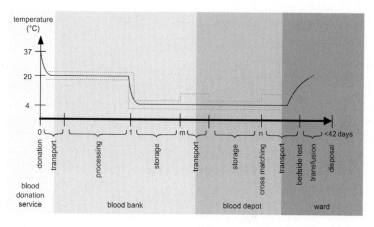

**Bild 19.5** Einzuhaltendes Temperaturprofil einer Blutkonserve in Österreich

- Der Temperaturverlauf der Blutkonserve soll von der Vene des Spenders bis zur Vene des Empfängers lückenlos überwacht werden.
- Die Elektronik muss problemlos den für die Blutherstellung notwendigen Zentrifugationsprozess (bis zur 5.000-fachen Erdbeschleunigung) überstehen.
- Die Betriebskosten pro Durchlauf müssen sehr niedrig sein.

Diese Lösung wird seit Anfang 2008 klinisch erprobt. Danach sind die entsprechenden Zulassungen geplant, sodass das System noch im Jahr 2008 kommerziell in Verkehr gebracht werden kann.

### 19.3.2 Qualitätssicherung bei weltweiten Container-Transporten

Ein Erdöl verarbeitendes Unternehmen evaluiert derzeit den Einsatz von RFID-Sensoren mit Temperatur und relativer Luftfeuchte um die Qualität luftfeuchtesensibler Kunststoffgranulate auf den weltweiten Container-Transporten per Schiff zu sichern. Durch die Auswertung der Messergebnisse soll einerseits eine Datenbasis für die benötigte Menge an Absorbermaterial in Abhängigkeit von der Destination und Jahreszeit gewonnen werden, andererseits soll im Reklamationsfall der Verursacher identifiziert werden können.

## 19.4 Mögliche künftige Anwendungen

### 19.4.1 Temperatur

Als weitere potenzielle Anwendungen für RFID und Temperatur-Logging zeichnen sich die Logistik von Fleisch- und Tiefkühlprodukten ab. Hier gibt es einen verstärkten Druck der Öffentlichkeit nach Transparenz und Nachverfolgbarkeit in der Logistikkette. Die heutigen Identsysteme der Fleisch verarbeitenden Industrie erlauben den eindeutigen Rückschluss vom gekauften Produkt auf den Erzeugerbetrieb. Eine Aussage, ob im Rahmen der Erzeugung und Verteillogistik die Temperaturvorgaben bei der Lagerung eingehalten wurden, ist heute nicht möglich.

Bei teueren Weinen ist die Temperaturüberwachung ebenso ein Thema wie bei der weltweiten Verteillogistik von temperatursensitiven Pharmazeutikprodukten wie z. B. Impfstoffen. Bei letzteren kann eine Über- oder Unterschreitung der Lagertemperatur dazu führen, dass der Impfstoff seine Wirkung verliert.

Bierfässer werden von den Brauereien oftmals als Kommissionsware an Veranstalter abgegeben. Falls ein Fass nicht verbraucht wird und in der Sonne steht, kann es vorkommen dass das Bier verdirbt. Manchmal nimmt die Brauerei das Bier zurück und liefert es an einen weiteren Kunden aus, der dann berechtigterweise reklamiert. Durch Temperaturüberwachung auf Fassebene lassen sich eine Temperaturüberschreitung frühzeitig feststellen, ein „wieder in den Verkehr bringen" vermeiden und der Schaden dem Verursacher verrechnen.

### 19.4.2 Temperatur und relative Luftfeuchte

Eine Überwachung der Umweltbedingungen ist insbesondere bei Obst- und Gemüselogistik sowie bei Blumenimporten ein Thema. Hier hängt die Haltbarkeit der Ware ganz wesentlich vom Temperatur- und Luftfeuchteprofil ab.

Als ein weiterer Anwendungsfall ist auch der Verleih von Kunstgegenständen anzuführen. Insbesondere alte Kunstschätze wie z. B. Papyrusrollen und Gemälde sind sehr empfindlich gegenüber den Umgebungsbedingungen während Transport und Ausstellung. Hier gibt es von den Museen bereits erste Überlegungen, derartige Kunstwerke für Ausstellungen mit entsprechenden Sensoren zu versehen, um die Einhaltung der vertraglich zugesicherten Lagerbedingungen zu überwachen und im Bedarfsfall Restaurationsarbeiten direkt nach der Rückgabe anzusetzen.

## 19.4.3 Beschleunigung

Der Einsatz von Beschleunigungssensoren ist zum Beispiel für die Transportlogistik von großen Transformatoren denkbar. Diese Transformatoren stellen Werte im sechs- oder siebenstelligen Eurobereich dar, und sind auf Grund ihrer Keramikisolierungen höchst anfällig gegenüber Beschleunigung (Fall). Heute lässt sich ein Transportschaden oft erst nach dem Einbau des Transformators in die Anlage diagnostizieren, da äußerlich ein Bruch der Keramikisolierung zumeist nicht sichtbar ist. Gleiches gilt für fallempfindliche Baugruppen im Bereich der Automobil- und Maschinenbauindustrie.

Eine weitere, potenzielle Anwendung zeichnet sich im Bereich der Ladungssicherung bei Lastkraftwagen ab. Die Verpackungen sind üblicherweise für eine bestimmte Nominalbelastung und Beschleunigung gemäß Spezifikation dimensioniert. Im Fall einer Notbremsung kann es zu einer Überschreitung dieser spezifizierten Werte und folglich zu einer Beschädigung der Verpackung und des Inhalts kommen. In einem Schadensfall ist es für den Verpackungsverantwortlichen zur Klärung der Haftungsfrage wichtig, nachweisen zu können, dass die zulässigen Beschleunigungswerte überschritten wurden.

**Literatur/Referenzen**

[1] P. Schrammel: Feasibility Study for RFID-based Temperature Monitoring of Blood Bags. Diplomarbeit. Institut für Softwaretechnik und interaktive Systeme, Technische Universität Wien, 2006.
[2] M. Gruber: Chancen & Risiken von Radio Frequency Identification (RFID) basierten Vicinity Lösungen, Diplomarbeit. Fachhochschul-Studiengang Produkttechnologie/Wirtschaft am Technikum Wien.
[3] T. Volk: Technischer Bericht des Instituts für Angewandte Forschung der Hochschule Offenburg.
[4] T. Wagner: Gelebtes Risikomanagement am Beispiel von RFID-basiertem Temperaturmonitoring von Blutkonserven, Masterthesis, Zentrum für Management und Qualität im Gesundheitswesen, Donau-Universität Krems.

# 20 RFID-Sicherheit

*Dr. Stephan Lechner*

Die weite Verbreitung von RFID hat dazu geführt, dass die Funketiketten mittlerweile auch in sicherheitsrelevanten Anwendungsbereichen Einzug gehalten haben. Nicht nur Bibliotheken und Supermärkte setzen die neue Technologie ein, sondern auch als Zugangskontrolle zu Gebäuden, bei der Identifikation von Nutztieren, bei der Containerverfolgung und in vielen anderen Bereichen hat sich die neue Technologie gegen den Barcode und andere Methoden durchgesetzt. Diese Anwendungen werfen Sicherheitsfragen auf, die in zwei Kategorien unterteilt werden können: Datenschutz und Informationssicherheit. Während beim Datenschutz personenbezogene Daten und die Frage der Nachverfolgung und Profilbildung durch unbemerktes Auslesen von RFID-Transpondern im Vordergrund stehen, beschäftigt sich die Informationssicherheit mit dem umfassenden Schutz gegen Manipulation oder unbefugte Einsicht in gespeicherte oder übertragene Daten.

## 20.1 Datenschutz

Datenschutzbedenken gegen den Einsatz von RFID richten sich im Wesentlichen gegen das unbemerkte oder ungewollte Auslesen der Transponder. Aufgrund des technischen Funktionsprinzips nimmt ein passiver RFID-Transponder seine Arbeit auf, sobald seine Antenne die erforderliche Betriebsspannung induziert. Die so erfolgte Aktivierung kann im Gegensatz zum vergleichsweise auffälligen Ablesen eines Barcodes unbemerkt geschehen, da kein direkter Sichtkontakt zwischen Lesegerät und Transponder bestehen muss. Auf diese Art und Weise können Daten erhoben werden, die Aufschluss über persönliche oder sachliche Verhältnisse des Besitzers geben und daher den einschlägigen Datenschutzbestimmungen unterliegen [8].

Grundsätzlich ist jedoch zu beachten, dass das Funktionsprinzip und die Einsatzgebiete von RFID ein unkompliziertes Auslesen als wesentliches Leistungsmerkmal beinhalten und dass ohne diese Eigenschaft der Einsatz von RFID oft nicht sinnvoll oder wirtschaftlich wäre. Die Forderung nach einer Kontrollmöglichkeit durch den Benutzer im Sinne des Grundrechts der informationellen Selbstbestimmung ist daher schwer zu verwirklichen. Zur näheren Erläuterung der Problematik ist insbesondere die Sammlung von Daten aus mehreren RFID-Transpondern zur Erstellung eines Persönlichkeitsprofils des Benutzers von Bedeutung.

### 20.1.1 Persönlichkeitsprofile

Das Auslesen von RFID am Verkaufspunkt beinhaltet grundsätzlich die Möglichkeit zur Profilbildung: An der Kasse eines Supermarktes könnte beispielsweise die Zusammenstellung von Waren im Einkaufswagen analysiert werden, was mit hoher Zuverlässigkeit Aufschluss über persönliche oder sachliche Verhältnisse des Käufers geben kann. Über Kundenkarten oder einen RFID-basierten Ausweis könnte die Identifikation des Kunden erfolgen. Auch nach dem Bezahlen kann die im Transponder gespeicherte Information ausgelesen werden, was zur Profilierung und Identifikation des jeweiligen Besitzers beitragen könnte.

Grundsätzlich gelten diese Bedenken jedoch auch für Barcode-basierte Scannerkassen und elektronische Zahlungsmittel, denn auch hier wäre die (illegale) Verknüpfung von gekauften Artikeln und Persönlichkeitsdaten prinzipiell möglich. Beim Einsatz von Kunden- oder Rabattkarten stimmt der Anwender dieser Verknüpfung sogar ausdrücklich zu.

Dennoch hat diese Problematik in der Vergangenheit den Ruf nach einer Abschaltung oder Zerstörung von RFID-Transpondern nach dem Verkauf der entsprechenden Waren immer lauter werden lassen. Technische Methoden zur Durchführung einer solchen Maßnahme sind im Sinne von Sollbruchstellen oder elektronischer Deaktivierung durchaus vorhanden, aber eine Markteinführung ist bisher noch nicht erfolgt. Die Datenschutzdebatte über RFID hat den Siegeszug der Technologie nur verlangsamen, aber nicht aufhalten können. Die weitere Entwicklung des RFID-Marktes wird dennoch im Wesentlichen von der Adressierung der viel diskutierten Sicherheitsprobleme bestimmt werden.

## 20.1.2 Angriffe aus der Ferne

Das ungewollte Auslesen von RFID-Transpondern ist durch Presseberichte und Fachpublikationen immer wieder kritisch beurteilt worden. So wird zum Beispiel diskutiert, inwiefern RFID im Passwesen dazu missbraucht werden könnten, ein potenzielles Anschlagsopfer über den im Pass enthaltenen RFID zweifelsfrei zu identifizieren und gezielt zu attackieren. Allerdings wurde der Reisepass mit RFID in Deutschland so konzipiert, dass das Dokument immer geöffnet werden muss, bevor ein Auslesen der RFID-Daten überhaupt möglich ist (Bild 20.1). Zum anderen wird durch eine Vielzahl organisatorische Maßnahmen dafür gesorgt, dass Manipulationen weitestgehend ausgeschlossen werden können. Damit wurde die Sicherheit dieser RFID-Anwendung maßgeblich erhöht.

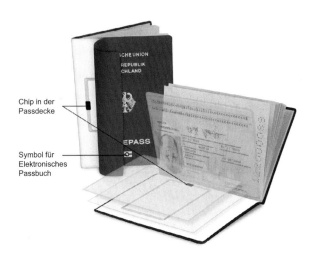

**Bild 20.1** Eine sicherheitskritische Anwendung: der elektronische Reisepass mit RFID-Chip (Foto: Bundesministerium des Innern)

Technologisch sind für RFID-Systeme verschiedene Standards und Funkfrequenzen festgelegt, die unter anderem die Lesedistanzen beeinflussen. Aus Sicherheitsgesichtspunkten sind sowohl die Einschränkungen der Leseabstände durch gezielte Störungen („Denial of Service"-Angriff) als auch die Erhöhung der Lesedistanzen für unbefugte Abfragen von Interesse. Durch einen Abhörversuch mit manipulierten Lesegeräten höherer Leistung oder Empfindlichkeit lassen sich die Fähigkeiten des RFID-Transponders zum Senden nicht signifikant beeinflussen. Somit bewirkt auch der Einsatz eines empfindlichen Lesegerätes nicht automatisch eine größere Kommunikationsentfernung. Selbst bei sehr empfindlichem Empfänger des Lesegerätes muss beachtet werden, dass sich durch Störeinflüsse die vom RFID gesendeten Nachrichten schnell nicht mehr erkennen lassen.

Das Bundesamt für Sicherheit in der Informationstechnik hat in einer Studie im Jahre 2006 [3] untersucht, aus welchen Distanzen sich RFIDs unter Laborbedingungen auslesen lassen und ist dabei zu überraschenden Ergebnissen gekommen. Lesedistanzen bis zu zwei Metern (bei HF-Transpondern) waren mit gewissen Einschränkungen der Signalqualität problemlos erreichbar, sodass die Vermutung nahe liegt, dass auch größere Distanzen künftig überbrückt werden können. Bei näherer Betrachtung ist allerdings festzustellen, dass die Randbedingungen für solcherlei Messungen ebenfalls eine gravierende Rolle spielen. So wurden im Versuch die Antennen von Lesegerät und RFID genau auf einander ausgerichtet, was unter realen Bedingungen schwierig zu erreichen sein dürfte. Ein gegenseitiges Verdrehen verschlechtert die Ergebnisse stark.

## 20.2 Informationssicherheit

Bei der Benutzung von RFID ist nicht nur das unbemerkte Auslesen problematisch, sondern auch die etwaige Manipulation der gespeicherten Daten. Daher sind einige RFID-Produkte bereits für den Einsatz in Sicherheitsumgebungen mit zusätzlichen Eigenschaften ausgerüstet.

### 20.2.1 Schutz der gespeicherten Daten

Die auf einem RFID gespeicherten Daten sind durch eine Vielzahl von Sicherheitssystemen vor direktem Zugriff geschützt. Neben der Speicherung der Daten im geschützten EPROM- oder EEPROM-Bereich (Electrically Erasable Programmable Read Only Memory) des Chips besteht auch die Möglichkeit der Löschung der Daten bei unbefugter physikalischer Manipulation. Solche in Hardware implementierte Schutzmaßnahmen zu umgehen, erfordert hohen Aufwand, gute Kenntnisse in Elektrotechnik und Halbleiterfertigung sowie eine aufwändige Ausstattung mit Messgeräten und Analysewerkzeugen. Auf hardwarebasierte Schutzmaßnahmen soll daher an dieser Stelle nicht weiter eingegangen werden. Weitere Informationen zum Thema finden sich beispielsweise im entsprechenden Bericht des Bundesamts für Sicherheit in der Informationstechnik [1].

Neben der physikalischen Absicherung von Daten vor unbefugter Kenntnisnahme besteht insbesondere die Möglichkeit der Verschlüsselung von Daten, um unbefugten Zugriff einzuschränken. Im Falle verschlüsselter Daten können selbst bei unbefugtem Zugriff auf die Daten durch einen Angreifer keine Rückschlüsse auf deren Inhalte gezogen werden. Da die Prinzipien der Kryptografie sowohl für gespeicherte Daten als auch für die Datenübertragung gelten, werden die entsprechenden Technologien im folgenden Absatz kurz beschrieben.

### 20.2.2 Schutz der Datenübertragung

Für spezielle Sicherheitsumgebungen besteht die Möglichkeit der Verschlüsselung der Daten während der Funkübertragung, wodurch nur autorisierte Lesegeräte den Inhalt der Transponder abfragen können. Zu unterscheiden ist zwischen einer echten mathematisch-kryptografischen Verschlüsselung und einer „Verschleierung" oder „Verwürfelung" der Daten, die im Gegensatz zu starker Verschlüsselung keinen ausreichenden Schutz gegen einen gezielten Angriff bietet. Die Datenverschleierung (engl. „scrambling") entspricht lediglich einer Umstellung der Dateninhalte und kann in der Regel ohne großen Aufwand durch mathematische Softwarepakete wieder rückgängig gemacht werden.

## 20.3 Klassische Schutzmaßnahmen

### 20.3.1 Symmetrische Verschlüsselung

Eine wirksame Absicherung der gespeicherten Daten auch über die Übertragungsstrecke ist durch symmetrische kryptografische Verschlüsselung möglich. Bei dieser Verschlüsselung ist das zentrale Element ein geheimer Schlüssel, der zwischen Sender und Empfänger als gemeinsames Geheimnis geteilt wird. Typischerweise entspricht dieser Schlüssel einer Bitfolge, die als Eingabeparameter für ein mathematisches Verschlüsselungsverfahren dient [6]. Da Sender und Empfänger einer Nachricht den gleichen Schlüssel benutzen, spricht man von symmetrischer Kryptografie.

Auf dem Markt sind für sicherheitskritische Anwendungen RFID-Systeme mit symmetrischen Verschlüsselungsverfahren verfügbar. Dabei ist zu bedenken: Der nur dem Sender (RFID) und dem Empfänger (Lesegerät) bekannte, geheime Schlüssel ist gegen unbefugten Zugriff zu schützen. Sollte der geheime Schlüssel kompromittiert (d. h. offengelegt) werden, so könnte ein Angreifer sich als autorisierter Benutzer ausgeben.

Je nach eingesetztem kryptografischen Verfahren und angestrebtem Sicherheitsniveau werden Schlüssellängen von 128 bis 2048 Bits als ausreichend angesehen. Der kryptografische Schlüssel muss lang genug gewählt werden, um das System auch gegen ein computergestütztes Ausprobieren aller möglichen Schlüssel zu schützen (Brute-Force-Attacke). Als Grundprinzip gilt, dass längere kryptografische Schlüssel eine erheblich höhere Sicherheit bieten. Da mathematische und kryptoanalytische Methoden im Laufe der Zeit durch die wissenschaftliche Fachwelt weiterentwickelt werden, sollte im Zweifel eher ein längerer als ein kürzerer Schlüssel gewählt werden.

Doch nicht nur der Schlüssel, sondern auch die Stabilität des eingesetzten Algorithmus (d. h. des kryptografischen Verfahrens) ist von entscheidender Bedeutung für die Sicherheit von verschlüsselten Daten. Kryptografische Verfahren können auch im Detail öffentlich bekannt sein, ohne dass die Sicherheit des Systems gefährdet wird, da diese bei stabilen Algorithmen ausschließlich auf der Geheimhaltung des Schlüssels basiert. Erst wenn durch eine so genannte Krypto-Analyse ein Verfahren gebrochen wird, muss von dessen weiterer Verwendung abgesehen werden. So gilt beispielsweise der 1977 von IBM entwickelte Data Encryption Standard (DES) seit langem als unsicher, wird jedoch in der sicheren dreifach ausgeführten Version 3DES („Triple-DES") noch in vielen Systemen verwendet. Der Nachfolgealgorithmus AES, der als „Advanced Encryption Standard" im Oktober 2000 als Gewinner eines Wettbewerbes der Fachgemeinschaft hervorging und auf dem Rijndael-Verfahren [2] basiert, ist das wesentliche, heute allgemein anerkannte Verfahren für symmetrische Verschlüsselung.

In vielen Produkten befinden sich jedoch auch proprietäre Verfahren, die teilweise aus Sicherheitsgründen nicht offengelegt werden. Dieses Prinzip der „Security by Obscurity" wird oft als weniger zuverlässig eingestuft, da die Stabilität eines kryptografischen Verfahrens höher zu bewerten ist, wenn die kryptoanalytische Fachgemeinde auch nach längerer Zeit nicht in der Lage ist, das Verfahren zu brechen. In militärisch geprägten Umgebungen werden hingegen fast ausschließlich geheim gehaltene Algorithmen eingesetzt. Dennoch kann davon ausgegangen werden, dass die Konstruktion solcher „neuen" Verfahren oft durch gezielte Variation bekannter und veröffentlichter Algorithmen erfolgt, um eine anerkannt stabile mathematische Konstruktion zu nutzen. Die grundlegende Neukonstruktion kryptografischer Verfahren ohne Einbeziehung der kryptoanalytischen Öffentlichkeit erfordert sehr umfangreiches mathematisches Wissen und langjährige praktische Erfahrung, birgt aber dennoch immer ein hohes Risiko unentdeckter Schwachstellen.

### 20.3.2 Probleme beim Einsatz symmetrischer Verschlüsselung

Sicherheitskritische Einsatzgebiete für RFIDs werden schon seit Jahren durch spezielle Lösungen und Produkte auf Basis symmetrischer Verschlüsselung adressiert. Dabei wird der geheime Schlüssel im gesicherten Speicherbereich des RFID abgelegt. Die verwendeten Algorithmen sind so parametriert, dass ein spezielles Lesegerät erforderlich ist, um die verschlüsselte Kommunikation des RFID zu erkennen.

Die Speicherung des geheimen Schlüssels im Lesegerät hat den Nachteil, dass das Gerät in diesem Fall die Schlüssel aller RFID-Transponder kennen muss, mit denen es im Laufe seiner Aktivität in Kontakt kommt. Da die geheimen Schlüssel der RFID-Transponder sensitive Daten sind, ist das Lesegerät ferner vor unbefugtem Zugriff – und insbesondere auch vor physikalischer Demontage – mit hohem Aufwand zu schützen.

Oft werden daher Lesegeräte mit einer Online-Datenverbindung zu einer zentralen Datenbank ausgerüstet, in der die sensitiven geheimen Schlüssel der RFID-Transponder gespeichert sind. Durch gesicherte Übertragungsverfahren kann so die Verifikation eines Transponders datenbankgestützt erfolgen, ohne dass das Lesegerät in Kontakt mit sensitiven Daten kommt. Zwar entfällt in dieser Konstellation die Notwendigkeit zum physikalischen Schutz der Lesegeräte, aber dieser Vorteil wird durch Erfordernis einer Online-Verbindung wieder geschmälert.

### 20.4 Schutz gegen komplexe Bedrohungen

Während üblicherweise die IT-Sicherheit durch die drei Begriffe Vertraulichkeit, Integrität und Verfügbarkeit charakterisiert wird, stellt sich deren Anwendung auf RFID-Szenarien als durchaus komplex dar.

# 20 RFID-Sicherheit

Die **Vertraulichkeit** von Daten kann durch unbefugten Zugriff während der Speicherung auf dem RFID-Tag oder im Lesegerät sowie auf der Übertragungsstrecke kompromittiert werden, wogegen typischerweise Verschlüsselungsverfahren eingesetzt werden.

Die **Integrität** (Unversehrtheit) wird durch unbemerkte Manipulation der Daten auf dem RFID-Tag, auf dem Funkweg oder im Lesegerät gefährdet, wogegen digitale Signaturen oder Verschlüsselungsmechanismen sowie Authentisierung und Zugriffskontrolle eingesetzt werden.

Die **Verfügbarkeit** der Daten kann durch eine große Anzahl von Angriffen gefährdet werden, beispielsweise durch physikalische Manipulation der RFID-Antennen, Störsignale durch Funksender, mutwillig erzeugte Massenanfragen an Lesegeräte, oder durch die Unterbrechung der Online-Anbindung von Lesegeräten. Im Fall von künstlich erzeugter Überlast wird der reguläre Dienst nicht mehr erbracht, sodass entsprechende Angriffe auf die Verfügbarkeit unter dem Begriff „Denial of Service"-Angriff zusammengefasst werden.

Bevor Sicherheitsmaßnahmen für komplexe Systeme beschlossen werden, sollte daher grundsätzlich eine umfassende Bedrohungsanalyse, gefolgt von einer Risikoanalyse des betroffenen RFID-Einsatzgebietes vorgenommen werden. Im einfachen Fall stellt sich heraus, dass keine Sicherheitsmaßnahmen erforderlich sind, da die bestehenden Risiken gering sind und den Aufwand für zusätzliche Schutzmaßnahmen nicht rechtfertigen würden. Ohne den Anspruch auf Vollständigkeit soll im Folgenden exemplarisch eine kurze Darstellung eines wesentlicher Bedrohungsszenarios gegen RFID-Systeme gegeben werden.

### 20.4.1 Erstellen von RFID-Klonen

Die Identität eines RFID-Transponders wird durch die auf dem Transponder gespeicherten Daten bestimmt, die aufgrund der global standardisierten Struktur des EPC (Elektronischer Produktcode) unter anderem Hersteller, Artikelnummer und Seriennummer in weltweit eindeutiger Darstellung beinhalten. In vielen Anwendungsgebieten ist es nicht erforderlich, diese Daten zu schützen, sodass die kommunizierten Daten auf dem Übertragungsweg im Klartext gelesen werden können. Dies bedeutet jedoch auch, dass Daten unerlaubt durch Dritte abgehört werden können (auch wenn dies nur auf geringe Distanzen beim Lesevorgang möglich ist) und insbesondere Daten durch Dritte aktiv (mit einem eigenen Lesegerät) abgefragt werden können.

## 20.4 Schutz gegen komplexe Bedrohungen

Nach erfolgreichem Mithören oder Abfragen der Identitätsdaten eines RFID-Transponders können diese im Lesegerät des Angreifers gespeichert und später auf einen anderen, beschreibbaren RFID übertragen werden, wodurch im logischen Sinn ein Klon (Duplikat) des ursprünglichen Transponders geschaffen wird. Sind die Daten erst einmal bekannt, kann zu beliebigen Zeitpunkten eine beliebig große Anzahl von Klonen geschaffen werden. Dies ist in manchen Anwendungsgebieten unkritisch: Der technische Aufwand des Klonens ist für einen Angreifer nicht gerechtfertigt, wenn lediglich das Etikett einer Konservendose im Regal des Supermarktes dupliziert werden kann. In anderen Fällen hingegen könnte sich der Aufwand lohnen: Medikamente, deren Echtheit durch RFID nachgewiesen wird; hochwertige Kleidungsstücke, die durch RFID vor Produktpiraterie geschützt werden oder schlicht und einfach Zutrittskarten zu Firmen- oder Behördengebäuden beinhalten ein hohes Missbrauchsrisiko.

Den besten Schutz gegen das Klonen von RFID-Chips bieten Verschlüsselungsverfahren, die es einem Angreifer nicht erlauben, sensible Daten auf dem Übertragungsweg mitzuhören. Dies erfordert Lesegeräte und Transponder, die spezielle Verschlüsselungstechniken beherrschen. Der oft gepriesene Schutz durch eine Überprüfung der Seriennummer (UID) eines RFID-Transponders in der Herstellerdatenbank ist hingegen fragwürdig. In der Produktpiraterie werden Fälschungen inzwischen so professionell erstellt, dass existierende und legitime Produktcodes durch die oben beschriebenen Klon-Verfahren zum Einsatz kommen. Diese können durch Gegenprüfung mit einer Herstellerdatenbank oft nicht als Fälschungen erkannt werden.

### 20.4.2 Schutzmaßnahmen durch zertifikatsbasierte Lösungen

In sicherheitsrelevanten Umgebungen werden an RFID-Systeme ähnliche Anforderungen gestellt wie an ISO-Chipkarten (sog. Smart Cards), die heutzutage weite Verbreitung als Identifikationsmethode gefunden haben. Die in Speicherplatz und Prozessorleistung schwächeren RFIDs haben dabei den Vorteil der Biegsamkeit, des geringeren Platzbedarfs und der deutlich geringeren Kosten, was sie für einige Anwendungsbereiche qualifiziert, die den klassischen Chipkarten verschlossen bleiben. Insbesondere bei der Identifizierung von Dokumenten und einzelnen Gegenständen (Item level tagging) sowie im Ausweis- und Passwesen ergeben sich dabei hohe Sicherheitsanforderungen.

Auf ISO-Chipkarten können solcherlei Anforderungen durch zertifikatsbasierte Verfahren (Public Key Infrastructure, PKI) gelöst werden, die auf asymmetrischen kryptografischen Verfahren basieren.

### 20.4.3 Asymmetrische Kryptografie und PKI

Im Gegensatz zur symmetrischen Kryptografie, bei der Sender und Empfänger von Nachrichten über denselben Schlüssel verfügen müssen, hat sich seit den achtziger Jahren auch die asymmetrische Kryptografie in Produkten etabliert, bei der jeder Teilnehmer über zwei verschiedene Schlüssel verfügt, die zueinander invers wirken. Das RSA-Verfahren [5] ist einer der bekanntesten Algorithmen dieser Art, das über einen entscheidenden Vorteil gegenüber den symmetrischen Verfahren verfügt: Der private Schlüssel eines jeden Teilnehmers wird durch einen zugehörigen öffentlichen Schlüssel ergänzt, der nicht sicherheitskritisch ist und aus dem keine Rückschlüsse auf den privaten Schlüssel gezogen werden können.

Das Verfahren funktioniert denkbar elegant: Vor Absenden einer Nachricht verschlüsselt der Sender die Daten mit dem öffentlichen Schlüssel des Empfängers, sodass nur der Empfänger selber mit dem dazugehörigen privaten Schlüssel die Nachricht wieder entschlüsseln kann. Das Prinzip kann jedoch auch umgekehrt eingesetzt werden, sodass der Sender (zusätzlich) mit seinem eigenen privaten Schlüssel die Nachricht noch einmal verschlüsselt und so nachweist, dass nur er der Urheber der Sendung sein kann. Verifiziert wird diese Urheberschaft vom Empfänger mit dem frei zugänglichen öffentlichen Schlüssel des Senders. Dieser Echtheitsbeweis ist unter dem Begriff digitale Signatur bekannt.

Um öffentliche Schlüssel vor Fälschung zu schützen, werden diese erneut von übergeordneten Instanzen (Certification Authorities, CAs) digital unterschrieben. Auch die öffentlichen Schlüssel der CAs müssen allerdings geschützt werden, was in der Folge zu einer baumartigen, hierarchischen CA-Struktur führt, an deren Wurzel die so genannte Root-CA steht, deren öffentlicher Schlüssel durch physikalische Maßnahmen (z. B. Übertragung durch vertrauenswürdige Boten an die nachgeordneten CAs) zu schützen ist. Der Struktur von CAs, zugehörigen RAs (Registration Authorities) und öffentlichen und privaten Schlüsseln wird als Public Key Infrastructure (PKI) bezeichnet.

Digital signierte Daten eines speziellen Formats werden auch – ähnlich wie handschriftlich unterzeichnete Dokumente – als Zertifikate bezeichnet. Der international anerkannte Zertifikatsstandard X.509 enthält neben der Identität des Unterzeichners auch Felder für Gültigkeitsdaten und Aussteller des Zertifikats. Um zeitlich noch gültige aber kompromittierte oder veraltete Zertifikate in einer PKI zu kontrollieren (z. B. nach Ausscheiden eines Benutzers), wird meist ein Rückrufmechanismus über Certificate Revocation Lists (CRL) verwendet.

### 20.4.4 RFID und PKI

Der recht komplexe Aufbau einer PKI ist auf der Basis von Chipkarten durchaus üblich und bietet hohe Sicherheit, kombiniert mit der eleganten Möglichkeit, Zertifikate überall und jederzeit zu überprüfen. Insbesondere benötigt ein Lesegerät, das nur öffentliche Schlüssel benutzt, im Gegensatz zu symmetrischen Verschlüsselungsverfahren weder Online-Anbindung an zentrale Datenbanken noch besonderen Schutz gegen Manipulation.

Leider sind die aktuell am Markt verfügbaren passiven RFID-Transponder derzeit weder in ihrer Rechenleistung noch in der Speicherkapazität ausreichend stark zur Implementierung einer standardisierten PKI ausgelegt. Dennoch sind erste Ergebnisse der Industrieforschung vorhanden [4], die jenseits der X.509-Standards [7] asymmetrische Kryptografie auf passiven RFIDs erfolgreich simulieren. Dabei ist die mathematisch-kryptografische Sicherheit nicht schwächer als der Standard ausgelegt, aber weltweite Kompatibilität über die Nutzung des klassischen X.509-Zertifikats bleibt derzeit noch den Chipkarten und den PC-basierten Lösungen vorbehalten.

Für die Zukunft ist jedoch zu erwarten, dass sich die derzeit aus Browsern und Chipkarten bekannten PKI-Verfahren und Zertifikate auch in standardisierter Weise auf RFIDs übertragen lassen werden.

## 20.5 Sicherheit in der RFID-Standardisierung

Die Standardisierung der RFID-Sicherheit ist im Jahre 2008 im Gegensatz zur Standardisierung der Kommunikation von RFIDs noch nicht weit vorangeschritten. Verschiedene Arbeitsgruppen in der internationalen Standardisierungsorganisation ISO bzw. im Konsortium EPCglobal (vgl. Kapitel 6), das den elektronischen RFID-Produktcode EPC unterstützt, haben gerade erst begonnen, sich mit dem Thema Sicherheit zu befassen.

# 20 RFID-Sicherheit

So dominieren derzeit proprietäre Lösungen den Markt, der jedoch zum überwältigenden Anteil von RFID-Systemen bestimmt wird, die ohne nennenswerte Sicherheitseigenschaften auf der Basis standardisierter Kommunikationsprotokolle arbeiten. Gerade die weltweit genormte Kommunikationsfähigkeit, die ein entscheidender Faktor zur schnellen Verbreitung von RFID ist, stellt dabei auch ein Sicherheitsrisiko dar: Ungeschützte RFID-Kommunikation kann sehr einfach abgehört werden und ungeschützte RFID-Transponder können völlig problemlos von jedem Lesegerät erfasst und ausgelesen werden, das innerhalb der spezifizierten Parameter arbeitet.

Aus heutiger Sicht ist es sehr fraglich, ob in Zukunft die Sicherheitseigenschaften als selbstverständliches Leistungsmerkmal ihren Platz in den am Markt verfügbaren RFID-Lösungen finden werden. Einerseits hat sich in den vergangenen Jahren am Informations- und Kommunikationsmarkt das Prinzip der integrierten Sicherheit überwiegend durchgesetzt, andererseits existieren jedoch auch heute noch viele „alte" Informationstechnologien, deren Sicherheitskonzeption nicht dem aktuellen Stand der Technik entspricht. Ähnliches ist bei den RFID-Trends zu erwarten. Immer leistungsfähigere Plattformen werden auch komplexere Sicherheitsmaßnahmen ermöglichen. Aber die Entscheidung, wie viel Sicherheit für RFID benötigt wird, wird letzten Endes der Markt treffen. In Anbetracht des wenig fortgeschrittenen Standardisierungsgrades, eines hohen Kostendrucks bei den Halbleiterherstellern und einer Vielzahl von Anwendungsbereichen mit geringen oder sehr geringen Sicherheitsanforderungen ist nicht zu erwarten, dass sich eine flächendeckende Ausstattung von RFID-Anwendungen mit kompatiblen Sicherheitsmerkmalen selbst nach Abschluss der einschlägigen Standardisierungsarbeiten ergibt. Auch die lange, erfolgreiche Historie des Barcodes, der im Vergleich zum RFID kaum Möglichkeiten einer sicheren Konzeption beinhaltet, unterstützt diese Einschätzung.

Für spezielle Sicherheitsumgebungen kann sich RFID aufgrund seiner Kostenvorteile und aufgrund der flexibleren physikalischen Ausfertigung jedoch durchaus zu einer ernst zu nehmenden Konkurrenz zur Chipkarte und der darauf basierenden PKI entwickeln, auch wenn die bisherigen Ergebnisse zum Einsatz von PKI auf RFIDs lediglich im Forschungsbereich existieren und am Markt als Produkt derzeit noch nicht verfügbar sind.

## Literatur

[1] Bundesamt für Sicherheit in der Informationstechnik, Risiken und Chancen des Einsatzes von RFID-Systemen, SecuMedia Verlags-GmbH, ISBN 3-922746-56-X

[2] Joan Daemen, Vincent Rijmen: The Design of Rijndael. AES: The Advanced Encryption Standard. ISBN 3-540-42580-2

[3] Thomas Finke, Harald Kelter: Bundesamt für Sicherheit in der Informationstechnik (BSI); Radio Frequency Identification – Abhörmöglichkeiten der Kommunikation zwischen Lesegerät und Transponder am Beispiel eines ISO14443-Systems, http://www.bsi.de/fachthem/rfid/Abh_RFID.pdf

[4] Hess, Meyer: Echtheitsnachweis für Funketiketten; 1. Dt. IT-Sicherheitspreis des Horst-Görtz-Institutes, Bochum, November 2006, https://www.isits.org/pdf/hg_pressemitteilung_preistrger.pdf

[5] Rivest, Shamir, Adleman: A method for obtaining digital signatures and public key cryptosystems, Communications of the ACM, 1978, ISSN:0001-0782

[6] Bruce Schneier: Angewandte Kryptografie, Addison Wesley, ISBN 3-89319-854-7

[7] Internet Engineering Task Force (IETF) RFC 3280, Internet X.509 Public Key Infrastructure Certificate and Certificate Revocation List (CRL) Profile, http://tools.ietf.org/html/rfc3280

[8] Bundesdatenschutzgesetzt, http://www.gesetze-im-internet.de/bdsg_1990

# 21 Epilog: Auf dem Weg zum „Internet der Dinge"

*Dr. Stefan Keh*

**Logistik – ein zentraler Bestandteil der Wertschöpfungskette**

Logistik hat eigentlich eine einfache Aufgabe: den Gütertransport von A nach B bei optimalem Einsatz aller benötigten Ressourcen. Oft ist dafür eine ausgeklügelte Konzeption notwendig, zum Beispiel, wenn Bücher innerhalb von 24 Stunden geliefert werden müssen. Auch die Koordination unterschiedlichster Warenströme, die Kommissionierung zu neuen Sendungen oder die Zwischenlagerung gehören zur Logistik. Die wesentlichen Ziele der Logistik umfassen die termingerechte Ankunft beim Kunden und die optimale, kostensparende Abstimmung aller Prozesse mit minimalem Aufwand (nach dem Just-in-Time-Prinzip). So wird z. B. vermieden, hoch empfindliche Güter wie Medikamente oder technische Geräte unnötigen Transportwegen auszusetzen. Zunehmend wird auch der Umweltschutz wichtig.

Auch wenn die Logistik in der Wertschöpfungskette erst am Ende, beim Versand der produzierten Güter zum Kunden sichtbar wird, wäre es ein Trugschluss zu glauben, dass entsprechende Überlegungen zur Logistik erst zu diesem Zeitpunkt angestellt werden müssen. Vielmehr meint wirkliches Supply-Chain-Management, dass alle Stufen der Wertschöpfung mit der erforderlichen Logistik abgestimmt werden. Siemens hat damit bereits vor Jahren bei den eigenen Prozessen begonnen, in dem die Logistikkette rückwärts betrachtet wird. Damit verändert sich die Logistik vom Push- zum Pull-System. Ein hervorragendes Beispiel für ein solches Pull-Konzept ist das Siemens-Werk für medizinische Computertomographen in Forchheim. Dort können die Lieferanten via Webcam ihren eigenen Teilebestand überwachen und selbst bei Bedarf zeitnah nachliefern.

Lässt man hingegen logistische Aspekte außen vor, tauchen erhebliche Schwierigkeiten auf. Eine optimierte Logistik sollte deshalb bereits zum Start einer neuen Produktfamilie oder bei der Erschließung

## 21 Epilog: Auf dem Weg zum „Internet der Dinge"

eines neuen Marktsegments mit einbezogen werden, um einen optimalen Gesamtprozess zu kreieren. So sind beim neuen Open-Mail-Handling-System (OMS) von Siemens – einer regelrechten Postfabrik für Großbriefe – bereits bei der Konstruktion die sich daraus ergebenden Logistikverfahren bedacht worden. Denn diese Anlage ist so aufwändig, dass sie nicht mehr wie gewohnt in unseren Werken gebaut und dann zum Kunden geliefert werden kann. Deshalb mussten hier neue Logistikkonzepte frühzeitig entwickelt werden. Wird nicht so verfahren, kann nur mit viel Mühe und hohen Kosten eine sinnvolle Logistikgestaltung erfolgen.

Die Unternehmen – Versand-Dienstleister und Produzenten – sind sich dieser maßgebenden Rolle der Logistik sehr wohl bewusst. Im Zuge der Globalisierung entstehen immer mehr F&E- und Liefernetzwerke. Gleichwohl gibt es noch ein hohes Potenzial zur Optimierung der Logistik. Meines Erachtens ist die Nutzung von Informationstechnologie der wichtigste Hebel. Über einen gemeinsamen IT-Backbone kann die gesamte Logistikkette auch datentechnisch integriert werden: Lieferanten, Dienstleister und Kunden werden hier mit eingebunden. Durch diese IT-Integration können Fehler vermieden werden, die sonst zu erheblichen Kosten und mangelhafter Qualität führen würden. Gleichzeitig sind Logistikprozesse einer erheblichen Dynamik ausgesetzt. Destinationen ändern sich ebenso wie Lieferanten und Lieferwege. Oder es kommt aus den unterschiedlichsten Gründen zu Lieferschwierigkeiten und -stopps. Auch hier helfen IT-Systeme, die Veränderungen zu bewältigen.

Die Globalisierung mit weltweiter Beschaffung, hochtransparenten Vertriebskanälen im Internet und den gestiegenen Anforderungen der Konsumenten an individuelle Produkte machen es inzwischen fast unmöglich, den optimalen Pfad oder das optimale Netzwerk statisch zu beschreiben. So werden beispielsweise die für unsere Anlagen benötigten PCs einmal von IBM, ein anderes Mal von HP geliefert – je nach Angebot, Verfügbarkeit und Anforderungen. Die fortschreitende Globalisierung führt damit zu besserer Qualität bei gleich bleibenden Preisen bzw. gleicher Qualität zum günstigeren Preis. Die Globalisierung trägt so zu einem weiteren Fortschritt in der Produktivität unserer Wirtschaft bei.

Eine weitere Verschiebung findet durch die Internet-Plattformen statt. Nehmen wir nochmals das Beispiel Buchhandel: Früher wurden die Bücher vom Grossisten an die Händler geliefert, und dort vom Endkunden überwiegend persönlich abgeholt (Bild 21.1a). Heute müssen Online-Portale wie Amazon einzelne Bücher direkt an den

# 21 Epilog: Auf dem Weg zum „Internet der Dinge"

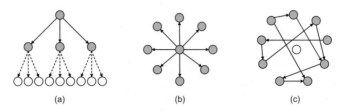

(a)    (b)    (c)

**Bild 21.1** Veränderung von logistischen Netzwerken

Kunden schicken, was eine erhebliche Zunahme der Sendungszahl bedeutet (Bild 21.1b). Durch die Entwicklung dieses Online-Händlers hin zur Verkaufsplattform haben sich sogar beliebige Netzwerke ergeben, weil nun jeder kaufen und verkaufen kann (Bild 21.1c). Amazon ist nur noch der Mittelpunkt eines virtuellen Netzwerks, der als Angebotsmöglichkeit, Verkaufsraum und Zahlungssystem fungiert.

## Architektur des Datenmodells als kritischer Systemparameter

Für solche Geschäftsmodelle ist eine hoch entwickelte IT-Infrastruktur erforderlich. Die Intelligenz, die in den IT-Systemen steckt, ist der Schlüssel, um die entstandene Dynamik und Vielfalt zu beherrschen. Die Leistungsfähigkeit der Architektur wird aber im Hinblick auf die Steuerung der Logistikprozesse wesentlich durch das gewählte Datenmodell bestimmt: Sollen die Logistikobjekte nur identifiziert und alle relevanten Daten in einer Datenbank vorgehalten (zentrale Datenspeicherung) oder sollen sie direkt auf den Versandobjekten selbst durch geeignete Auto-ID-Techniken gespeichert werden (dezentrale Datenspeicherung)?

Der Vorteil der dezentralen Datenspeicherung direkt auf den Logistikobjekten ist, dass auf Realzeit-Netzwerke im Zweifelsfall verzichtet werden kann. Betrachten wir ein Zuordnungssystem für Briefpost: Hier steht im Barcode oftmals nicht nur eine Referenz, die über eine Datenbank aufgelöst werden muss, sondern die komplette Empfängeradresse. Bei der Sortierung sind gerade mal fünf Sekunden Zeit, in der die Destination ermittelt werden muss. Bei einer Überlastung des Netzwerks, was gerade beim Internet nie ausgeschlossen werden kann, landen die Sendungen im Reject-Fach zur manuellen Nachbearbeitung – der Sorter steht innerhalb von Minuten still, und der gesamte postalische Prozess gerät durcheinander. Zudem sind rein zentrale Ansätze nicht nur aufgrund eventueller Ausfälle, sondern auch

## 21 Epilog: Auf dem Weg zum „Internet der Dinge"

aufgrund der starken Zunahme der Warenströme gefährlich. Es entsteht ein Komplexitätsproblem.

Auf der anderen Seite können bei zentralen Architekturen bis zur letzten Sekunde noch Änderungen vorgenommen werden. Genauere Informationen über die aktuelle Netzwerkstruktur und deren Leistung sind ebenfalls verfügbar. Dies bildet die Grundlage für Optimierungen. Logistiksysteme sind ein außergewöhnlich teures Unterfangen und bedürfen einer beständigen Optimierung, was mit zentralen Strukturen erheblich einfacher gelingt.

Neben der geeigneten IT-Architektur verlässt sich die moderne Logistik auf Auto-ID-Technologien, um die logistischen Einheiten – Briefe, Pakete, Paletten, Container – zu identifizieren. Die Logistik braucht Augen und Ohren, das heißt Sensoren wie Barcode-Leser oder RFID-Systeme als Grundlage für die automatisierte Steuerung. So werden zum Beispiel Barcodes eingesetzt, um Angaben wie die Zieladresse oder Kundeninformationen einer Sendung mitzugeben (z. B. beim Direkt Marketing mit Customer-Response-Codierungen). Der 2D-Code ist hierzu natürlich dem klassischen Barcode überlegen, weil die Informationsdichte erheblich höher ist. So können mit 2D-Codes auch sicherheitsrelevante Informationen auf der Sendung gespeichert werden, z. B. zur Abrechnung der Frankierung.

Unser integriertes Konzept arbeitet deshalb zunächst dezentral, mit den in aufgedruckten Codes vorhandenen Informationen. Wenn jedoch der (umfassende) Barcode einmal nicht vorhanden oder nur partiell lesbar ist und so nur eine Identifikation erfolgen kann, dann greift das zentrale System. Diese zentrale Komponente ist ansonsten ein Monitoring-System, das die notwendige Optimierung durchführt.

RFID bietet eine außerordentlich wichtige Ergänzung für diese Architektur. Die wichtigsten Vorteile von RFID im Vergleich zum Barcode sind die Beschreibbarkeit der Transponder und die Pulkfähigkeit. Soll ein Barcode aktualisiert werden, so kann nur ein weiterer Barcode aufgedruckt werden. Ein RFID-Transponder dagegen wird einfach umprogrammiert. Das ist wichtig, weil sich in der Logistik ständig etwas ändert (z. B. die Destination oder das Routing). Steht per Barcode eine falsche Information auf einer Sendung (oder hat sich diese zwischenzeitlich geändert), hilft der Barcode nicht mehr weiter. Deswegen ist die nachträgliche Änderung der im RFID-Chip gespeicherten Daten von größter Wichtigkeit. Durch die Pulkfähigkeit kann per RFID eine Kiste mit 100 Sendungen in einem Arbeitsschritt erfasst werden – beim Barcode muss jeder Brief oder jedes Paket einzeln gescannt werden.

## Wirtschaftlicher Einsatz von RFID

Allerdings wird die Einführung von RFID heute noch von drei Einschränkungen behindert. Da ist zum einen die Leserate – aus meiner Sicht ein rein technisches Problem, das sicherlich in den nächsten Jahren zufriedenstellend gelöst wird. Zudem gilt: Auch ein Barcode kann nicht immer zu 100% gelesen werden, zum Beispiel bei Verschmutzung. Das zweite Problem ist der Transponder-Preis. Sobald RFID-Transponder wirklich druckbar werden (Polymer-Transponder, vgl. Kapitel 18) und sich die Kosten nur noch im Cent-Bereich abspielen, wird RFID den Barcode vollständig ersetzen. Bereits heute gibt es Anwendungsbereiche, bei denen sich der RFID-Einsatz lohnt – dieses Buch berichtet von einer kleinen Auswahl solcher Erfolgsgeschichten. Gleichwohl ist z. B. bei Briefen heute kein wirtschaftlicher Einsatz möglich. In diesem Bereich herrscht ein zu großer Preiskampf zwischen den Postdienstanbietern, hier sind ein oder zwei Cent Kostenvorsprung pro Sendung signifikant. Eine weitere Schwierigkeit ist schließlich die internationale Vereinheitlichung nicht nur der Frequenzen, sondern auch des Datenmodells. Praktisch ist für jede Domäne ein spezifisches Datenmodell erforderlich, wie es sich heute bereits beim Barcode differenziert entwickelt hat. Damit einher geht die Vereinheitlichung der IT-Schnittstellen, vor allem im Bereich der Middleware.

Zur Verbesserung der Wirtschaftlichkeit sehe ich zwei Ansatzpunkte: Eine erste Möglichkeit ist die Wiederverwendbarkeit der Transponder. Heute arbeiten wir zum Beispiel am Einsatz von RFID für das Baggage Handling, bei dem jeder Koffer mit einem RFID-Etikett versehen wird (Kapitel 15). Dieses Etikett wird bei der Ankunft abgerissen und zerstört. Dabei wäre es doch viel klüger, den Transponder für die nächste Flugreise zu nutzen, indem es zum Beispiel fest in den Koffer integriert wird. Der zweite Ansatzpunkt ist, den RFID-Transponder für zusätzliche Prozessschritte zu nutzen, wie zum Beispiel zur Speicherung von sicherheitsrelevanten Informationen. So könnte zum Beispiel das Second Screening eingespart werden, weil bereits bekannt ist, was der Koffer enthält. RFID fest im Koffer integriert zur Verbesserung der Sicherheit im Flugverkehr – das könnte eine Killerapplikation werden.

Weitere Business Cases liegen überall dort, wo die Kosten für RFID und auch die Kosten für das Auslesen in vernünftiger Relation zum Wert des Produktes stehen. Wenn beispielsweise eine Gepäck- oder Brief-Sortieranlage sowieso Hunderttausende kostet, ist es völlig unproblematisch, gleich von vornherein RFID an geeigneter Stelle einzuplanen. Für die Distributionsindustrie gilt das definitiv genauso. Auch bei der Sicherstellung der Produktsicherheit gibt es Anwendungs-Szenarien: Die lückenlose Überwachung könnte Schwund in der Logistik reduzieren, zum Beispiel bei Luxusartikeln wie Uhren. Im Handel sind neue Marketing-Möglichkeiten wie intelligentes Cross-Selling möglich. Auch Service-Prozesse profitieren von RFID: So muss heute bei Retouren ein Mitarbeiter ellenlange Seriennummern abtippen, mit entsprechenden Fehlermöglichkeiten. Wer schon einmal im Elektronik-Markt in der Reklamationsschlange gestanden hat, der weiß, wie lange die zweifelsfreie Identifikation und Zuordnung eines Produkts dauern kann. Letztlich bietet RFID die Chance, alle Dienstleistungsprozesse rund um ein hochwertiges Produkt zu optimieren.

In der Realität müssen wir aber feststellen, dass die Durchsetzung von RFID langsamer verläuft als von vielen Marktbeobachtern erwartet wurde. Das Problem ist: Der Einsatz von RFID erfordert umfassende Investitionen in die benötigte, flächendeckende Infrastruktur. Das ist keine Technologie, die graduell Schritt für Schritt realisiert werden kann. Bei der Deutschen Post müssten zum Beispiel alle 83 Briefzentren ausgerüstet werden, jedes Briefzentrum mit vielleicht 20 Liefertoren. Auf der anderen Seite haben gerade die Logistikdienstleister bereits einen hohen Automatisierungsgrad erreicht: Die teuren, bestehenden Anlagen müssten aufwändig umgerüstet werden. Für RFID bedeutet dies, dass eine erfolgreiche Einführung im großen Stil erst mit der nächsten Automatisierungsstufe zu erwarten ist. Wenn neue Maschinen gekauft werden, kann problemlos auf RFID umgesattelt werden. Diese bereits getätigten Investitionen sind auch aus meiner Sicht der einzige Grund, warum heute so viel über Hybridlösungen gesprochen wird. In der Tat werden Barcode und RFID in einer Übergangsphase von zehn Jahren parallel existieren.

**Auf dem Weg zum „Internet der Dinge"**

RFID ermöglicht aber auch ganz neue Ansätze. Ein herausragendes Beispiel ist das Konzept vom „Internet der Dinge", bei dem Siemens mit Professor Michael ten Hompel und dem Fraunhofer-Institut für Materialfluss und Logistik (IML) kooperiert. Der Grund für unser Engagement: Um ein logistisches System wie zum Beispiel eine Gepäckförderanlage für einen großen Flughafen zu entwickeln, fallen aufgrund der ungeheuren Komplexität erhebliche Aufwände an. Diese enorme Komplexität kann nur durch ein dezentrales System beherrscht werden. Zudem sind zentrale Systeme anfälliger für Störun-

## 21 Epilog: Auf dem Weg zum „Internet der Dinge"

gen. Warum funktioniert das Internet so gut? Weil es dezentral ist. Warum ist es dezentral gemacht worden? Weil es eigentlich ursprünglich ein militärisches System war und deshalb nicht verletzbar sein durfte. Doch auch die Verletzbarkeit aus Optimierungs- oder aus Kosten- und Qualitätsgründen ist von erheblicher Bedeutung. Das „Internet der Dinge" folgt grundsätzlich diesem dezentralen Ansatz. Das Einzelobjekt (Item) im „Internet der Dinge" weiß selbst, wo es hin muss. Und es kann sich lokal verständigen, welche Route es nehmen muss. Genau wie bei E-Mails, wenn nicht die Route vorgeplant, sondern von Server zu Server entwickelt wird.

Nehmen wir als Beispiel ein Baggage-Handling-System an einem großen Flughafen (Bild 21.2). Bei einer zentralen Architektur weiß der Zentralrechner jederzeit, wo welcher Koffer ist und legt für jeden Verzweigungsschritt die Route fest. Dazu müssen erhebliche Datenmengen auf hoch performanten Netzwerk-Leitungen durch die Anlage gepumpt werden. Wenn eine Weiche gestört ist oder sich ein Koffer verklemmt, dann muss eine Umleitung geschaltet werden – und zwar vielleicht schon fünf Weichen weiter hinten, weil die Station unmittelbar vor der Störung gar keine Möglichkeit mehr hat, die korrekte Destination zu erreichen. Im „Internet der Dinge" regeln sich derartige Störungen selbst aus. Der Vorteil: Mit deutlich weniger Aufwand, so-

**Bild 21.2** Das „Internet der Dinge" könnte schon bald die Prozesse an den Flughäfen optimieren (Foto: Werner Hennies/FMG)

# 21 Epilog: Auf dem Weg zum „Internet der Dinge"

wohl auf der Software- als auch auf der Hardware-Seite, kann derselbe Effekt wie mit heutigen Architekturen erzielt werden. Erste Simulationen, die unsere Fachleute mit Daten eines realen Flughafens durchgeführt haben, beweisen die prinzipielle Machbarkeit des Konzepts. Das „Internet der Dinge" ist somit keine Utopie mehr, sondern ein realistischer Gegenentwurf zu den heutigen zentralen Großsystemen.

Was das „Internet der Dinge" aber noch beweisen muss, ist: wie ein derartiges dezentrales System die erforderlichen Kontroll- und Qualitätssicherungs-Mechanismen zu realisieren vermag. Ich bin überzeugt, dass auch weiterhin eine übergeordnete Ebene erforderlich bleiben wird, auch wenn diese erheblich schlanker ausgeführt sein mag. Diese zentrale Komponente arbeitet nicht mehr in Realzeit, aber kann zum Beispiel kontinuierlich die Servicequalität messen und aus diesen Daten geeignete Optimierungen errechnen.

In zehn Jahren wird es definitiv Branchen geben, die RFID flächendeckend anwenden, auch wenn noch nicht alle Industriezweige so weit sein werden. Das globale Logistik-Netzwerk wird dadurch flexibler, mit dem großen Vorteil: Der Kunde bekommt die gleiche Qualität mit höherem Tempo für deutlich geringere Kosten. Auch der Resourcen-Einsatz für eine definierte Servicequalität wird sinken, was einen wichtigen Beitrag zum Schutz der globalen Ressourcen und des Klimas leistet. Durch RFID wird in der Logistik eine weltweit einheitliche Sprache geschaffen, unabhängig davon, wo eine Sendung herkommt oder hingeht.

## Literatur

[1] Hans-Jörg Bullinger, Michael ten Hompel (Hrsg.): Internet der Dinge. Springer Verlag, 2007

# Herausgeber und Autoren

### Dr. Norbert Bartneck

Dr. Norbert Bartneck leitet das Competence Center RFID bei der Siemens AG, Division Mobility. Er ist verantwortlich für RFID-basierte Logistiklösungen mit den Schwerpunkten Post- und Airportlogistik. Norbert Bartneck studierte Elektrotechnik an der Technischen Hochschule Darmstadt und promovierte am Institut für Nachrichtentechnik an der TU Braunschweig.

### Volker Klaas

Dipl.-Oec. Volker Klaas leitet das Competence Center Auto-ID/RFID bei der Siemens AG, IT-Solutions & Services. Er ist Mitglied im Arbeitskreis RFID beim BITKOM und in der EAG von EPCglobal. In seiner Laufbahn erwarb er umfangreiche Erfahrungen in der Leitung von Vertriebs-, Consulting- und Projektmanagementbereichen. Volker Klaas studierte Wirtschaftswissenschaften an der Bergischen Universität Wuppertal.

### Holger Schönherr

Dipl.-Ing. Holger Schönherr leitet das Competence Center RFID bei der Siemens AG, Division Industry Automation. Er ist Mitglied des Vorstands von AIM Deutschland. Während seiner Tätigkeit in verschiedenen Positionen bei Siemens erwarb er umfangreiche Erfahrungen in Engineering und Management großer IT- und Automatisierungsprojekte. Holger Schönherr studierte Automatisierungstechnik an der Technischen Universität Chemnitz.

## Marcus Bliesze

Marcus Bliesze studierte Elektrotechnik an der Universität Erlangen-Nürnberg. Anschließend war er in Forschung, Entwicklung und Produktmanagement in den Bereichen Real-Time Locating Systems (RTLS) und RFID tätig. Zu seinen beruflichen Stationen zählen das Fraunhofer Institut Integrierte Schaltungen, die Cairos Technologies AG und die Siemens AG.

## Hans-Jürgen Buchard

Hans-Jürgen Buchard studierte Informatik an der GS Paderborn. Seit vielen Jahren beschäftigt er sich bei der Siemens AG mit Automatisierungs-Aufgaben in der Automobil- und Logistik-Industrie.

## Jens Dolenek

Jens Dolenek ist Consultant für die Automobil- und Zulieferindustrie im Competence Center RFID bei der Siemens AG, Division Industry Automation. Seine Tätigkeit umfasst unter anderem die Entwicklung neuartiger RFID-Nutzungskonzepte in dieser Branche. Jens Dolenek studierte Elektro- und Automatisierungstechnik an der Fachhochschule Darmstadt.

## Kirsten Drews

Dipl.-Wirtschaftsingenieurin Kirsten Drews ist seit 1991 bei der Siemens AG, Division Industry Automation, in Nürnberg tätig. Sie ist verantwortlich für das Produktmanagement der Simatic-Machine-Vision-Produkte.

## Gerd Elbinger

Gerd Elbinger war nach dem Fachhochschulstudium in Nachrichtentechnik in Entwicklungsabteilungen von namhaften Industrieunternehmen tätig und mit der Leitung und Durchführung von Entwicklungsprojekten im Steuerungs- und Automatisierungsumfeld betraut. Seit 1995 ist er verantwortlich für das Produktmanagement für RFID-Systeme bei Siemens.

## Peter Hager

Peter Hager ist Leiter Marketing Management für Simatic Sensors bei der Siemens AG, Division Industry Automation. Nach dem Studium der Nachrichtentechnik war er bei Siemens in München in der HW- und SW-Entwicklung sowie als Projektleiter für Hochfrequenz-Erfassungssysteme beschäftigt.

**Dieter Horst**

Dieter Horst leitet die Entwicklung der RFID-Hardware innerhalb des Geschäftszweiges Factory Sensors bei der Siemens AG, Division Industry Automation. Neben seinen Aufgaben im Bereich Forschung und Entwicklung ist er tätig in verschiedenen Gremien der Standardisierung bei der DIN und bei ETSI. Dieter Horst absolvierte das Studium der Nachrichtentechnik an der Fachhochschule Regensburg.

**Thomas Jell**

Thomas Jell ist Abteilungsleiter und Senior Principal Consultant bei der Siemens AG, IT Solutions and Services. Er übernimmt Top-Management-Consulting und Projekte in den Bereichen Mobile Business Solutions, RFID based and Embedded Systems, Supply Chain Management und Intelligent Label (RFID) Systems. Thomas Jell ist Autor des Buches „Objektorientierte Programmierung in C++" und Herausgeber des Buches „Component based Software Engineering". Er ist Ehrenmitglied im ComponentWare Consortium und Gründungsmitglied des LICON Logistic Consortiums.

**Dr. Stefan Keh**

Dr. Stefan Keh verantwortet das Siemens-Geschäftsgebiet Infrastructure Logistics, das in den Branchen Post- und Paketdienst-Automatisierung sowie Baggage- und Cargo-Handling tätig ist. Stefan Keh durchlief seine Ausbildung zum promovierten Physiker an den Universitäten Würzburg, Hamburg und Stanford sowie an den Forschungsinstitutionen DESY in Hamburg und CERN in Genf.

**Harald Lange**

Harald Lange war im Competence Center RFID der Siemens AG, Division Industry Automation, als Industry Consultant für die Branchen Pharma, Chemie und Nahrungsmittel für die Erarbeitung und Umsetzung von RFID-basierten Anwendungen in diesen Industrien verantwortlich. Harald Lange ist Diplom-Ingenieur (FH) im Fachgebiet Energieumwandlungstechnik.

## Dr. Stephan Lechner

Dr. Stephan Lechner ist promovierter Kryptologe, verfügt über mehr als 18 Jahre Erfahrung in der IT-Sicherheit und leitete zwischen 2002 und 2007 die zentrale Sicherheitsforschung der Siemens AG. Er ist Mitglied in verschiedenen nationalen und europäischen Sicherheitsgremien sowie zertifizierter Informationssicherheitsexperte (CISSP). Seit November 2007 ist er Direktor des Instituts für Sicherheit und Schutz des Bürgers der Europäischen Kommission. Dr. Lechner studierte Mathematik an der Universität Gießen.

## Wolfgang Mildner

Seit 2004 ist Wolfgang Mildner als Geschäftsführer der PolyIC GmbH & Co.KG, einem Joint Venture zwischen der Siemens AG und der Leonhard Kurz GmbH. PolyIC entwickelt Technologien für druckbare Elektronik mit dem Schwerpunkt auf RFID-Transpondern. Er ist Vorsitzender der Organic Electronic Association/VDMA. Wolfgang Mildner studierte Informatik an der Technischen Universität Erlangen.

## Heinz-Peter Peters

Heinz-Peter Peters ist als Industry Consultant Transportation & Logistics im Competence Center RFID bei der Siemens AG, Division Industry Automation, tätig und verantwortlich für die Ausarbeitung von RFID-Lösungskonzepten für Airports/Airlines und Aerospace, Logistik- und Postdienstleister. Er arbeitet in verschiedenen Gremien mit, z. B. der IATA (International Air Transportation Association). Heinz-Peter Peters studierte Elektrotechnik an der Fachhochschule Niederrhein.

## Regina Schnathmann

Dipl.- Kauffrau Regina Schnathmann beschäftigt sich seit mehreren Jahren mit RFID innerhalb der Siemens AG. Seit 2006 verantwortet sie die weltweiten Kommunikationsaktivitäten als Key Account Manager für Flughafen- und Postautomatisierung bei der Siemens AG. Frau Schnathmann studierte Betriebswirtschaftslehre an der Otto-Friedrich Universität Bamberg.

## Peter Schrammel

Peter Schrammel ist Systemarchitekt für RFID Solutions der Siemens AG, IT Solutions & Services, Bereich Programm- und Systementwicklung. Seit seinem Studium der Technischen Informatik an der Technischen Universität Wien und der Eidgenössischen Technischen Hochschule Lausanne beschäftigt er sich intensiv mit RFID-Systemen. Der Schwerpunkt seiner Tätigkeit liegt auf Konzeption und Entwicklung von RFID-Systemen und -Komponenten.

## Michael Schuldes

Michael Schuldes ist Senior Process Consultant bei der Siemens AG, IT Solutions and Services in München. Er berät Unternehmen zum Thema Transport und Logistik sowie Supply Chain Management. Michael Schuldes besitzt langjährige Erfahrung in der Konzeption und Pilotierung von Projekten zur Optimierung von Prozessen unter Einsatz der RFID-Technologie. Er hat in München Maschinenbau studiert.

## Georg Schwondra

Georg Schwondra ist verantwortlich für RFID Solutions im Bereich der Programm- und Systementwicklung bei der Siemens AG, IT Solutions and Services. In dieser Funktion ist er für Produktentwicklungen, Plattformentwicklungen und Lösungsprojekte am Sektor RFID verantwortlich. Georg Schwondra studierte Industrielle Elektrotechnik und Regelungstechnik an der Technischen Universität Wien.

## Peter Segeroth

Dipl.-Betriebswirt (FH) Peter Segeroth ist Senior Consultant im Center of Competence Auto-ID/RFID der Siemens AG, IT Solutions and Services. Er verfügt über umfangreiche Erfahrungen u. a. in der Projektleitung, Prozessanalyse und Wirtschaftlichkeitsbetrachtung großer IT-Projekte. Peter Segeroth studierte Betriebswirtschaftslehre an der Fachhochschule Köln.

## Markus Weinländer

Markus Weinländer ist Marketingleiter im Competence Center RFID bei der Siemens AG, Division Industry Automation, und koordiniert die Marketingaktivitäten der konzernweiten RFID-Initiative von Siemens. Er ist Absolvent der Siemens Technik Akademie, Erlangen, im Fachbereich Daten- und Automatisierungstechnik und studierte Europäische Betriebswirtschaftslehre an der EFH Hamburg. 1994 erschien sein Buch „Entwicklung paralleler Betriebssysteme".

# Stichwortverzeichnis

2D-Code 41, 131, 209

**A**
Advanced Encryption Standard (AES) 252
AIM 43
Airside 198
aktive Systeme 37
ALE 80
Anforderungen 83
Anschaltmodule 29, 73
Antenne 30
Anti-Counterfeit 232
Application Level Events Interface (ALE) 80
Architektur 64, 262
Assetmanagement 150, 213
asymmetrische Kryptografie 256
Ausfallsicherheit 78
AutoID Labs 18
Automatisierungs-Hierarchie 130
Automobilindustrie 128, 146, 165, 184, 232
Aztec-Code 43

**B**
Backscatter 35
Baggage-Handling-System 266
BagTag 201
Barcode 41, 83, 131, 140, 208
Bauformen 32
Behälterförderanlagen 199
Bekleidungsindustrie 232
Beleuchtung 51
Beschleunigung 237
Betreibermodell 181

Bildverarbeitung 52
Blutkonserven 226, 243
Boxen 150
Brand Protection 232
Bundesamt für Sicherheit in der Informationstechnik 250
Business Case 104, 264

**C**
Cargo Logistics 204
Catering-Trolleys 198
CCD-Kamera 59
CE-Kennzeichnung 91
CEPT 92
chemische Industrie 145, 166
Cincinnati International Airport 199
Container 150
Container-Management 149
Containerverfolgung 247

**D**
Data Encryption Standard (DES) 252
Data-Matrix-Code 41, 83
Data-on-network 75
Data-on-tag 75
Datenschutz 247
Degressionseffekt 126
dezentrale Datenspeicherung 262
Dezentralisierung 130
Diebstahlsicherung 36
Direct Part Marking (DPM) 42, 84
diskrete Fertigung 164
Distributionslogistik 144

Dock & Yard-Management 184, 192, 213
DPM 42, 84
Druck 237
Drucken 49

**E**
EAN 41, 99
ECC200 46
Edge-Server 67
Edgeware 67
EDI 100, 155
elektromagnetische Kopplung 34
Elektronikindustrie 128, 144, 176
elektronischer Reisepass 249
Emirates Airlines 199
Enterprise Resource Planning (ERP) 68, 87
EPCglobal 79, 99
E-Pedigree 167
Error Correcting Code 47
Ethernet 29, 58
Etikett 48
European Article Number (EAN) 41, 99
European Conference of Postal and Telecommunications Administrations (CEPT) 92
European Telecommunications Standards Institute (ETSI) 91

**F**
Fahrzeuglogistik 184
FDA 169
Federal Aviation Administration (FAA) 198
Fehlerdiagnose 77
Feldtest 116

273

# Stichwortverzeichnis

Fertigung 126
Fertigungstechnologien 129
Finder-Kante 45
Fingerprint 209
Finsa 145
Firmware 77
flexible Fertigungsstationen 130
Flughafen Wuhan, China 201
Fluglinie Air Canada 199
Ford, Henry 126
Fördertechnik 142
Frankfurter Flughafen 202
Frequenzkante 45
Fuhrpark-Management 189

## G
gedruckte Elektronik 231
Gepäckbeförderung 197
Gerätewerk Amberg 111
Geschäftsmodelle 160
Geschäftsprozesse 64, 105
Gesundheitswesen 218
Global Returnable Asset Identifier (GRAI) 154
Grupo Leche Pascual 171
GS1 44, 99, 154

## H
Handel 177
Heartbeat-Nachrichten 76
Hochfrequenz 39
Hong Kong International Airport 199
Hybridlösungen 265

## I
„Internet der Dinge" 18, 147, 216, 265
IATA 201

Identifikation 27
Imaging Science Institute (ISI) 225
individualisierte Serienprodukte 127
induktive Kopplung 32
Informationssicherheit 247
Infrastruktur 64, 136
Instandhaltung 189, 202
Instandsetzung 180
Integration 71, 122, 261
Integrität 254
International Unique Identification of RTIs 154
Internet-Plattform 261
Investitionen 108
ISI 225
ISO/IEC 18000 92
Ist-Prozess-Analyse 106
IT-Backbone 261
IT-Systeme 121

## J
Jacobi Medical Center 219
Johnson Controls 146
Just-in-sequence 141
Just-in-time 141

## K
Kameraeinheit 52
Kanban 141, 143
Kapital 108
Klinikum rechts der Isar 222
Klinikum Saarbrücken 219
Kommissionierung 144
Kommunikations-Parameter 76
Konfiguration 76
Konsumgüterindustrie 174
Kopplung
–, elektromagnetische 34
–, induktive 32

Kosten 104, 136
Kostenoptimierung 126
Kostenreduktion durch Prozessoptimierung 110
Kostenschätzung 112
Krankenakten 221
Krankenhaus 56
KSW-VarioSens 241
Kühlkette 226

## L
Lagerzugang 142
Landside 198
Lasermarkierung 48
Laufzettel 130
Leserate 59, 120
Lieferkette 237
Lkw-Leitsystem 192
Logging 239
Logistik 139, 260
Lokalisierung 212
Lösungsdesign 119
Luftfahrtindustrie 195
Luftfracht 195
Luftschnittstelle 31

## M
Machbarkeitstest 116
MacoPharma 243
Make-to-order 128
Manipulation 250
Mass customization 127
Maxdata 144
Maxwell, James Clerk 15
MedicAlert 221
Mehrwegtransporteinheit 149
Mehrweg-Transportgebinde 145
Middleware 68
Mikrowellen 39
Mitarbeiter 122
mobiler Datenspeicher 27
Moby I 137
Moby M 18
Moby R 187
Moby U 135

## Stichwortverzeichnis

Montage 130
MVRC 85

**N**
Nadelmarkiertechnik 50
Nahrungsmittelindustrie 128, 145, 166, 231, 245
Near Field Communication (NFC) 35
Newark International Airport 199
Niederfrequenz 38
Nutzen 110

**O**
Object Naming Service (ONS) 80
Objektbeschreibungsdaten 74
Objektidentifikation 74
Odette 154
öffentlicher Nahverkehr 189
Open-Mail-Handling-System (OMS) 261
OP-Utensilien 218
Orbit Logistics Europe 145
Ortung 27, 218
Ortungssysteme (RTLS) 38

**P**
Paletten 145, 149
Parkettsensor 241
Partnermanagement 120
passive Systeme 32
Patienten 218
Patientensicherheit 219
Pharmaindustrie 167, 231, 245
Pilotbetrieb 119
Polymer 215, 230
Polymertechnologie 264
Postlogistik 207
Postsendung 209

Process reengineering 122
Produktfälschung 231
Produktionsdaten 133
Produktionslogistik 139
Produktionsprozess 144
Produktivität 110
Profibus 58, 73
Projekt 115
Prozess 83
Prozessdaten 75
Prozessfolge-Performancemodell 107
Prozessindustrie 166
Public Key Infrastructure (PKI) 256
Pulkfähigkeit 30, 211, 263
Push-Prinzip 143, 260

**Q**
QoS 77
QR Code 43
Qualitätsmanagement 170
Qualitätssicherung 163, 170
Quality of Service (QoS) 77
Quantifizierung der Nutzen 112
Quelle 144

**R**
Radio Frequency Identification (RFID) 26, 83, 131, 133, 141, 196, 209, 218, 230
Reader 27
Real-Time-Locating-Systeme (RTLS) 184
Recheneinheit 52
Reichweite 30, 135
relative Luftfeuchte 237
Returnable Transport Items (RTI) 149
Return-on-Invest (ROI) 113, 116, 224

RFID 26, 83, 131, 133, 141, 196, 209, 218, 230
RFID-Gates 186, 211
RFID-Klonen 254
RFID-Lesegerät 27
ROI 113, 116, 224
Rolle-zu-Rolle-Prozess 234
Roll-out 122
Routing-Informationen 142
RS232 29, 58, 73
RS422 29, 73
RS485 58
RTI 149
RTLS 38, 184
RTLS-Access-Point 186

**S**
Schnittstelle 29, 58, 71
Schulung 122
Schutzmaßnahmen 250
SEAGsens 240
semi-aktive RFID-Systeme 36
Sendungsverfolgung 215
Sensorik 211, 237
Sicalis RTL 187
Sicherheit 77, 247
Siemens 136, 159, 260
Simatic RBS 201
Simatic RF-Manager 73
Soll-Konzept 107, 115
Speicherkapazität 30, 134
Speicherprogrammierbare Steuerungen (SPS) 29, 85, 131, 167
Standardisierung 257
Standards 91
Supply Chain Network 153, 175
Supply Network 232
Swissair/Sabena 199
Systeme
–, aktive 37
–, ERP 87
–, IT 121
–, Ortungssysteme 38
–, passive 32

275

–, semi-aktive 36
–, zentrale 65

**T**
Temperatur 237
Temperatursensor 226
Testkonzept 117
Tnuva 145
Toronto & Vancouver Airports 199
Tracking and Tracing 163
Transformationsprozess 129
Transponder 16, 31
Transportbehälter 210
Trolleys 150, 198

**U**
UID-Compliance 56
Ultrahochfrequenz 39
Umgebungsdaten 74
Umgebungsparameter 237
Uniform Code Council (UCC) 99

Unique Identification (UID) 43
Unit Load Devices (ULD) 204
USB 58, 73

**V**
Variantenvielfalt 126, 174
Variationsmöglichkeiten 127
VDA 153
Vendor Managed Inventory (VMI) 145
Vereinzelung 134
Verfügbarkeit 78, 254
Versand 139
Verschlüsselung 251
Vertraulichkeit 254
Vial reader 56
Vibration 237

**W**
Wareneingang 139
Wartung 202
Wartungskonzept 122

Werkstückträger 133, 150
Werkzeugverwaltung 159
Wertschöpfungskette 127, 260
Wirtschaftlichkeit 104, 155, 224, 264
Wirtschaftlichkeitsberechnung 111
WLAN 73

**X**
X.509 257
XML 73

**Z**
Zaventem Brussels & Arland Stockholm 199
zentrale Architektur 65, 263
Zertifikat 255
Zielanalyse 105
ZOMOFI 242
Zugangskontrolle 247
Zürich Airport 199

Jens Kiesel

## Fachwörterbuch Logistik und Supply Chain Management
## Dictionary of Logistics and Supply Chain Management

Deutsch-Englisch; English-German

15., überarbeitete und erweiterte
Auflage, 2008, 699 Seiten, kartoniert
ISBN 978-3-89578-312-8
€ 39,90 / sFr 64,00

Die Inhalte des meistgenutzten Logistik-Wörterbuchs resultieren aus jahrelanger praktischer Arbeit in allen Bereichen von Logistik und Supply Chain Management. Wieder um etwa 700 Begriffe erweitert, enthält das Wörterbuch jetzt rund 14.300 Einträgen in beiden Sprachrichtungen.

The contents of this world-wide proved dictionary are result of many years work in all areas of logistics and supply chain management. Again enlarged by about 700 new terms, the book now contains about 14,300 entries in both directions.

Ulf Pillkahn

## Trends und Szenarien als Werkzeuge zur Strategieentwicklung

Wie Sie die unternehmerische und gesellschaftliche Zukunft planen und gestalten

2007, 460 Seiten, 167 farbige Abbildungen, gebunden, ISBN 978-3-89578-286-2
€ 59,90 / sFr 96,00

Dieses Buch zeigt, wie man Szenarien als ganzheitliche Methode zur Zukunftsforschung einsetzt, wie die Ergebnisse aus Trendforschung und Szenariotechnik in die unternehmerische Strategieentwicklung einfließen, und es führt einen optimierten Prozess der Strategieentwicklung vor. Beispiele aus der Praxis und Zukunftsbilder aus dem Unternehmen Siemens runden das Buch ab.

www.publicis.de/books

Dirk Börnecke (Hrsg.)

## Basiswissen für Führungskräfte

Recht und Finanzen; Organisation, Strategie, Personal; Marketing und Selbstmanagement

5., überarbeitete u. erweiterte Auflage,
2007, 499 Seiten, gebunden
ISBN 978-3-89578-289-3
€ 42,90 / sFr 64,00

Dieses Standardwerk richtet sich an Führungskräfte mit Personalverantwortung sowie an Leiter kleiner und mittlerer Unternehmen. Leicht verständlich werden Organisationsfragen und unternehmerische Strategien dargestellt, betriebswirtschaftliches Grundwissen zu Rechnungswesen, Finanzierung und Planung, außerdem Marketing und Werbung, Projektmanagement und Prozesswissen, Planung und Organisation von Profitcenters, Arbeitsrecht, Personalführung und -beschaffung sowie Führungsmethoden und Arbeitstechniken. Ergänzt wird das Buch durch ein ausführliches Stichwortverzeichnis.

Manfred Burghardt

## Projektmanagement

Leitfaden für die Planung, Überwachung und Steuerung von Projekten

8., überarbeitete und erweiterte Auflage,
August 2008, ca. 770 Seiten, ca. 315 Abbildungen, ca. 85 Tabellen, gebunden
ISBN 978-3-89578-310-4
€ 119,00 / sFr 188,00

Das Buch ist ein umfassendes, anerkanntes Standardwerk für Projektleiter, Projektplaner und Projektmitarbeiter. Klar strukturiert und verständlich vermittelt es die Methoden und Vorgehensweisen im Management von Projekten. Außerdem dient es als Nachschlagewerk für alle diejenigen, die bereits längere Zeit mit PM-Aufgaben betraut sind. Für die 8. Auflage wurde das Buch gründlich überarbeitet und aktualisiert.

Ergänzt wird das Buch durch ein umfangreiches Glossar, einen Fragenkatalog für PM-Untersuchungen und ein Beiheft mit PM-Merkblättern für das Erstellen projektspezifischer Checklisten.

www.publicis.de/books

Patrick Gehlen

## Funktionale Sicherheit von Maschinen und Anlagen

Umsetzung der europäischen Maschinenrichtlinie in der Praxis

2006, 350 Seiten, 92 Abbildungen, gebunden
ISBN 978-3-89578-281-7, € 49,90 / sFr 80,00

Die Komplexität heutiger Maschinen und Anlagen zwingt bereits in der Herstellung und später in der Bedienung zu einem hohen Standardisierungsgrad; mit der CE-Kennzeichnung erbringt der Hersteller den Nachweis, dass die Maschine oder Anlage den Anforderungen bestimmter Normen und Vorschriften wie z. B. der Maschinenrichtlinie entspricht. Neben den europäischen Sicherheitsnormen geht der Autor auch auf die internationale Harmonisierung ein und erläutert detailliert die relevanten Normen und Vorschriften.

Thomas Antoni

## Wörterbuch Antriebstechnik und Mechatronik
## Dictionary of Drives and Mechatronics

**Deutsch-Englisch; English-German**

3., überarbeitete und erweiterte Auflage, 2007,
998 Seiten, gebunden, ISBN 978-3-89578-282-4
€ 89,90 / sFr 144,00

Um mehr als 20 Prozent erweitert, enthält das Wörterbuch insgesamt 74.000 Einträge mit 145.000 Übersetzungsvorschlägen aus der Antriebs- und Automatisierungstechnik, der Mechatronik und angrenzenden technischen Gebieten, darunter Feldbustechnologien und elektrische Maschinen. Die vielen ergänzenden Kommentare und die durchdachte Reihenfolge der angegebenen Übersetzungen je Eintrag machen dieses Wörterbuch besonders nutzerfreundlich.

Enlarged by more than 20 percent, the dictionary now offers 74,000 entries with 145,000 translations for the areas of drive systems, automation, mechatronics, and related fields. The large number of comments and well-conceived order of translations for each entry make this dictionary especially user-friendly.

CD-ROM Edition 2008
ISBN 978-3-89578-283-1
€ 109,00 / sFr 172,00

www.publicis.de/books

Metter Mark, Rainer Bucher

## Industrial Ethernet in der Automatisierungstechnik

Planung und Einsatz von Ethernet-LAN-Techniken im Umfeld von SIMATIC-Produkten

2., wesentlich überarbeitete und erweiterte Auflage, 2007, 392 Seiten, 178 Abbildungen, gebunden, ISBN 978-3-89578-277-0
€ 49,90 / sFr 80,00

Anlagenplaner, Programmierer und Techniker erfahren alle Grundlagen und Begriffe für den Einsatz von Ethernet-LAN-Techniken in der Industrieautomatisierung mit SIMATIC und PROFINET. Praxisbezogene Anwendungsbeispiele zeigen die Umsetzung aktueller Themen wie IT-Security und Wireless-Anwendungen.

Raimond Pigan, Mark Metter

## Automatisieren mit PROFINET

Industrielle Kommunikation auf Basis von Industrial Ethernet

2., überarbeitete und erweiterte Auflage, 2008, 486 Seiten, 271 Abbildungen, 237 Tabellen, gebunden, ISBN 978-3-89578-293-0
€ 59,90 / sFr 96,00

PROFINET ist der erste durchgängige Industrial Ethernet Standard für die Automatisierung und nutzt die Vorteile von Ethernet und TCP/IP für eine offene Kommunikation von der Unternehmensleitebene bis in den Prozess.

PROFINET setzt auf etablierte IT-Standards für Netzmanagement und Fernwartung. Eine speziell auf den industriellen Einsatz abgestimmte Netzwerktechnik, bestehend aus aktiven Netzkomponenten, Anschluss- und Verbindungstechnik sowie Aufbaurichtlinien, runden das Konzept ab.

Neu aufgenommen wurde für diese zweite Auflage auch ein Einblick in die Sicherheitstechnik unter PROFINET-basierter Automatisierungsaufgaben.

www.publicis.de/books